JN094072

An Introduction to Mathematical Models
Modeling, Solutions and Qualitative Analysis

数理モデル入門
●モデリングから解法・定性解析まで

齋藤誠慈 著 Seiji Saito

裳華房

AN INTRODUCTION TO MATHEMATICAL MODELS

MODELING, SOLUTIONS AND QUALITATIVE ANALYSIS

by

SEIJI SAITO

SHOKABO

TOKYO

JCOPY 〈出版者著作権管理機構 委託出版物〉

まえがき

　本書は，人口問題や広告効果に現れる指数的現象や，電気回路やバネ質点系の振動現象，感染症モデル，捕食被捕食モデル，熱分布モデル（富の分布モデルなどに応用可），波の振動現象，重力による重力場やクーロン力による電場，磁力による磁場の定常状態を，常微分方程式や差分方程式（数列と同じ），あるいは偏微分方程式によるモデリング（定式化）を経て，可能ならば方程式の解を求め，あるいは解けない場合は解の定性解析（性質を調べる）に関し，基礎・発展的手法を述べることを目的とする．

　次の知識を前提とする：初等的な線形代数学の知識，例えば，ベクトルの演算，一次独立性，線形写像，逆行列，対称・直交行列，シュミットの直交化法，内積の性質，行列の固有値と固有ベクトルの計算，行列の対角・三角化の計算，行列のジョルダン標準形など．また，微分積分学におけるコーシー収束定理，ワイエルシュトラスの優級数（M 判定）法，複素解析学のオイラーの公式，複素指数関数の積分など．さらに，関数解析学におけるバナッハ空間（例えば，有界閉集合上で連続関数に一様ノルムを定義する集合など），コンパクト集合，縮小写像の原理，ブラウワーの不動点定理，シャウダーの不動点定理など．本書ではそれらに基づく手法を，定性解析等に応用している．さらにフーリエ解析におけるフーリエ正弦・余弦級数，フーリエ変換に関する微分の公式，フーリエ逆変換の公式，フーリエ逆変換と合成積，フーリエの反転公式などが，偏微分方程式の問題の解法に応用される．特に，第 5 章（常微分方程式）と第 8 章（差分方程式）における解の定性解析では，リアプノフの方法（ある種の補助関数），グロンウォールの不等式を応用して解説している．他に不動点定理による定性解析も有効であるが，今回は割愛した．偏微分方程式の解の定性解析も扱えなかった．偏微分・常微分・差分方程式の解の定性解析に関し，不動点定理による系統的応用につ

いての執筆の機会があれば，願うばかりである．

　本書の特徴は次の通り：第1〜5章では，常微分方程式によるモデリング，解法，定性解析を扱い，5.2.6節では Chetaev［1934］の定理の拡張を試みた．また第6章は常微分方程式と差分方程式のモデリングと定性解析を述べ，第7〜9章では差分方程式のモデリング，解法，定性解析を解説し，8.5節，8.6節，8.7節と9.2節では最新知見の証明を試みた．第10章では2階線形偏微分方程式の型（放物型，双曲型，楕円型）の分類を示し，第11,12, 13章ではそれぞれ，放物・双曲・楕円型方程式に関してモデリング，解法，解の一意性について周知の結果をまとめた．

　本書の出版に際し，裳華房の亀井祐樹氏，および南清志氏に深く感謝を申し上げたい．特に，南氏には原稿における種々の勘違いの記述をご指摘頂き，本書の校正の際には多くのご尽力を頂いた．最後に著者による本書の誤りに，読者各位にはご容赦とご指摘を頂ければ幸いである．

2020年9月　京田辺校地にて

● **記号の約束**　本書では次の記号を用いる．

$N = \{1, 2, \cdots\}$　（自然数全体）

$Z_+ = \{0, 1, 2, \cdots\}$　（0 以上の整数全体）

$Z = \{0, \pm 1, \pm 2, \cdots\}$　（整数全体）

$Q = \left\{\dfrac{n}{m} : n \in Z, \ m \in Z_+, \ m \geq 1\right\}$　（有理数全体）

$R_+ = [0, \infty) = \{x \geq 0\}$　（非負実数全体）

$R = (-\infty, \infty)$　（実数全体）

$C = \{a + ib : a, b \in R, \ i = \sqrt{-1}\}$　（複素数全体）

目　　次

第1章　指数的現象 ··· *1*

1.1　指数的現象の例　*1*　　　1.2　変数分離形の解法　*1*

1.3　ロジスティック方程式　*4*　　　1.4　同次形 $\dfrac{dx}{dt}(t) = f\!\left(\dfrac{x}{t}\right)$ の解法　*6*

1.5　$\dfrac{dx}{dt}(t) = a(t)x + b(t)$ の定数変化法　*8*

1.6　他の1階常微分方程式の解法　*9*

第2章　機械・電気振動 ··· *16*

2.1　振動現象のモデリング　*16*

2.2　線形系 $x''(t) + ax' + bx = f(t)$ の解法　*21*

第3章　高階線形常微分方程式の解法 ··························· *36*

3.1　棒の横振動　*36*　　　3.2　高階定係数線形常微分方程式の記号解法　*37*

3.3　他の解法　*41*

第4章　連立線形常微分方程式の解法 ··························· *47*

4.1　線形空間における準備　*47*

4.2　定係数の連立線形微分方程式　*52*

4.3　$\dfrac{d\boldsymbol{x}}{dt}(t) = A(t)\boldsymbol{x}(t) + \boldsymbol{b}(t)$ の定数変化法　*61*

4.4　微分方程式から積分方程式へ　*63*

4.5　自励系 $\boldsymbol{x}' = \boldsymbol{f}(\boldsymbol{x})$ の定数変化法　*64*

第5章　常微分方程式の定性解析 ································· *66*

5.1　解挙動の定義と例　*66*　　　5.2　漸近挙動に関する定理　*76*

第6章　数理生物学のモデリング I ······························ *93*

6.1　連続型ロトカ・ヴォルテラ方程式　*93*

6.2　離散型捕食被捕食モデル　*96*　　　6.3　連続型感染症 SIR モデル　*97*

6.4　離散型感染症 SIR モデル　*98*　　　6.5　離散型 SI モデル　*99*

第7章　差分方程式の解法 ··· 101
7.1　1階線形差分方程式　*101*　　　7.2　高階線形差分方程式　*110*
7.3　差分方程式の階数低下法　*130*

第8章　差分方程式の定性解析 ·· 133
8.1　差分方程式の漸近挙動　*133*
8.2　差分方程式の漸近安定性定理　*140*
8.3　差分方程式の大域的漸近安定性　*149*
8.4　差分方程式の有界性定理　*151*
8.5　差分方程式の不安定性定理　*154*
8.6　差分方程式の振動性定理　*156*　　　8.7　差分方程式の逆定理　*163*

第9章　数理生物学のモデリングⅡ ····································· 166
9.1　2種個体群モデリング　*166*
9.2　修正ニコルソン・ベイリーモデル　*167*　　　9.3　LPA モデル　*177*
9.4　DLPG モデル　*179*　　　9.5　SGSM　*179*

第10章　2階線形偏微分方程式の型 ······································ 181
10.1　2階線形偏微分方程式の型　*181*

第11章　拡散現象 ·· 186
11.1　熱方程式と条件　*186*　　　11.2　一般の拡散方程式　*188*
11.3　熱方程式問題の解法　*188*
11.4　有限区間 $0<x<L$ の混合問題の一意性　*193*

第12章　振動現象 ·· 195
12.1　針金の振動方程式　*195*　　　12.2　振動方程式の解法　*197*
12.3　解の一意性　*205*

第13章　定常状態現象 ·· 207
13.1　楕円型方程式　*207*　　　13.2　楕円型方程式の解法　*209*
13.3　解の一意性　*213*

索　引　*215*

第 1 章

指数的現象

1.1 指数的現象の例

 （人口問題） 英国の経済学者マルサスは，人口論に関し次の考察を与えた．

「人の出入りのない地域における時間 t での人数 $x(t)$ に関し

その時間変化率 $x'(t)$ は，$x(t)$ に比例する．」

その比例定数を α とすると，次の微分方程式（**マルサスの法則**）を得る．

$$\frac{dx}{dt} = \alpha x(t) \tag{1.1}$$

これを，1 階線形常微分方程式という．また，線形斉次式，変数分離形に分類される．

1.2 変数分離形の解法

未知関数 $x = x(t)$ の導関数 $x' = \dfrac{dx}{dt}$ に関して，次の**変数分離形**の解法を述べる．

$$x' = a(t)f(x) \tag{1.2}$$

簡潔な表現にするために $a(t)$, $f(x)$ はそれぞれ t, x の連続関数とする.

(i) $f(x) \neq 0$ とする. 形式的に $x' = \dfrac{dx}{dt}$ を分子, 分母に分離して $\dfrac{dx}{f(x)} = a(t)dt$. これを積分して, 次の不定積分を得る.

$$\int \frac{dx}{f(x)} = \int a(t)dt + C \qquad (C \text{ は積分定数})$$

(ii) $f(x) = 0$ のとき, ある d に関し $x(t) \equiv d$ ($x(t)$ は恒等的に d に等しい) であり $f(d) = 0$ のはずで, $x(t) \equiv d$ は解の1つである. 以上より, 解 $x(t)$ は陽的に明示されていないが, 次の通りである:

$$\int \frac{dx}{f(x)} = \int a(t)dt + C, \quad x(t) = d \quad (\text{なお } f(d) = 0)$$

次の問題では, 式 (1.2) に初期条件を考える.

● 常微分方程式の初期値問題 (IVP)

$$x'(t) = a(t)f(x), \quad x(t_0) = c$$

上記の問題 (IVP) では, 式 $x' = a(t)f(x)$ に対し, 初期条件 $x(t_0) = c$ (初期時間 $t = t_0$ において, 初期値 $x = c$ なる条件) を課している.

(i) $f(x) \neq 0$ のとき, 式 (1.2) と同様に, 次式を得る.

$$\int_c^{x(t)} \frac{dx}{f(x)} = \int_{t_0}^t a(s)ds$$

(右辺では, t は固定なので積分変数を s とした)

(ii) $f(x) = 0$ のとき, 解は $x(t) \equiv c$ で, $f(c) = 0$ のはずである.

以上 (i), (ii) から, 初期値問題 (IVP) の解 $x(t)$ は, 次式で与えられる.

$$\int_c^{x(t)} \frac{dx}{f(x)} = \int_{t_0}^t a(s)ds, \quad x(t) \equiv c \quad (\text{なお } f(c) = 0) \tag{1.3}$$

！注意 1.2.1 上記の場合分け (i), (ii) は次のように考察すべきである.

(i)′ 任意の x において $f(x) \neq 0$

(ii)′ ある x_0 において $f(x_0) = 0$

！注意 1.2.2 一般の常微分方程式

(IVP) $$\frac{dx}{dt}(t) = f(t, x), \quad x(t_0) = c$$

に関し，次の**リプシッツ条件**を満たすとき，初期値問題（IVP）の解は一意的（ただ 1 つしか存在しない，唯一的）であることが証明できる．すなわち，ある定数 $L > 0$ が存在し，任意の t, x, y に対して

$$|f(t,x) - f(t,y)| \leq L|x - y| \qquad \text{(p.49, 51 を参照)}$$

参考図書 齋藤誠慈：常微分方程式とラプラス変換，裳華房（2006）．

!注意 1.2.3 （検算） 形式解 (1.3) は，微分方程式 (1.2) を満たせば，（厳密）解とみなせる．

[**例 1.2.4**] 変数分離形 (Eq)：$x'(t) = a(t)x$ を解け．

【解法】 （i）$x \neq 0$ のとき，形式的に $\dfrac{dx}{x} = a(t)dt$ と変形する．両辺を積分して，$\displaystyle\int \dfrac{dx}{x} = \int a(t)dt$ から，$\log|x(t)| = \displaystyle\int a(t)dt + C$（$C$ は積分定数）．$\log|x(t)| = \log(e^{\int a(t)dt + C})$ で，また対数関数 $\log$ の狭義単調増加性より，$|x(t)| = e^{\int a(t)dt + C}$．よって，$x(t) = \pm e^{\int a(t)dt + C} = Ae^{\int a(t)dt}$（$A = \pm e^C \neq 0$）を得る．

　（ii）$x = 0$ のとき，$x(t) \equiv 0$ は式 (Eq) を満たすので解である．これは，(i) で求めた解において，$A = 0$ とおくことで得られる．

　以上 (i)，(ii) から，形式解 $x(t) = Ae^{\int a(t)dt}$ を得る．

　（iii）この関数は，

$$x' = (Ae^{\int a(t)dt})' = \underline{Aa(t)e^{\int a(t)dt}} = \underline{a(t)Ae^{\int a(t)dt}} = ax(t)$$

より，式 (Eq) を満たすから，検算の結果，（厳密）解である． ◆

[**例 1.2.5**] $x'(t) = -x^2$ を解け．

【解法】 （i）$x \neq 0$ のとき，$\dfrac{dx}{x^2} = -dt$ を積分して，$-\dfrac{1}{x} = -t + C_1$（C_1 は積分定数）から，$\dfrac{1}{x} = t + C_2$（$C_2 = -C_1$）．

　（ii）$x = 0$ のとき，$x(t) \equiv 0$ が解である．

　以上より，解は $\dfrac{1}{x} = t + C_2$, $x = 0$． ◆

問題 1.2.6 次の微分方程式を解け.

(1) $x' = 2tx$　　(2) $x' = \dfrac{1 + x^2}{1 + t^2}$　　(3) $x' = 1 + t + x^2 + tx^2$

1.3 ロジスティック方程式

式 (1.1) を図示する.

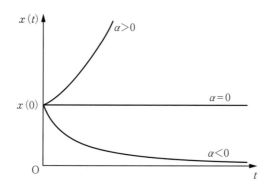

図 1 式 (1.1) ($\alpha > 0$, $\alpha = 0$, $\alpha < 0$) の時間漸近挙動

図1から分かる通り, $\alpha > 0$ のとき解 $x(t)$ は指数的に爆発し, $\alpha < 0$ のとき $x(t)$ は指数的に瞬く間もなく 0 に近づいてゆく. $\alpha = 0$ のとき, 一定のままである. いずれの場合も, 現実的な人口生態を表しているとはいえない.

よって, 補正項を加えてモデルを修正する. $\alpha > 0$ として人口 $x(t)$ が増加するとき, その影響を抑制する項 $-kx^2$ ($k > 0$ は定数) を加えて, 次の**ロジスティック方程式**を得る.

$$x'(t) = \alpha x - kx^2 \tag{1.4}$$

【式 (1.4) の解法】　人口 $x(t) > 0$ としてよい.

(i) $x \neq \dfrac{\alpha}{k}$ のとき, $\dfrac{1}{\alpha x - kx^2} = \dfrac{1}{\alpha}\left(\dfrac{1}{x} + \dfrac{1}{\alpha/k - x}\right)$ から,

$$dx\left(\frac{1}{x} + \frac{1}{\dfrac{\alpha}{k} - x}\right) = \alpha dt$$

と変形する．両辺を積分して，

$$-\left(\log|x| - \log\left|x - \frac{\alpha}{k}\right|\right) = -\alpha t + C_1$$

を得る．よって，$\log\left|\dfrac{\alpha/k - x}{x}\right| = \log(e^{-\alpha t}e^{C_1})$ から，

$$x(t) = \frac{\alpha}{k}\frac{e^{\alpha t}}{e^{\alpha t} - C_2} \qquad (C_2 = \pm e^{C_1} \neq 0).$$

(ii) $x = \dfrac{\alpha}{k}$ のとき，$x(t) \equiv \dfrac{\alpha}{k}$ が (1.4) を満たすので解である．これは，(i) において $C_2 = 0$ としても得られる．

以上 (i), (ii) から，次式を得る．

$$x(t) = \frac{\alpha}{k}\frac{e^{\alpha t}}{e^{\alpha t} - C_2} \tag{1.5}$$

式 (1.5) に現れる積分定数 C_2 は，初期条件 $x(t_0) = c > 0$ により決まる．実際，$C_2 = e^{\alpha t_0}\left(1 - \dfrac{\alpha}{ck}\right)$ とすればよい． ◆

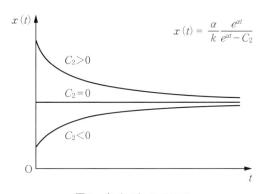

図 2 式 (1.5) のグラフ

1.4 同次形 $\dfrac{dx}{dt}(t) = f\left(\dfrac{x}{t}\right)$ の解法

　時間は $t > 0$，または $t < 0$ とする．式 $u(t) = \dfrac{x(t)}{t}$ は，x と t と等しい次数である．$u(t)$ を，t につき微分して解く．実際には，$x(t) = tu(t)$ から，$x' = u(t) + tu'$ を用いて，$u(t)$ の微分方程式を導く．

例 1.4.1　微分方程式 $x'(t) = \dfrac{tx}{t^2 + x^2}$ $(t > 0)$ を解け．

【解法】 $u = \dfrac{x}{t}$ とおくと，（右辺）$= \dfrac{tx/t^2}{(t^2 + x^2)/t^2} = \dfrac{u}{1 + u^2}$．$x' = u + tu'$ から，$u + tu' = \dfrac{u}{1 + u^2}$．

$$\left(\frac{1}{u^3} + \frac{1}{u}\right)du = \frac{-dt}{t}$$

を積分して，$0 = \log t - \dfrac{t^2}{2x^2} + \log\dfrac{|x|}{t} + C$ より，$x = C_1 e^{-\frac{t}{2x^2}}$ を得る（C_1 は定数）．　　　　◆

例 1.4.2　以下の例 1.4.4〜1.4.6 では，$x' = \dfrac{ax + bt + k}{cx + dt + \ell}$ の形の微分方程式の解法を述べる．

　まず，未知ベクトル $\boldsymbol{x} = (x, t)^T$（$T$ は転置）の連立式

$$\begin{pmatrix} a & b \\ c & d \end{pmatrix}\begin{pmatrix} x \\ t \end{pmatrix} + \begin{pmatrix} k \\ \ell \end{pmatrix} = \boldsymbol{0}$$

を，$A\boldsymbol{x} + \boldsymbol{k} = \boldsymbol{0}$ とおくと，次の 3 つの場合 (a)〜(c) が考えられる．

　(a) 式 $A\boldsymbol{x} + \boldsymbol{k} = \boldsymbol{0}$ は一意解をもつ

　(b) 式 $A\boldsymbol{x} + \boldsymbol{k} = \boldsymbol{0}$ は無数の解をもつ

　(c) 式 $A\boldsymbol{x} + \boldsymbol{k} = \boldsymbol{0}$ は解なし

！注意 1.4.3 上記 (a)〜(c) は次と同値である．

　(a) 逆行列 A^{-1} が存在する（$\Longleftrightarrow$ 行列式 $\det A = ad - bc \neq 0$）．

　(b) 逆行列 A^{-1} が存在せず（$\Longleftrightarrow \det A = ad - bc = 0 \Longleftrightarrow a : c = b : d$），かつ $a : c = k : \ell$．

(c) 逆行列 A^{-1} が存在せず，かつ $a : c \neq k : \ell$.

例 1.4.4 （場合 (a)） 微分方程式 $x'(t) = \dfrac{2x + t + 2}{x + t + 2}$ を解け.

【解法】 連立式 $2\alpha + \beta + 2 = 0 = \alpha + \beta + 2$ を解いて，$\alpha = 0$，$\beta = -2$.

よって，$x'(t) = \dfrac{2(x - \alpha) + (t - \beta)}{(x - \alpha) + (t - \beta)}$ から $X(t) = x - \alpha = x$，$T(t) = t - \beta$

$= t + 1$ とおくと，$x' = \dfrac{dX}{dT}$ より，$\dfrac{dX}{dT} = \dfrac{2X + T}{X + T}$. $X = Tu$ とおくと，

$\dfrac{1 + u}{2 - u^2} \, du = \dfrac{dT}{T}$ で，

$$\left(\dfrac{1}{\sqrt{2} - u} + \dfrac{1}{\sqrt{2} + u}\right)\dfrac{du}{2\sqrt{2}} + \left(\dfrac{1}{\sqrt{2} - u} - \dfrac{1}{\sqrt{2} + u}\right)\dfrac{du}{2} = \dfrac{dT}{T}$$

から，

$$\dfrac{1 - \sqrt{2}}{2\sqrt{2}} \log|u + \sqrt{2}| - \dfrac{1 + \sqrt{2}}{2\sqrt{2}} \log|u - \sqrt{2}| = \log|T| + C,$$

すなわち，

$$\dfrac{1 - \sqrt{2}}{2\sqrt{2}} \log|x + \sqrt{2}(t + 2)| - \dfrac{1 + \sqrt{2}}{2\sqrt{2}} \log|x - \sqrt{2}(t + 2)| = C$$

（C は定数）を得る．また $x^2 = 2(t + 2)^2$. ◆

例 1.4.5 （場合 (b)） 微分方程式 $x'(t) = \dfrac{2x + 2t + 4}{x + t + 2}$ を解け.

【解法】 $x'(t) = 2$ より，これを積分して，次式の解を得る.

$$x(t) = 2t + C \quad (C : 積分定数).$$ ◆

例 1.4.6 （場合 (c)） 微分方程式 $x'(t) = \dfrac{x + t + 2}{x + t + 1}$ を解け.

【解法】 $x' = 1 + \dfrac{1}{x + t + 1}$ において，$y(t) = x(t) + t + 1$ とおくと，$y'(t) = x' + 1$ から，$y' - 1 = 1 + \dfrac{1}{y}$ より，変数分離形 $y' = \dfrac{2y + 1}{y}$ に帰着される．これを解いて，$Ce^{x+t} = |2x + 2t + 1|^{\frac{1}{2}} t$ （C は定数）を得る. ◆

問題 1.4.7 次の微分方程式を解け.

(1) $x' = \dfrac{tx - x^2}{t^2}$　　　(2) $x' = \dfrac{t - x - 4}{t + x - 2}$　　　(3) $x' = \dfrac{t + x + 1}{t + x}$

1.5　$\dfrac{dx}{dt}(t) = a(t)x + b(t)$ の定数変化法

非斉次線形常微分方程式の初期値問題

$$x'(t) = a(t)x + b(t), \qquad x(t_0) = c \tag{1.6}$$

に関し，以下の手順で解を求める（これを**定数変化法**という）.

（ⅰ）斉次式 $x' = a(t)x$ の解は，$x(t) = Ae^{\int_{t_0}^t a(s)ds}$ である．ただし，初期時間 t_0 から t まで積分するために，積分変数は $s \in [t_0, t]$ としている.

（ⅱ）非斉次式（(1.6) の第1式）の解は，

$$(\ast) \qquad\qquad x(t) = A(t)e^{\int_{t_0}^t a(s)ds}$$

と仮定する．ただし，関数 $A(t)$ は可微分とする．これを非斉次式に代入し，$A'(t)e^{\int_{t_0}^t a(s)ds} + a(t)A(t)e^{\int_{t_0}^t a(s)ds} = a(t)A(t)e^{\int_{t_0}^t a(s)ds} + b(t)$ より，$A'(t)e^{\int_{t_0}^t a(s)ds} = b(t)$, すなわち，$A'(t) = e^{-\int_{t_0}^t a(s)ds}b(t)$ を得る．これを $[t_0, t]$ で積分し，

$$A(t) - A(t_0) = \int_{t_0}^t e^{-\int_{t_0}^r a(s)ds}b(r)dr$$

を得る．これを（$\ast$）に代入すると，

$$x(t) = e^{\int_{t_0}^t a(s)ds}\Big\{A(t_0) + \int_{t_0}^t e^{-\int_{t_0}^r a(s)ds}b(r)dr\Big\}.$$

条件 $x(t_0) = c$ を用いると，次の定理を得る.

定理 1.5.1 初期値問題 (1.6) の解は次の通り：

$$x(t) = e^{\int_{t_0}^t a(s)ds}\Big\{c + \int_{t_0}^t e^{-\int_{t_0}^r a(s)ds}b(r)dr\Big\}$$

$$= \underbrace{e^{\int_{t_0}^t a(s)ds}c}_{\text{(gen)}} + \underbrace{e^{\int_{t_0}^t a(s)ds}\int_{t_0}^t e^{-\int_{t_0}^r a(s)ds}b(r)dr}_{\text{(par)}} \tag{1.7}$$

式（1.7）の前者の項（gen）を**一般解**（general solution）といい，斉次式 $x' = a(t)x$ の解で，積分定数に相当する c を含む．後者の項（par）を**特（殊）解**（particular solution）といい，非斉次式 $x' = a(t)x + b(t)$ の1つの解で，積分定数を含まない．

！注意 1.5.2 （1）初期条件を課さないときは，任意の解は次式で与えられる．

$$x(t) = e^{\int^t a(s)ds}c + e^{\int^t a(s)ds}\int^t e^{-\int^r a(s)ds}b(r)dr$$

（c は積分定数で，また積分変数が複数あるために，上端につき t, r の場合がある）

（2）式 $f(t, x) = a(t)x + b(t)$ は，$L = \sup_t |a(t)|$ が存在すればリプシッツ条件を満たす．実際，

$$|f(t, x) - f(t, y)| = |a(t)||x - y| \le \sup_t |a(t)||x - y| = L|x - y|.$$

よって，初期値問題（1.6）の解は，初期条件に関し一意的に存在する．

例 1.5.3 常微分方程式（Eq）：$x'(t) = 2tx + 2t$ を解け．

【解法】 （i）斉次式 $x'(t) = 2tx$ の解は，$x(t) = Ae^{\int^t 2sds} = Ae^{t^2}$.

（ii）非斉次式：解を $x(t) = A(t)e^{t^2}$（関数 $A(t)$ は可微分）とする．これを（Eq）に代入し，$A'e^{t^2} + 2tAe^{t^2} = 2tAe^{t^2} + 2t$，すなわち，$A'(t) = 2te^{-t^2}$ を得る．これを積分し，$A(t) = -e^{-t^2} + C$（C は積分定数）から，$x(t) = e^{t^2}C - 1$ となる． ◆

1.6 他の 1 階常微分方程式の解法

正規形 1 階常微分方程式 $x'(t) = f(t, x)$ に関し，次の（I）〜（IV）の解法がよく知られている．詳しくは，齋藤誠慈：常微分方程式とラプラス変換，裳華房（2006）等を参照されたい．

（I）**ベルヌーイ型**： $x'(t) = a(t)x + b(t)x^n$

$n = 0, 1$ のとき，これは単に線形微分方程式である．$n \neq 0, 1$ のときは，$u(t) = x(t)^{1-n}$ と変換し，1階非斉次線形系 $\dfrac{u'(t)}{1-n} = a(t)u + b(t)$ に帰着する．

（II）**リカッチ型**：　$x'(t) = a(t) + b(t)x + c(t)x^2$

解法は次の（a），（b）の2つある．（a）まず1つの解 $x_0(t)$ を何らかの方法より見出す．別の解を $x(t) = x_0(t) + \dfrac{1}{u}$ とおき，1階非斉次線形系 $u'(t) = -(b(t) + 2c(t)x_0)u - c(t)$ を導き，これを解く．

（b）解 $x_0(t)$ を何らかの方法より見出す．別な解を $x(t) = x_0(t) + u$ とおき，ベルヌーイ型常微分方程式 $u'(t) = (b(t) + 2c(t)x_0)u + c(t)u^2$ を導き，これを解く．

（III）**完全微分形**：　未知関数を $y = y(x)$，または $x = x(y)$ とする式 $\dfrac{dy}{dx} = -\dfrac{P(x, y)}{Q(x, y)}$ を次式に変形する．

(ex) $$P(x, y)dx + Q(x, y)dy = 0$$

式（ex）が完全微分形であるとは，ある微分可能な関数 $F(x, y)$ が存在し，偏導関数 $F_x = P$，$F_y = Q$ が成り立つことをいう．これは，関数 P，Q がいずれも微分可能であるとき，$P_y = Q_x$ であることと，同値である．この場合，3点 $(a, b), (x, b), (x, y)$ に関する線積分を計算して，

$$F(x, y) = \int_a^x P(\xi, y)d\xi + \int_b^y Q(x, \eta)d\eta = （定数）$$

が式（ex）の解となる．ただし，$(P(a, b), Q(a, b)) \neq (0, 0)$ とする．

例 **1.6.1**　式 $x\,dx + y\,dy = 0$ を解け．

【解法】　$P = x$，$Q = y$ とおく．$P_x = 1 = Q_y$ より，これは完全微分形である．3点 $(1, 0), (x, 0), (x, y)$ を通る折れ線に関する線積分を計算する．解は次式の通り：

$$F(x, y) = \int_1^x P(\xi, 0)d\xi + \int_0^y Q(x, \eta)d\eta$$
$$= \int_1^x \xi\,d\xi + \int_0^y \eta\,d\eta = \frac{x^2 + y^2}{2} = （定数） \qquad ◆$$

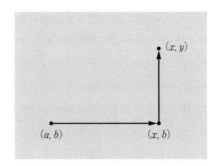

図 3 線積分

！注意 1.6.2 3変数関数の完全微分形

$$P(x, y, z)dx + Q(x, y, z)dy + R(x, y, z)dz = 0$$

に関しても，偏導関数が $R_y = Q_z$, $P_z = R_x$, $Q_x = P_y$ のとき，解は，次のように 4点 $(a, b, c), (x, b, c), (x, y, c), (x, y, z)$ を通る折れ線に関する線積分で与えられる．

$$F(x, y, z) = \int_a^x P(\xi, b, c)d\xi + \int_b^y Q(x, \eta, c)d\eta + \int_c^z R(x, y, \zeta)d\zeta = （定数）$$

ただし，$(P(a, b, c),\ Q(a, b, c),\ R(a, b, c)) \neq (0, 0, 0)$ とする．

例 1.6.3 $2x \sin(yz)\, dx + x^2 z \cos(yz)\, dy + x^2 y \cos(yz)\, dz = 0$ を解け．

【解法】 (i) 完全微分形：$P = 2x \sin(yz)$, $Q = x^2 z \cos(yz)$, $R = x^2 y \cos(yz)$ とおく．$R_y = Q_z$, $P_z = R_x$, $Q_x = P_y$ が成り立つから，完全微分形である．

(ii) 解：4点 $(1, 1, 1), (x, 1, 1), (x, y, 1), (x, y, z)$ を通る折れ線に関する線積分より，

$$F = \int_1^x 2\xi \sin(1)d\xi + \int_1^y x^2 \cos(\eta)\, d\eta + \int_1^z x^2 y \cos(y\zeta)\, d\zeta$$

$$= \left[\xi^2 \sin(1)\right]_{\xi=1}^{\xi=x} + \left[x^2 \sin\eta\right]_{\eta=1}^{\eta=y} + \left[x^2 \sin(y\zeta)\right]_{\zeta=1}^{\zeta=z}$$

$$= (x^2 - 1)\sin(1) + x^2\{\sin y - \sin(1)\} + x^2(\sin(yz) - \sin y)$$

$$= \sin(1) + x^2 \sin(yz).$$

よって $F = x^2 \sin(yz) = （定数）$ が解． ◆

（IV）**積分因子**： 完全微分形でない $P(x, y)dx + Q(x, y)dy = 0$ に関し，ある関数 $M(x, y) \not\equiv 0$ を両辺に掛けると完全微分形となる場合がある．偏導関数について，

$$(MP)_y = (MQ)_x \tag{1.8}$$

が成り立つとき，M を**積分因子**という．積分因子 $M(x, y)$ は微分方程式に依存して決まる．解は (a, b), (x, b), (x, y) 経由の線積分により与えられる．ただし，$(M(a, b)P(a, b), \ M(a, b)Q(a, b)) \neq (0, 0)$.

$$F(x, y) = \int_a^x M(\xi, b)P(\xi, b)d\xi + \int_b^y M(x, \eta)Q(x, \eta)d\eta = （定数）$$

例 1.6.4 $(x + 2y)dx + x\,dy = 0$ を解け．

【解法】 （i）完全微分形でない：$P = x + 2y$, $Q = x$ とおく．このとき，$P_y = 2$, $Q_x = 1$ より，$P_y \neq Q_x$.

（ii）積分因子：式（1.8）を満たす $M = M(x)$ を求める．$M_y P + M P_y = M_x Q + M Q_x$ より，$2M(x) = \dfrac{dM}{dx}x + M(x)$，すなわち，$\dfrac{dM}{dx}x = M(x)$.
この変数分離形を解くと，$M(x) = Ax$（A は積分定数）．$A = 1$ としてよいから，積分因子は $M(x) = x$.

（iii）解：点 $(1, 0), (x, 0), (x, y)$ の線積分より，$F(x, y) = \displaystyle\int_1^x \xi^2 d\xi + \int_0^y x^2 d\eta$
$= \dfrac{x^3}{3} - \dfrac{1}{3} + x^2 y = （定数）$ から，解は次式の通り：

$$F = \frac{x^3}{3} + x^2 y = （定数） \qquad ◆$$

！注意 1.6.5 （3変数関数の積分因子） 微分方程式
$$P(x, y, z)dx + Q(x, y, z)dy + R(x, y, z)dz = 0$$
の積分因子 $M(x, y, z)$ とは，偏導関数に関して，
$$(MR)_y = (MQ)_z, \qquad (MP)_z = (MR)_x, \qquad (MQ)_x = (MP)_y \tag{1.9}$$
を満たす関数 $M \neq 0$ をいう．

例 1.6.6 $2\sin(yz)\,dx + xz\cos(yz)\,dy + xy\cos(yz)\,dz = 0$ を解け.

【解法】 (i) $P = 2\sin(yz)$, $Q = xz\cos(yz)$, $R = xy\cos(yz)$ とおく. $P_z = 2y\cos(yz) \neq y\cos(yz) = R_x$ から, 完全微分形でない.

(ii) $M \neq 0$ とし, 式 (1.9) を満たす 1 つの M を決める. 式 (1.9) の第 2 式 $(2M\sin(yz))_z = (Mxy\cos(yz))_x$ を計算すると, 次式を得る.

$$2M_z\sin(yz) + 2My\cos(yz) = M_x xy\cos(yz) + My\cos(yz)$$

特に $M = M(x)$ (x だけの関数) と仮定すると, $My\cos(yz) = M_x xy\cos(yz)$ すなわち, $\dfrac{M_x}{M} = \dfrac{1}{x}$ となる. これから $M(x) = \pm xe^c$ (c は積分定数) を得る. $\pm e^c = 1$ としてよいから, $M(x) = x$. これは, 式 (1.9) の第 1,3 式も満たすので, 積分因子である.

(iii) $2x\sin(yz)\,dx + x^2 z\cos(yz)\,dy + x^2 y\cos(yz)\,dz = 0$ は, 例 1.6.3 を参照すると, 解は $F = x^2\sin(yz) = (定数)$. ◆

以下の例は第 1 章の例題である.

例 1.6.7 次の微分方程式を解け.
(1) $x'(t) = x\sin t$ (2) $x'(t) = tx^2$ (3) $x'(t) = (1 + x^2)t$
(4) $x'(t) = \sqrt{1 - x^2}\,t$

【解法】 (C は積分定数である) (1) (i) $x \neq 0$ のとき, $\displaystyle\int\frac{dx}{x} = \int\sin t\,dt$ より, $\log|x| = -\cos t + C = \log(e^{-\cos t}e^C)$. よって, $x(t) = C_1 e^{-\cos t}$. なお $C_1 = \pm e^c$ である. (ii) $x = 0$ のとき, $x \equiv 0$ が解であり, これは (i) において $C_1 = 0$ とおけば得られる. 以上より, 解は $x(t) = C_1 e^{-\cos t}$.

(2) (i) $x \neq 0$ のとき, $\displaystyle\int x^{-2}dx = \int t\,dt$ より, $-\dfrac{1}{x} = \dfrac{t^2}{2} + C$. (ii) $x = 0$ のとき, $x \equiv 0$ が解である. よって解 $x(t)$ は $-\dfrac{1}{x(t)} = \dfrac{t^2}{2} + C$, $x = 0$.

(3) $1 + x^2 \neq 0$ より, $\displaystyle\int\frac{dx}{1 + x^2} = \int t\,dt$ すなわち, $\mathrm{Tan}^{-1}x = \dfrac{t^2}{2} + C$.

よって解は $x(t) = \tan\left(\dfrac{t^2}{2} + C\right)$.

(4) (i) $\sqrt{1-x^2} \neq 0$ のとき, $\displaystyle\int \frac{dx}{\sqrt{1-x^2}} = \int t\,dt$ より, $\mathrm{Sin}^{-1} x = \dfrac{t^2}{2} +$

C. (ii) $\sqrt{1-x^2} \neq 0$ のとき, $x = \pm 1$ は解. 以上から, 解は

$$x = \sin\left(\frac{t^2}{2} + C\right), \qquad x = \pm 1. \qquad \blacklozenge$$

例 1.6.8 次の微分方程式を解け.

(1) $x'(t) = \dfrac{t^3(x-1)}{x^3(t-1)}$ (2) $x'(t) = \sqrt{\dfrac{1+x}{2+t}}$ (3) $x'(t) = tx^3$

(4) $x'(t) = \dfrac{x(1+x)}{1+t^2}$ (5) $tx'(t) = x + t$

【解法】 (C, C_1 は積分定数である) (1) (i) $x \neq 1$ のとき,

$$\int \frac{x^3}{x-1}dx = \int \frac{t^3}{t-1}dx$$

で, $x^3 = x^3 - 1 + 1 = (x-1)(x^2+x+1) + 1$ 等から,

$$\int\left(x^2 + x + 1 + \frac{1}{x-1}\right)dx = \int\left(t^2 + t + 1 + \frac{1}{t-1}\right)dt$$

を得る. 積分して, $\dfrac{x^3}{3} + \dfrac{x^2}{2} + x + \log|x-1| = \dfrac{t^3}{3} + \dfrac{t^2}{2} + t\,\log|t-1|$
$+ C$, すなわち $(x-1)e^{\frac{x^3}{3} + \frac{x^2}{2} + x} = \pm e^C (t-1)e^{\frac{t^3}{3} + \frac{t^2}{2} + t}$. (ii) $x = 1$ のと
き, これも解の1つ. 以上から, 解は $(x-1)e^{\frac{x^3}{3} + \frac{x^2}{2} + x} = C_1(t-1)e^{\frac{t^3}{3} + \frac{t^2}{2} + t}$.

(2) (i) $x \neq -1$ のとき, $\displaystyle\int \frac{dx}{\sqrt{1+x}} = \int \frac{dt}{\sqrt{2+t}}dt$ より,

$$2\sqrt{1+x} = 2\sqrt{2+t} + 2C$$

で, $x + 1 = \left(\sqrt{2+t} + C\right)^2$ を得る. (ii) $x = -1$ のとき, これも解. 以上
から, 解は, $x = -1$, $x + 1 = \left(\sqrt{2+t} + C\right)^2$ である.

(3) (i) $x \neq 0$ のとき, $\displaystyle\int x^{-3}dx = \int t\,dt$ から, $-\dfrac{1}{2}x^{-2} = \dfrac{t^2}{2} + \dfrac{C}{2}$ で,

$-\dfrac{1}{x^2} = t^2 + C$ を得る. (ii) $x = 0$ も1つの解. 以上から,

$$x = 0, \qquad x^2(t^2 + C) + 1 = 0.$$

(4) (i) $x(x + 1) \neq 0$ のとき, $\dfrac{dx}{x(1 + x)} = \dfrac{dt}{1 + t^2}$ から, 部分分数展開し積分すると, $\displaystyle\int \left(\dfrac{1}{x} - \dfrac{1}{1 + x} \right) dx = \int \dfrac{dt}{1 + t^2}$, すなわち, $\log \dfrac{|x|}{|1 + x|} =$ $\mathrm{Arctan}\, t + C$ を得る ($\mathrm{Arctan}\, t = \mathrm{Tan}^{-1} t$). よって, $\dfrac{x}{x + 1} = \pm\, e^C e^{\mathrm{Arctan}\, t}$ である. (ii) $x(1 + x) = 0$ のとき, $x = 0, -1$ も解である. 以上から, 解は, $x = 0, -1,\ 1 + \dfrac{1}{x} = \dfrac{1}{C_1} e^{-\mathrm{Arctan}\, t}$ $(C_1 = \pm e^C)$.

(5) (i) 斉次式 : $x' = \dfrac{x}{t}$ から, $x(t) = Ce^{\int^t \frac{ds}{s}} = Ce^{\log t} = Ct$. (ii) 非斉次式 : $x' = \dfrac{x}{t} + 2$ の解は, $x = C(t)t$ と仮定する. 微分の式に代入して, $C't + C = \dfrac{Ct}{t} + 1$ より, $C' = \dfrac{1}{t}$ を得る. 積分して, $C(t) = C_1 + \log|t|$ から, C_1 を積分定数として, 解は $x = C_1 t + t\log|t|$ である. ◆

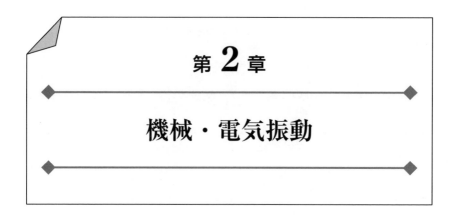

第2章

機械・電気振動

2.1 振動現象のモデリング

本節では，主に振動にかかわる数理モデルの定式化の例を考察する.

例 2.1.1 （単振り子） 長さ ℓ の糸に吊り下げられる質量 m の質点系に関する微小振動を考える.

時間 t に対する偏角を $x = x(t)$ とすると，速度 x'，加速度 x'' より，その運動方程式は，（質量）×（加速度）＝（作用する力）であるから，次式の2階

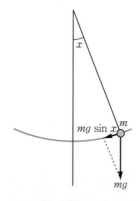

図4 単振り子

非線形常微分方程式を得る.

$$m\ell\frac{d^2x}{dt^2}(t) = -mg\sin x$$

より簡単に, $x'' = -\sin x$ について考察する. $\sin x$ をマクローリン展開して, $\sin x = x - \frac{x^3}{3!} + \frac{x^5}{5!} - \cdots$ より, $h(x) = \sum_{k=3}^{\infty}\frac{(-1)^k x^k}{k!}$ とおくと, $\sin x = x + h(x)$ ゆえ, 次式を得る.

$$x'' = -x - h(x)$$

関数 $h(x)$ は, $\lim_{x\to 0}\frac{h(x)}{x^2} = 0$ を満たすので, ランダウの記号を用いて, $h(x) = o(x^2)$ $(x \to 0)$ と書く. また, 平衡点 $x = 0$ は安定である. $x'' + x = 0$ の $x = 0$ が安定であるために, $x'' + x = -h(x)$ の $x = 0$ も安定であることが示される (例 5.2.5 参照).

[例 2.1.2] (空気抵抗のある単振り子) 単振り子に空気などの抵抗 $k\frac{dx}{dt}$ を考慮することがある. 特に x が微小のとき, $x \approx \sin x$ の近似を行い, 次の運動方程式を得る.

$$m\ell\frac{d^2x}{dt^2}(t) = -mgx - k\frac{dx}{dt}$$

より一般に次式を考える.

$$x''(t) = -ax' - bx \iff x''(t) + ax' + bx = 0$$

このとき, 固有方程式 $P(\lambda) = \lambda^2 + a\lambda + b = 0$ の解の実・複素数により, 漸近安定性や発散性が判定できる.

(i) 判別式 $D = a^2 - 4b < 0$ (虚数解) のとき, $a > 0$ ならば, $x = 0$ は漸近安定, すなわち一様安定 [US], かつ一様吸引的 [UA] (吸収的) である[*1] (5.1 節参照).

$a = 0$ のとき, $x = 0$ は安定のみ. $a < 0$ のとき, 解は振動しながら発散する.

[*1] 安定性とは, 初期時間 t_0 での初期条件の絶対値 $|x(t_0)|$ と $|x'(t_0)|$ が微小であれば, $t \geq t_0$ においても $|x(t)|$ は微小であることを意味する (0 に収束するという意味ではない). また吸引的とは, 微小な初期値から出る解は $\lim_{t\to\infty}|x(t)| = 0$ (収束) となることを意味する.

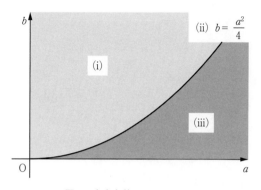

図5　安定条件 $a > 0,\ b > 0$

(ii) $D = a^2 - 4b = 0$（重解）のとき，$a > 0$ のとき $x = 0$ は漸近安定，$a \leq 0$ のとき，任意の解は無限大に発散する．

(iii) $D = a^2 - 4b > 0$（異なる2実解）のとき，$a > 0,\ b > 0$ のとき，$x = 0$ は漸近安定となり，$a \leq 0$ または $b \leq 0$ のとき，発散する解が存在する．

例 2.1.3　（落下運動）（1）自然落下　質点 m に垂直方向に，地球の引力だけが作用するとき，重力加速度を g とすると，時間 t での変位 $x = x(t)$ に関する運動方程式は次式である．

$$mx''(t) = mg$$

初期時間 $t = 0$ に関する初期条件は，初期変位 $x(0) = A$，初速 $x'(0) = B$ の下で，上式の両辺を $[0, t]$ で2回積分する．

$$x'(t) - x'(0) = \int_0^t g\,ds = gt$$

$$x(t) - x(0) = \int_0^t (B + gs)ds$$

よって，$x(t) = A + Bt + \dfrac{g}{2}t^2$ を得る．

（2）空気抵抗のある場合　（1）に加えて，垂直方向に質点 m に空気抵抗 $k\left(\dfrac{dx}{dt}\right)^2$ $(k > 0)$ が作用するとき，運動方程式は次式となる．

$$mx'' = mg - k(x')^2$$

上式の解は，$v(t) = x'(t)$（速度）とおくと，変数分離形 $v' = g - \dfrac{k}{m}v^2$ から

$$v(t) = \frac{\alpha(Ce^{2t\beta} - 1)}{Ce^{2t\beta} + 1}$$

を得る $\left(1.6 \text{ 節（II）参照，} C \text{ は定数，} \alpha = \sqrt{\dfrac{mg}{k}},\ \beta = \sqrt{\dfrac{kg}{m}}\right)$．$\beta > 0$ から，$\lim\limits_{t \to \infty} v(t) = \alpha$．これは，質点 m の速度は，抵抗 $k(x')$ が作用するとき，初速 $x'(0)$ に依存せず最終的に $\sqrt{\dfrac{mg}{k}}$ に近づく．

[例 2.1.4]（放物運動）質点 m を，xy 平面（ただし，横軸 x，鉛直方向上向きを正の y 軸）において投げることを考え，t を時間，質点の移動位置を $\boldsymbol{x}(t) = (x(t), y(t))$ とおく．時間 $t = 0$ に関する初期値条件を，$v > 0$，投げる方向は仰角（水平に対し仰ぐ角度）を θ として，次に決める．

初期変位：$\boldsymbol{x}(0) = (0, h)$，　　初速：$\boldsymbol{x}'(0) = (v \cos\theta, v \sin\theta)$　　(2.1)

質点 m の運動方程式は，次の通り：

$$x \text{ 方向：} mx''(t) = 0, \qquad y \text{ 方向：} my''(t) = -mg \qquad (2.2)$$

条件 (2.1) の下で，式 (2.2) を 2 回積分して，

$$x(t) = (v \cos\theta)t, \qquad y(t) = h + (v \sin\theta)t - \frac{gt^2}{2}$$

となり，次式を得る．

$$y = h + (\tan\theta)x - \frac{gx^2}{2(v \cos\theta)^2} \qquad \left(\theta \neq \pm\frac{\pi}{2}\right)$$

上記の曲線 $y = y(x)$ は，放物曲線を示す．

[例 2.1.5]（電気回路）電気抵抗（R オーム），コイル（インダクタンス L ヘンリー），コンデンサ（静電容量 C ファラド）と電源（E ボルト）からなる RLC 回路を考える．回路に関し，時間 t に対する電流を $i(t)$ アンペアとすると，抵抗での電圧降下は Ri，コイルでの電圧降下は Li'，コンデンサでの電圧降下は $\dfrac{q(t)}{C} = \dfrac{1}{C}\int i(t)dt$（ただし電荷 $q(t)$ クーロン）とし，電源の電圧供給は $E_0 \sin(\omega t + \alpha)$（$\alpha$ は定数）とすると，キルヒホッフの第 2 法則から，次式が成り立つ．

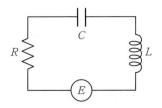

図6 RLC 直列回路

$$Ri + Li' + \frac{1}{C}\int i(t)dt = E_0 \sin(\omega t + \alpha)$$

両辺を時間微分して，2階非斉次線形常微分方程式

$$Li'' + Ri' + \frac{i}{C} = E_0\omega \cos(\omega t + \alpha)$$

を得る（2.2.3 節参照）.

例 2.1.6 （単振動）（1）摩擦抵抗なし 質点 m にバネを取り付け，x 軸（水平）方向にはバネの復元力 $-kx$ が作用する（フックの法則）とき，運動方程式は次式である.

$$mx'' = -kx$$

（2）摩擦抵抗あり 速度 x' とは逆方向に摩擦抵抗 $r(x')$ が生じることもある.

$$mx'' = -kx + r(x')$$

ただし，$r(x') = -c\,\mathrm{sgn}(x')|x'|^a$ （$c > 0$, $a \geq 0$）で，符号関数 $\mathrm{sgn}(x')$ は次の通り：

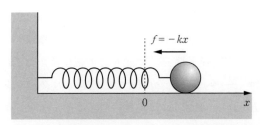

図7 質点 m には復元力 $-kx$ が作用する

$$\mathrm{sgn}(x') = 1 \ (x' > 0); \qquad \mathrm{sgn}(x') = -1 \ (x' < 0);$$
$$\mathrm{sgn}(x') = 0 \ (x' = 0)$$

特に，$a = 0, 1$ のとき 2 階線形系で，このとき減衰現象が得られる（式 (2.4) 参照）．

2.2 線形系 $x''(t) + ax' + bx = f(t)$ の解法

2.2.1 記号解法

記号解法は演算子法ともいう．微分操作を $x'(t) = Dx$，$x'' = D(Dx) = D^2 x$ と表し，文字変数とみなす．$a, b \in \boldsymbol{R}$ として，2 階非斉次定係数線形常微分方程式

$$x''(t) + ax' + bx = f(t) \tag{2.3}$$

を次のように表示する．

$D^2 x + aDx + bx = f(t) \Longleftrightarrow (D^2 + aD + b)x = f(t) \Longleftrightarrow P(D)x = f(t)$，

ただし $P(D) = D^2 + aD + b = \dfrac{d^2}{dt^2} + a\dfrac{d}{dt} + b$（微分操作と係数積との和）．

式 (2.3) に対し，次式を**固有方程式**（特性方程式）という．

$$P(\lambda) = \lambda^2 + a\lambda + b = 0 \quad (\lambda \in \boldsymbol{C})$$

！注意 2.2.1 式 (Eq)：$a_0(t)x''(t) + a(t)x'(t) + b(t)x = f(t)$ を，2 階線形常微分方程式という．$f(t) = 0$ のとき**斉次式**，$f(t) \neq 0$ のとき**非斉次式**といい，f を**非斉次項**（強制項）という．式 (Eq) の斉次式を $P(D)x = 0$ とし，$P(D) = a_0(t)D^2 + a(t)D + b(t)$ とする．定数 k, ℓ とし，C^1 級関数 x, y に関し，次式を満たすとき，式 (Eq) は線形（的）という．

$$P(D)(kx + \ell y) = kP(D)x + \ell P(D)y$$

線形的 (Eq) に対し，線形代数学のすべての概念，公式（連立方程式解法，核空間と像空間，固有値理論等）が適用できることを意味する．

本書では，斉次式 $P(D)x = 0$ の解は，**一般解**といい，積分定数等の初期条件に依存する定数を含む関数とする．また非斉次式 $P(D)x = f(t)$ の解は，**特（殊）解**といい，積分定数等の初期条件に依存する定数を含まない関数とする．

定理 2.2.2 （1）$\alpha \in \boldsymbol{C}$ に関し，$P(D)e^{\alpha t} = P(\alpha)e^{\alpha t}$.

（2）$\alpha \in \boldsymbol{C}$ に関し，$(D - \alpha)x(t) = e^{\alpha t}D(x(t)e^{-\alpha t})$. さらに，$(D - \alpha)^2 x(t)$ $= e^{\alpha t}D^2(x(t)e^{-\alpha t})$. また次式を得る.

$$D^2 x = e^{\alpha t}(D + \alpha)^2(e^{-\alpha t}x)$$

考察 （1）（左辺）$= P(D)e^{\alpha t} = (e^{\alpha t})'' + a(e^{\alpha t})' + be^{\alpha t} = \alpha^2 e^{\alpha t} + a\alpha e^{\alpha t} + be^{\alpha t} = P(\alpha)e^{\alpha t} =$（右辺）.

（2）前半式：（右辺）$= e^{\alpha t}D(e^{-\alpha t}x) = e^{\alpha t}(-\alpha e^{-\alpha t}x + e^{-\alpha t}Dx) = (D - \alpha)x$ $=$（左辺）. 後半式も同様. ◇

定理 2.2.3 2階斉次線形定係数常微分方程式

$$x''(t) + ax' + bx = 0 \tag{2.4}$$

の解を述べる. a, b は定数で，A, B は積分定数とする. その固有方程式は $P(\lambda) = \lambda^2 + a\lambda + b = 0$.

（1）判別式 $d = a^2 - 4b > 0$ のとき，$P(\lambda) = 0$ は相異なる2実解 α, β $\left(= \dfrac{-a \pm \sqrt{d}}{2}\right)$ をもち，（2.4）の解は次の通り：

$$x(t) = Ae^{\alpha t} + Be^{\beta t}$$

（2）$d = a^2 - 4b = 0$ のとき，$P(\lambda) = 0$ は重解 $\dfrac{-a}{2}$ をもち，解は次の通り（第2項は t と $e^{\frac{-at}{2}}$ の積）：

$$x(t) = Ae^{\frac{-at}{2}} + Bte^{\frac{-at}{2}}$$

（3）$d = a^2 - 4b < 0$ のとき，$P(\lambda) = 0$ は異なる2つの虚数解 $\alpha \pm i\beta$ $= \dfrac{-a \pm i\sqrt{-d}}{2}$ $\left(\alpha = \dfrac{-a}{2}, \ \beta = \dfrac{\sqrt{-d}}{2}, \ i = \sqrt{-1}\right)$ をもち，解は次の通り：

$$x(t) = Ae^{\frac{-at}{2}}\cos\left(t\frac{\sqrt{-d}}{2}\right) + Be^{\frac{-at}{2}}\sin\left(t\frac{\sqrt{-d}}{2}\right)$$

（4）式（2.4）は，判別式 d によらず，2つの線形独立解をもつ. これらを**基本解**という.

考察 (1) 検算：$x = Ae^{\alpha t} + Be^{\beta t}$ は，式 (2.4) を満たすから解である．また解の（初期値問題に関する）一意性は，2 階線形系を，2 元 1 階線形系に帰着し考察する（定理 4.1.15 (2) 参照）．

(2) 定理 2.2.2 (2) 後半より，式 (2.4) は，

$$\left(D - \frac{-a}{2}\right)^2 x = e^{\frac{-at}{2}} D^2 \left(x e^{\frac{at}{2}}\right) = 0 \iff \left(x e^{\frac{at}{2}}\right)'' = 0.$$

これを 2 回積分して，$x e^{\frac{at}{2}} = A + Bt$ から，$x = e^{\frac{-at}{2}}(A + Bt)$．一意性の考察は，(1) と同様．

(3) $d \neq 0$ より，解は (1) と同様に考えてよい．

$$x = A_1 e^{(\alpha + i\beta)t} + B_1 e^{(\alpha - i\beta)t}$$
$$= A_1 e^{\alpha t}(\cos \beta t + i \sin \beta t) + B_1 e^{\alpha t}(\cos \beta t - i \sin \beta t)$$
$$= (A_1 + B_1) e^{\alpha t}\cos \beta t + i(A_1 + B_1)e^{\alpha t} \sin \beta t$$
$$= A e^{\frac{-at}{2}} \cos\left(t \frac{\sqrt{-d}}{2}\right) + B e^{\frac{-at}{2}} \sin\left(t \frac{\sqrt{-d}}{2}\right).$$

なお $A = A_1 + B_1$, $B = i(A_1 + B_1)$．一意性の考察は，(1) と同様．

(4) 2 解 $e^{\alpha t}$, $e^{\beta t}$ $(\alpha, \beta \in \boldsymbol{C})$ が**線形独立**であるとは，次の（∗）が成り立つことである：

$$\begin{array}{l} \text{「}Ae^{\alpha t} + Be^{\beta t} \equiv 0 \ (t \in J, \ J \text{ は 2 解の定義域の共通部分)} \\ \text{のとき，} A = B = 0 \text{ のみが成り立つ」} \end{array} \qquad (*)$$

これは，(1)～(3) で成立するから，2 解は線形独立である．(2) では「$Ae^{\alpha t} + Bte^{\alpha t} \equiv 0 \ (t \in J) \iff A = B = 0$」として考察する． ◇

！注意 2.2.4 斉次式 (2.4) の微分可能な 2 解 x_1, x_2 $(t \in J)$ の線形独立性に関し，**ロンスキアン** (Wronskian) $W(t) = \det\begin{pmatrix} x_1(t) & x_2(t) \\ x_1'(t) & x_2'(t) \end{pmatrix}$ から，判定ができる．

$$\text{式 (2.4) の 2 解 } x_1, x_2 \ (t \in J) \text{ が線形独立}$$
$$\iff \text{任意の } t \in J \text{ に対し，} W(t) \neq 0$$
$$\iff \text{ある } t_0 \in J \text{ に対し，} W(t_0) \neq 0$$

変係数連立式 $\boldsymbol{x}' = A(t)\boldsymbol{x}$ でも，単独式 (3.2) でも，同様なロンスキアンが定義できる（注意 3.3.4 参照）．

例 2.2.5 次の微分方程式を解け.

(1) $x'' - 3x' + 2x = 0$　　(2) $x'' - 2x' + x = 0$　　(3) $x'' + x' + x = 0$

【解法】 (1) 固有方程式 $P(\lambda) = \lambda^2 - 3\lambda + 2 = (\lambda - 2)(\lambda - 1) = 0$ より, $\lambda = 1, 2$ で, 基本解は e^t, e^{2t}. 式 (1) の任意解は $x = Ae^t + Be^{2t}$.

(2) 固有方程式 $P(\lambda) = \lambda^2 - 2\lambda + 1 = (\lambda - 1)^2 = 0$ より, $\lambda = 1$ (重解) で, 基本解は e^t, te^t. 式 (2) の任意解は $x = Ae^t + Bte^t$.

(3) 固有方程式 $P(\lambda) = \lambda^2 + \lambda + 1 = 0$ より, $\lambda = \dfrac{-1 \pm i\sqrt{3}}{2}$ で, 基本解は $e^{\frac{-t}{2}} \cos\dfrac{\sqrt{3}\,t}{2}$, $e^{\frac{-t}{2}} \sin\dfrac{\sqrt{3}\,t}{2}$. 式 (3) の任意解は

$$x = e^{\frac{-t}{2}}\left(A \cos\frac{\sqrt{3}\,t}{2} + B \sin\frac{\sqrt{3}\,t}{2}\right). \qquad \blacklozenge$$

2.2.2 非斉次式 $P(D)x = e^{kt}$ の解法

定理 1.5.1 の 1 階非斉次線形系と同様に, 2 階非斉次線形系 $P(D)x = f(t)$ に関しても, 次の形式で解は得られる.

$$\text{(任意解)} = \text{(一般解 } x_g) + \text{(特殊解 } x_p)$$

ただし, **一般解** (general solution) x_g は, 斉次式 $P(D)x = 0$ の解で積分定数を含んでいる. **特(殊)解** (particular solution) x_p は, 非斉次式 $P(D)x = f(t)$ の 1 つの解で積分定数を含んでいない. 2.2.6 節の定数変化法を参照.

定理 2.2.6 2 階非斉次線形定係数常微分方程式

$$x''(t) + ax' + bx = e^{kt}$$

の解を述べる. $k \in \boldsymbol{C}$ でもよい. $P(\lambda) = \lambda^2 + a\lambda + b$ とする. なお a, b は定数で, x_g は斉次式 $P(D)x = 0$ の一般解とする.

(I) $P(k) \neq 0$ のとき, 任意の解は次式で与えられる.

$$x(t) = x_g(t) + \frac{e^{kt}}{P(k)}$$

　（II）$P(k) = 0$ のとき，$P(\lambda) = (\lambda - k)^m Q(\lambda)$, $m = 1, 2$, $Q(k) \neq 0$ とする．このとき，任意の解は次式で与えられる．

$$x(t) = x_g(t) + \frac{t^m e^{kt}}{Q(k)m!}$$

例 2.2.7　次の微分方程式を解け．

　（1）$x'' + 3x = e^k$ $(k \in \boldsymbol{R})$　　　　（2）$x'' - 3x' + 2x = e^{2t}$

　（3）$x'' - 4x' + 4x = e^{2t}$

次の（4），（5）では，$z(t)$ は複素数値関数 $z(t) = \mathrm{Re}\, z(t) + i\,\mathrm{Im}\, z(t)$ とする．

　（4）$z'' + z = e^{it}$　　　（5）$z'' - 2z' + 2z = e^t e^{it}$

【解法】　（1）$P(\lambda) = \lambda^2 + 3 = 0$ から，$\lambda = \pm i\sqrt{3}$. 基本解は $\cos\sqrt{3}t$, $\sin\sqrt{3}t$.

また $P(k) = k^2 + 3 > 0$ より，定理 2.2.6（I）から特殊解 $x_p = \dfrac{e^{kt}}{k^2 + 3}$ で，

任意の解は $x(t) = A\cos\sqrt{3}t + B\sin\sqrt{3}t + \dfrac{e^{kt}}{k^2 + 3}$.

　（2）$P(\lambda) = \lambda^2 - 3\lambda + 2 = (\lambda - 2)(\lambda - 1) = 0$ から，$\lambda = 1, 2$. 定理 2.2.6

（II）より，特殊解 $x_p = \dfrac{e^{2t}t^1}{1!}$ から，任意の解は $x(t) = Ae^t + Be^{2t} + te^{2t}$.

　（3）$P(\lambda) = \lambda^2 - 4\lambda + 4 = (\lambda - 2)^2 = 0$ から，$\lambda = 2$（重解）．一般解

$x_g = Ae^{2t} + Bte^{2t}$. 特殊解 $x_p = \dfrac{e^{2t}t^2}{2!}$ から，任意の解は

$$x(t) = Ae^{2t} + Bte^{2t} + \frac{e^{2t}t^2}{2}.$$

　（4）$P(\lambda) = \lambda^2 + 1 = 0$ から，$\lambda = \pm i$. 一般解 $z_g = A\cos t + B\sin t$.

また $P(\lambda) = (\lambda - i)(\lambda + i)$ から，特殊解 $z_p = \dfrac{e^{it}t^1}{(2i)1!} = \dfrac{t\sin t}{2} - i\dfrac{t\cos t}{2}$ から，任意の解は

$$z(t) = A\cos t + B\sin t + \frac{t\sin t}{2} - i\frac{t\cos t}{2}.$$

　（5）$P(\lambda) = \lambda^2 - 2\lambda + 2 = 0$ から，$\lambda = \alpha, \beta$（ただし $\alpha = 1 + i, \beta = 1 - i$）.

一般解は $z_g = Ae^{\alpha t} + Be^{\beta t}$. 特殊解は $z_p = \dfrac{e^{\alpha t}}{(D - \alpha)(D - \beta)} = \dfrac{te^{\alpha t}}{1!(\alpha - \beta)} =$

$\dfrac{t^{\alpha t}}{2i}$. 任意解は

$$z = z_g + z_p = e^t(A_1 \cos t + B_1 \sin t) + \frac{1}{2} te^t(\sin t - i \cos t). \qquad \blacklozenge$$

！注意 2.2.8　$x'' = -\omega^2 x$（$\omega > 0$）解の周期 T を求める. 関数 $x(t)$ の**周期**が $T > 0$ であるとは, $x(t + T) = x(t)$（任意の $t \in \boldsymbol{R}$）をいう. 固有方程式 $P(\lambda) = \lambda^2 + \omega^2 = 0$ から, $\lambda = \pm i\omega$. 一般解は $x(t) = A \cos \omega t + B \sin \omega t = T \sin(\omega t + \alpha)$ $\left(T = \sqrt{A^2 + B^2},\ \sin \alpha = \dfrac{A}{T},\ \cos \alpha = \dfrac{B}{T} \right)$. その周期は, $\omega T = 2\pi$ より, $T = 2\pi/\omega$ である.

2.2.3　非斉次式 $P(D)x = A \sin pt + B \cos qt$ の解法

2 階非斉次式線形常微分方程式の解法を述べる. $a, b, p, q, A, B \in \boldsymbol{R}$ で, $P(D)x = x'' + ax' + bx$ とする.

(Eq) $\qquad\qquad x'' + ax' + bx = A \sin pt + B \cos qt$

【解法】　(I)　$P(D)x = 0$ の一般解を x_g とする（定理 2.2.3 参照）.

(II)　オイラーの公式 $e^{ipt} = \cos pt + i \sin pt$ から, $P(D)z_1 = Ae^{ipt}$（なお $z_1(t)$ は複素数値関数の解）を考える. その特殊解を定理 2.2.6 より求め, $S_1 = \text{Im}(z_1)$（虚部）とする.

(III)　オイラーの公式 $e^{iqt} = \cos qt + i \sin qt$ から, $P(D)z_2 = Be^{iqt}$（なお $z_2(t)$ は複素数値関数の解）を考える. その特殊解を定理 2.2.6 より求め, $S_2 = \text{Re}(z_2)$（実部）とする.

(IV)　式（Eq）の任意解は $x(t) = x_g + S_1 + S_2$ である. $\qquad \blacklozenge$

例 2.2.9　次の微分方程式を解け.

(1)　$x''(t) + 4x' + 4x = \cos 2t + 3 \sin 4t$　　　(2)　$x''(t) + 4x = \cos 2t$

(3)　$x''(t) + 3x = \sin(\sqrt{3} t)$

【解法】 (1) 固有方程式 $P(\lambda) = \lambda^2 + 4\lambda + 4 = (\lambda + 2)^2 = 0$ より，$\lambda = -2$（重解）．斉次式の解は，$x_g = Ae^{-2t} + Bte^{-2t}$．非斉次式の解に関し，$(D+2)^2 z_1 = e^{i2t}$，$(D+2)^2 z_2 = 3e^{i4t}$ の特殊解 z_1 と z_2 を定理 2.2.6 (1) より求め，$S_1 = \mathrm{Re}(z_1)$，$S_2 = \mathrm{Im}(z_2)$ とする．

$$z_1 = \frac{1}{(D+2)^2} e^{i2t} = \frac{e^{i2t}}{(2i+2)^2} = \frac{\sin 2t - i\cos 2t}{8},$$

$$z_2 = \frac{1}{(D+2)^2} 3e^{i4t} = \frac{3e^{i4t}}{(4i+2)^2}$$

$$= -\frac{3}{100}(3\cos 4t - 4\sin 4t) - i\frac{3}{100}(4\cos 4t + 3\sin 4t),$$

$$S_1 = \frac{\sin 2t}{8}, \qquad S_2 = \frac{-3(4\cos 4t + 3\sin 4t)}{100}.$$

任意解 x は，次式で与えられる．

$$x = x_g + S_1 + S_2 = Ae^{-2t} + Bte^{-2t} + \frac{\sin 2t}{8} + \frac{-3(4\cos 4t + 3\sin 4t)}{100}$$

(2) 固有方程式 $P(\lambda) = \lambda^2 + 4 = 0$ より，$\lambda = \pm 2i$ から，一般解 $x_g = A\cos 2t + B\sin 2t$．特殊解に関し，$(D^2 + 4)z = e^{i2t}$ を解く．定理 2.2.6 (2) から，$z = \dfrac{1}{(D-2i)(D+2i)} e^{i2t} = \dfrac{e^{i2t}t^1}{1!(2i + 2i)} = \dfrac{t(\sin 2t - i\cos 2t)}{4}$．

特殊解 $x_p = \mathrm{Re}(z) = \dfrac{t\sin 2t}{4}$ から，次の任意解を得る．

$$x = x_g + x_p = A\cos 2t + B\sin 2t + \frac{t\sin 2t}{4}$$

(3) 固有方程式 $P(\lambda) = \lambda^2 + 3 = 0$ より，$\lambda = \pm\sqrt{3}$ で，一般解 $x_g = A\cos\sqrt{3}t + B\sin\sqrt{3}t$ となる．特殊解に関し，$(D^2 + 3)z = e^{i\sqrt{3}t}$ を解く．定理 2.2.6 (2) から，

$$z = \frac{1}{(D - i\sqrt{3})(D + i\sqrt{3})} e^{i\sqrt{3}t} = \frac{e^{i\sqrt{3}t}t^1}{1!(i\sqrt{3} + i\sqrt{3})}$$

$$= \frac{t(\sin\sqrt{3}t - i\cos\sqrt{3}t)}{2\sqrt{3}}.$$

特殊解 $x_p = \mathrm{Im}(z) = \dfrac{-t\cos\sqrt{3}t}{2\sqrt{3}}$ から，次の任意解を得る.

$$x = x_g + x_p = A\cos\sqrt{3}t + B\sin\sqrt{3}t - \frac{t\cos\sqrt{3}t}{2\sqrt{3}}$$ ◆

2.2.4 非斉次式 $P(D)x = ct^n$ の解法

次の 2 階非斉次線形常微分方程式の解法を述べる．$a, b, c \in \mathbf{R}$，$n \in \mathbf{Z}_+$ である.

(Eq) $$x''(t) + ax' + bx = ct^n$$

式（Eq）を $P(D)x = ct^n$ とおく.

> **定理 2.2.10** 斉次式 $P(D)x = 0$ の一般解を，x_g とおく.
>
> (I) $b \neq 0$ のとき，特殊解 x_p は次式で与えられる.
>
> $$x_p = \frac{1}{b}\left\{1 + \sum_{i=0}^{n}\left(\frac{-D^2 - aD}{b}\right)^i\right\}ct^n \tag{2.5}$$
>
> 式（Eq）の任意解は，$x = x_g + x_p$.
>
> (II) $b = 0$，$a \neq 0$ のとき，特殊解は次式の通り.
>
> $$x_p = \int^t \frac{1}{a}\left\{1 + \sum_{i=0}^{n}\left(\frac{-D}{a}\right)^i\right\}cs^n ds \tag{2.6}$$
>
> 式（Eq）の任意解は，$x = x_p + x_g$ である.
>
> (III) $a = b = 0$ のとき，特殊解は $x_p = \dfrac{ct^{n+2}}{(n+2)(n+1)}$ で，式（Eq）
> の任意解は次式の通り.
>
> $$x = x_g + \frac{ct^{n+2}}{(n+2)(n+1)}$$

考察 (I) $P(D) = b\left(1 - \dfrac{-D^2 - aD}{b}\right)$ であり，また $|x| < 1$ のマクローリ

ン展開 $\dfrac{1}{1-x} = \sum_{i=0}^{\infty}x^i$ において x と $\dfrac{-D^2 - aD}{b}$ を対応させて，

$$b\left(1 - \frac{-D^2 - aD}{b}\right)\left\{1 + \sum_{i=0}^{n}\left(\frac{-D^2 - aD}{b}\right)^i\right\}ct^n = ct^n.$$

t^n は, $D^i t^n = 0 \ (i \geq n + 1)$ より, 特殊解は

$$x_p = \frac{1}{P(D)} ct^n = \frac{1}{b} \frac{1}{1 - \dfrac{-D^2 - aD}{b}} ct^n = \frac{1}{b}\left\{1 + \sum_{i=0}^{n}\left(\frac{-D^2 - aD}{b}\right)^i\right\}ct^n.$$

(II) $y = x'$ として, $y' + ay = ct^n$ の特殊解 y_p を求める. (I) と同様に,

$$y_p = \frac{1}{a} \frac{1}{1 - \dfrac{-D}{a}} ct^n = \frac{1}{a}\left(1 + \sum_{i=0}^{n}\left(\frac{-D}{a}\right)^i\right)ct^n. \quad これを積分して,$$

$$x_p = \int^t y_p(s)ds = \int^t \frac{1}{a}\left(1 + \sum_{i=0}^{n}\left(\frac{-D}{a}\right)^i\right)cs^n ds.$$

(III) $x = x_g + x_p$ が, 式 (Eq) を満たす. ◇

例 2.2.11 次の微分方程式を解け.

(1) $x'' + 4x = t^2$　　　(2) $x'' + 4x' = t^2$

(3) $x'' - 3x' + 2x = t^2$　　　(4) $x'' - 4x' + 4x = t^2$

【解法】 (1) 固有方程式 $P(\lambda) = \lambda^2 + 4 = 0$ から, $\lambda = \pm 2i$ で, 一般解 $x_g = A\cos 2t + B\sin 2t$. $(D^2)^i t^2 = 0 \ (i \geq 2)$ より

$$x_p = \frac{1}{4} \frac{1}{1 - \dfrac{-D^2}{4}} t^2 = \frac{1}{4}\left(1 + \frac{-D^2}{4}\right)t^2 = \frac{1}{4}\left(t^2 - \frac{1}{2}\right).$$

よって, 任意解は, 次式の通り.

$$x = A\cos t + B\sin t + \frac{1}{4}\left(t^2 - \frac{1}{2}\right)$$

(2) 斉次式の固有方程式は, $P(\lambda) = \lambda^2 + 4\lambda = 0$ から $\lambda = 0, -4$ で, 一般解は $x_g = A + Be^{-4t}$.

特殊解：変換 $y = x'$ より, $y' + 4y = t^2$ を得る. その特殊解

$$y_p = \frac{1}{4 + D} t^2 = \frac{1}{4} \frac{1}{1 - \dfrac{-D}{4}} t^2 = \frac{1}{4}\left(1 + \frac{-D}{4} + \left(\frac{-D}{4}\right)^2\right)t^2$$

$$= \frac{1}{4}\left(t^2 - \frac{t}{2} + \frac{1}{8}\right). \qquad (D^i t^2 = 0 \ (i \geq 3) \ に注意)$$

求めるべき特殊解は積分して $x_p = \dfrac{1}{4}\left(\dfrac{t^3}{3} - \dfrac{t^2}{4} + \dfrac{t}{8}\right)$.

任意解は, $x = A + Be^{-4t} + \dfrac{1}{4}\left(\dfrac{t^3}{3} - \dfrac{t^2}{4} + \dfrac{t}{8}\right)$.

(3) 固有方程式 $P(\lambda) = (\lambda - 2)(\lambda - 1) = 0$ から, $\lambda = 1, 2$ で, 一般解 $x_g = Ae^t + Be^{2t}$. $D^i t^2 = 0 \ (i \geq 3)$ より

$$x_p = \frac{1}{2 + D^2 - 3D}t^2 = \frac{1}{2}\frac{1}{1 - \dfrac{-D^2 + 3D}{2}}t^2$$

$$= \frac{1}{2}\left(1 + \frac{-D^2 + 3D}{2} + \left(\frac{-D^2 + 3D}{2}\right)^2\right)t^2$$

$$= \frac{1}{2}\left(t^2 + 3t + \frac{7}{2}\right).$$

よって, 任意解は, $x = Ae^t + Be^{2t} + \dfrac{1}{2}\left(t^2 + 3t + \dfrac{7}{2}\right)$.

(4) 固有方程式 $P(\lambda) = (\lambda - 2)^2 = 0$ から, $\lambda = 2$ (重解) で, 一般解 $x_g = Ae^{2t} + Bte^{2t}$.

$$x_p = \frac{1}{4 + D^2 - 4D}t^2 = \frac{1}{4}\frac{1}{1 - \dfrac{-D^2 + 4D}{4}}t^2$$

$$= \frac{1}{4}\left(1 + \frac{-D^2 + 4D}{4} + \left(\frac{-D^2 + 4D}{4}\right)^2\right)t^2$$

$$= \frac{1}{4}\left(t^2 + 2t + \frac{3}{2}\right).$$

よって, 任意解は, $x = Ae^{2t} + Bte^{2t} + \dfrac{1}{4}\left(t^2 + 2t + \dfrac{3}{2}\right)$. ◆

2.2.5 非斉次式 $P(D)x = $ (指数・三角関数, 多項式の積) の解法

本項では, 次の2階非斉次線形常微分方程式の特殊解の求め方を述べる. $a, b \in \boldsymbol{R}$ で, $f(t)$ は, 指数・三角関数, 多項式の積である.

$$x''(t) + ax' + bx = f(t) \tag{2.7}$$

式 (2.7) を $P(D)x = f(t)$ とおく.

特殊解 x_p の計算　(I) $f(t) = e^{kt}\cos pt$ のとき.

オイラーの公式から $e^{kt+ipt} = e^{kt}\cos pt + ie^{kt}\sin pt$ より, $P(D)z = e^{kt+ipt}$ (z は複素数値関数) を考え, 定理 2.2.6 からその特殊解 z_p を求め, $x_p = \mathrm{Re}(z_p)$ とする.

(II) $f(t) = e^{kt}t^n$ のとき.

定理 2.2.2 (2) を用いて, $P(D)x = P((D+k)-k)x = e^{kt}P(D+k)(e^{-kt}x)$ から, $e^{kt}P(D+k)(e^{-kt}x) = e^{kt}t^n$, ここで $e^{kt} \neq 0$ から $P(D+k)(e^{-kt}x) = t^n$ を得る. 定理 2.2.10 を用いて, $e^{-kt}x = \dfrac{1}{P(D+k)}t^n$ を解く.

(III) $f(t) = t^n\cos \ell t$ のとき.

オイラーの公式 $e^{i\ell t} = \cos \ell t + i\sin \ell t$ から, $P(D)z = t^n e^{i\ell t}$ (z は複素数値関数) を考え, 定理 2.2.2 (2) から, $P(D+i\ell)(e^{-i\ell t}z) = t^n$ を得る. 定理 2.2.10 から, その特殊解 $e^{-i\ell t}z = \dfrac{1}{P(D+i\ell)}t^n$ を解き, $x_p = e^{i\ell t}\mathrm{Re}\left(\dfrac{1}{P(D+i\ell)}t^n\right)$ とする.

(IV) $f(t) = e^{kt}(\sin \ell t)t^n$ のとき.

オイラーの公式 $e^{kt+i\ell t} = e^{kt}(\cos \ell t + i\sin \ell t)$ から, $P(D)z = t^n e^{kt+i\ell t}$ を考える. 定理 2.2.2 (2) から, $P(D+i(k+\ell))(ze^{-i(k+\ell)}) = t^n$ を得, 定理 2.2.10 から $ze^{-i(k+\ell)} = \dfrac{1}{P(D+i(k+\ell))}t^n$ を求める. 特殊解は

$$x_p = \mathrm{Im}\left(e^{i(k+\ell)}\dfrac{1}{P(D+i(k+\ell))}t^n\right).$$

例 2.2.12　次の微分方程式の特殊解を求めよ.

(1) $x'' + x = e^t\cos t$　　　(2) $x'' + x = t^2 e^{kt}$　$(k \in \boldsymbol{R})$

(3) $x'' + x = t^2\cos t$　　　(4) $x'' + x = t^2 e^t\cos t$

【解法】　(1) $(D^2+1)z = e^{(1+i)t}$ を解く. 定理 2.2.6 から, $z = \dfrac{1}{D^2+1}e^{(1+i)t}$

$= \dfrac{e^{(1+i)t}}{(1+i)^2+1} = \dfrac{e^t}{5}(\cos t + 2\sin t + i(\sin t - 2\cos t))$ を得, 特殊解

$$x_p = \operatorname{Re} z = \frac{e^t}{5}(\cos t + 2 \sin t).$$

(2) 定理 2.2.2 (2) から $(D^2 + 1)x = e^{kt}((D + k)^2 + 1)(e^{-kt}x)$ より，微分方程式は $e^{kt}((D + k)^2 + 1)(e^{-kt}x) = e^{kt}t^2$．$e^{kt} \neq 0$ から，$((D + k)^2 + 1)(e^{-kt}x) = t^2$ で，$D^i t^2 = 0$ $(i \geq 3)$ より

$$e^{-kt}x = \frac{1}{(D + k)^2 + 1}t^2$$

$$= \frac{1}{k^2 + 1}\frac{1}{1 - \dfrac{-D^2 - 2kD}{k^2 + 1}}t^2$$

$$= \frac{1}{k^2 + 1}\left(1 + \frac{-D^2 - 2kD}{k^2 + 1} + \left(\frac{-D^2 - 2kD}{k^2 + 1}\right)^2\right)t^2$$

$$= \frac{1}{k^2 + 1}\left(t^2 - \frac{4 + 4kt}{k^2 + 1} + \frac{8k^2}{(k^2 + 1)^2}\right)$$

より，特殊解は次式の通り．

$$x_p = \frac{e^{kt}}{k^2 + 1}\left(t^2 - \frac{4 + 4kt}{k^2 + 1} + \frac{8k^2}{(k^2 + 1)^2}\right)$$

(3) $(D^2 + 1)z = t^2 e^{it}$ を考え，定理 2.2.2 (2) から，$e^{it}((D + i)^2 + 1)(e^{-it}z) = t^2 e^{it}$ となる．定理 2.2.10 と $D^i t^2 = 0$ $(i \geq 3)$ より，

$$e^{-it}z = \frac{1}{(D + i)^2 + 1}t^2 = \frac{1}{D^2 + 2iD - 1 + 1}t^2$$

$$= \frac{1}{D}\frac{1}{2i + D}t^2 = \frac{1}{D}\frac{1}{2i}\frac{1}{1 - \dfrac{-D}{2i}}t^2$$

$$= \int^t \frac{1}{2i}\left(1 + \frac{-D}{2i} + \left(\frac{-D}{2i}\right)^2\right)s^2 ds = \frac{1}{2}\left(\frac{t^2}{2} + i\left(\frac{-t^3}{3} + \frac{t^2}{2}\right)\right) + C$$

となる．特殊解は

$$x_p = \operatorname{Re} z = \frac{1}{2}\left(\frac{t^2}{2}\cos t + \left(\frac{t^3}{3} - \frac{t^2}{2}\right)\sin t\right).$$

（Ce^{it} は一般解の一部である）

(4) 解 $x(t)$ は，(E)：$z''(t) + z = e^{(1+i)t}t^2$ の実部である：$x(t) = \mathrm{Re}(z(t))$.

定理 2.2.2 (2) から，$e^{(1+i)t}\{(D + 1 + i)^2 + 1\}(e^{-(1+i)t}z) = e^{(1+i)t}t^2$ を得る．例 2.2.11 と同様にして，

$$e^{-(1+i)t}z = \frac{1}{1 + 2i}\left(\frac{1}{1 - (-D^2 - 2D - 2iD)/(1 + 2i)}\right)$$

$$= \frac{1}{1 + 2i}\left[1 + \frac{-D^2 - 2D - 2iD}{1 + 2i} + \left\{\frac{-D^2 - 2D - 2iD}{1 + 2i}\right\}^2\right]t^2$$

$$= \frac{1}{125}\left[25t^2 - 20t - 2 + i(-50t^2 + 140t - 136)\right]$$

である．これより，(E) の特殊解は次の通り．

$$z(t) = \frac{e^t}{125}[(25t^2 - 20t - 2)\cos t + (50t^2 - 140t + 136)\sin t$$

$$+ i\{-(50t^2 - 140t + 136)\cos t + (25t^2 - 20t - 2)\sin t\}]$$

より，求める特殊解 x_p は次の通り．

$$x_p(t) = \frac{e^t}{125}[(25t^2 - 20t - 2)\cos t + (50t^2 - 140t + 136)\sin t]\qquad\blacklozenge$$

2.2.6 2階微分方程式 $P(D)x = f(t)$ の定数変化法

ここでは，次の 2 階非斉次線形変係数微分方程式の定数変化法を述べる．

$$x''(t) + a(t)x' + b(t)x = f(t) \tag{2.8}$$

関数 $a(t), b(t)$ は定数とは限らない．

(i) 斉次式の線形独立解 x_1, x_2 を求める．すなわち，

$$x_j''(t) + a(t)x_j' + b(t)x_j = 0 \quad (j = 1, 2; \ t \in J), \tag{2.9}$$

ロンスキアン $W(t)(= x_1x_2' - x_1'x_2) \neq 0$ $(t \in J,$ 注意 3.3.4).

(ii) 定数変化法：(2.8) の任意の解を，C^1 級の関数 $A(t), B(t)$ を用いて $x(t) = A(t)x_1 + B(t)x_2$ とおく．微分して

$$x' = A'x_1 + Ax_1' + B'x_2 + Bx_2'$$

を得る．2 未知関数 A, B を求めるために，A, B に関する 2 条件を決めるとよい．その 1 つを

$$A'x_1 + B'x_2 = 0 \tag{2.10}$$

とする．よって，$x' = Ax_1' + Bx_2' \cdots$（D1）を得る．さらに微分して，$x'' = A'x_1' + Ax_1'' + B'x_2' + Bx_2'' \cdots$（D2）より，式（2.8）に，式（D1）と式（D2）を代入して，式（2.9）を用いると次式を得る．

$$A'x_1' + B'x_2' = f \qquad (2.11)$$

式（2.10）と（2.11）を連立させると，

$$\begin{pmatrix} x_1 & x_2 \\ x_1' & x_2' \end{pmatrix} \begin{pmatrix} A' \\ B' \end{pmatrix} = \begin{pmatrix} 0 \\ f(t) \end{pmatrix},$$

$W(t) \neq 0$ より，

$$\begin{pmatrix} A' \\ B' \end{pmatrix} = \frac{1}{W(t)} \begin{pmatrix} x_2' & -x_2 \\ -x_1' & x_1 \end{pmatrix} \begin{pmatrix} 0 \\ f(t) \end{pmatrix} = \frac{1}{W(t)} \begin{pmatrix} -x_2 f \\ x_1 f \end{pmatrix}.$$

積分して，式（2.8）の任意解は次の通り．

$$x(t) = C_1 x_1(t) + x_1(t) \int^t \frac{-x_2(s)f(s)}{W(s)} ds + C_2 x_2(t) + x_2(t) \int^t \frac{x_1(s)f(s)}{W(s)} ds$$

$$= \underbrace{C_1 x_1 + C_2 x_2}_{\text{(gen)}} + \underbrace{x_1 \int^t \frac{-x_2(s)f(s)}{W(s)} ds + x_2 \int^t \frac{x_1(s)f(s)}{W(s)} ds}_{\text{(par)}}$$

第1項の（gen）項は**一般解**（general solution）といい，積分定数 C_1, C_2 を含む．第2項の（par）項は**特（殊）解**（particular solution）といい，積分定数は含まない．よって，非斉次線形系（2.8）の任意解は，次の形で与えられる．

$$（任意解）＝（一般解）＋（特殊解）$$

例 2.2.13 　微分方程式 $x'' - x' - 2x = e^{-t}$ を解け．

【解法】　(i) 斉次式の固有方程式 $P(\lambda) = \lambda^2 - \lambda - 2 = (\lambda - 2)(\lambda + 1) = 0$ から $\lambda = -1, 2$ である．基本解は $x_1 = e^{-t},\ x_2 = e^{2t}$．

　(ii) 定数変化法：$x = Ae^{-t} + Be^{2t}$ とおく，解くべき連立式は

$$\begin{pmatrix} e^{-t} & e^{2t} \\ -e^{-t} & 2e^{2t} \end{pmatrix} \begin{pmatrix} A' \\ B' \end{pmatrix} = \begin{pmatrix} 0 \\ e^{-t} \end{pmatrix}, \qquad \begin{pmatrix} A' \\ B' \end{pmatrix} = \frac{1}{3} \begin{pmatrix} -1 \\ e^{-3t} \end{pmatrix}$$

から，積分して $A(t) = C_1 + \dfrac{-t}{3},\ B(t) = C_2 + \dfrac{-e^{-3t}}{9}$ で，任意の解は

$$x(t) = Ce^{-t} + C_2 e^{2t} - \frac{te^{-t}}{3}. \qquad \left(C = C_1 - \frac{1}{9}\right) \qquad ◆$$

2.2.7 オイラーの微分方程式の解法

次のオイラーの微分方程式の解法を述べる $(t > 0)$.

$$t^2 x''(t) + atx'(t) + bx(t) = f(t) \tag{2.12}$$

変換 $t = e^s > 0$ $(s \in \mathbf{R})$ により, $y(s) = x(e^s)$ とおき次の関係 (i), (ii) を導く.

(i) $\dfrac{dx}{dt}(t) = \dfrac{1}{t} \dfrac{dt}{ds}(s)$ (ii) $\dfrac{d^2 x}{dt^2}(t) = \dfrac{1}{t^2} \dfrac{d^2 y}{ds^2}(s) - \dfrac{1}{t^2} \dfrac{dy}{ds}(s)$

オイラーの微分方程式では, $t = e^s$ として $x(t) = y(s)$ に関し, 斉次式 $y''(s) + (a-1)y'(s) + by(s) = 0$ を解く. 解 $y(s) = Ay_1(s) + By_2(s)$ (A, B は定数) に関し, $s = \log t$ に注意し, 解 $x(t)$ を求める.

例 2.2.14 次の微分方程式を解け.

(1) $t^2 x''(t) + tx' - 4x = t^2$ (2) $t^2 x''(t) - 4tx' + 6x = \log t$

(3) $t^2 x''(t) - 3tx' + 4x = t^2 \cos(\log t) + 1$

【解法】 (A, B, C などは積分定数) (1) $x = At^2 + \dfrac{B}{t^2} + \dfrac{t^2}{4} \log t$.

(2) $x = At^2 + Bt^3 + \dfrac{1}{6}\left(\log t + \dfrac{5}{6}\right)$.

(3) $y(s) = x(e^t)$ として $y'' - 4y' + 4y = e^{(2+i)s} + 1$ の解は, $y(s) = Ae^{2s} + Bse^{2s} - ie^{2s+is} + \dfrac{1}{4}$. よって,

$$x = \mathrm{Re}(y) = At^2 + B(\log t)t^2 + \dfrac{1}{4} + t^2 \sin(\log t). \qquad ◆$$

第 3 章

高階線形常微分方程式の解法

3.1 棒の横振動

　断面が横（z軸）方向に長い長方形の棒が，長さ ℓ（$0 \leq x \leq \ell$）で，y軸方向に時間 t において横振動する現象を考える（第 12 章参照）．時間 t における y 軸方向の変位を $\eta = \eta(t, x)$，ヤング率 E，曲げモーメント I，棒密度 ρ，断面積 A とすると，横振動（たわみ）の偏微分方程式は次の通りである．

$$EI\frac{\partial^4 \eta}{\partial x^4} + \rho A\frac{\partial^2 \eta}{\partial t^2} = 0$$

解は変数分離形 $\eta(t, x) = X(x)T(t)$ と仮定する（**変数分離法**）．11.3, 12.2, 13.2 節参照．$X(x) \equiv 0$，$T(t) \equiv 0$ ではないことから，

$$-\frac{EI}{\rho A}\frac{X^{(4)}}{X(x)} = \frac{T''}{T(t)} = （x, t \text{ に無関係な定数 } \mu）$$

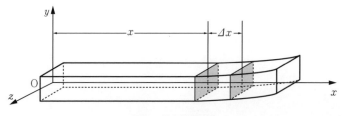

図 8　棒の横振動

といえる．$T''(t) = \mu T(t)$ に関し，$\mu = 0$ のとき，$T(t) = at + b$（a, b は積分定数），$\mu > 0$ のときは $T(t) = ae^{t\sqrt{\mu}} + be^{t\sqrt{\mu}}$ より，$T(\infty)$ で非有界となり不適切である．よって，$\mu = -\omega^2 < 0$ とおいて，次式を得る $\left(k^4 = \dfrac{\rho A}{EI}\omega^2\right)$.

$$T''(t) + \omega^2 T = 0, \qquad X^{(4)}(x) - k^4 X = 0$$

前者は 2 階線形常微分方程式で，その一般解は $T(t) = a\cos\omega t + b\sin\omega t$（$a, b$ は積分定数）．後者は 4 階線形常微分方程式で，その一般解は 2.2 節で与えられている．本章では，整数 $m \geq 3$ として m 階線形常微分方程式の解法を述べる．

3.2 高階定係数線形常微分方程式の記号解法

次の m 階非斉次線形常微分方程式の記号解法を述べる．

$$\sum_{k=0}^{m} a_{m-k}x^{(m-k)}(t) = f(t) \qquad (a_m = 1)$$

上記式を $P(D)x = \sum_{k=0}^{m} a_{m-k}D^{m-k}x(t)$, $P(D)x = f(t)$ とおく．第 2 章の 2 階線形系と同様に，次の定理が成り立つ．

斉次式 $P(D)x = 0$ の一般解 x_g は，次の通り．

定理 3.2.1 m 次固有方程式 $P(\lambda) = 0$ は，m 個の 1 次式の積に因数分解できる（代数学の基本定理）．一般解 x_g は，次の (i), (ii) で求められる関数 x_1, x_2 の和である．

$$x_g = x_1 + x_2$$

（i）$P(\lambda)$ が因数 $(\lambda - a)^p$（$a \in \boldsymbol{R}$, 整数 $p \geq 1$）を含むとき，次の関数 x_1 は $P(D)x = 0$ の解である．

$$x_1 = A_0 e^{at} + A_1 te^{at} + \cdots + A_{p-1}t^{p-1}e^{at}$$

（A_i（$0 \leq i \leq p - 1$）は積分定数である）

（ii）$P(\lambda)$ が因数 $(\lambda - (\alpha + i\beta))^q$（$i = \sqrt{-1}$, $\alpha, \beta \in \boldsymbol{R}$, 整数 $q \geq 1$）を

含むとき，次の関数 x_2 は $P(D)x = 0$ の解である．

$$x_2 = e^{\alpha t}(A_0 \cos \beta t + B_0 \sin \beta t) + t e^{\alpha t}(A_1 \cos \beta t + B_1 \sin \beta t)$$
$$+ \cdots + t^{q-1} e^{\alpha t}(A_{q-1} \cos \beta t + B_{q-1} \sin \beta t)$$

（A_i, B_i $(0 \le i \le q - 1)$ は積分定数である）

非斉次式 $P(D)x = f(t)$ の特殊解 x_p は，次の通り．

定理 3.2.2　(1) $k \in \boldsymbol{C}$ に関し $P(D)e^{kt} = P(k)e^{kt}$.

(2) $\alpha \in \boldsymbol{C}$ に関し $P(D - \alpha)x = e^{\alpha t}P(D)(e^{-\alpha t}x)$.

(3) 斉次式 $P(D)x = 0$ の一般解を x_g，非斉次式 $P(D)x = f(t)$ の特殊解を x_p とするとき，$P(D)x = f(t)$ の任意解 x は次式の通り．

$$x = x_g + x_p$$

(4) 非斉次式 $P(D)x = e^{kt}$ $(k \in \boldsymbol{C})$ の特殊解 x_p は次式で与えられる．

(4-I) $P(k) \ne 0$ のとき，$P(D)x = e^{kt}$ の特殊解は次の通り．

$$x_p = \frac{1}{P(D)} e^{kt} = \frac{e^{kt}}{P(k)}$$

(4-II) $P(k) = 0$ のとき，$P(\lambda) = (\lambda - k)^\ell Q(\lambda)$ $(\ell \in \boldsymbol{Z}_+,\ Q(k) \ne 0)$
　　とおける．特殊解は次式の通り．Q は $(m - \ell)$ 次多項式．

$$x_p = \frac{1}{(D - k)^\ell Q(D)} e^{kt} = \frac{e^{kt} t^\ell}{Q(k)\ell!}$$

(5) 非斉次式 $P(D)x = A \cos at + B \sin bt$ $(A, a, B, b \in \boldsymbol{R})$ の特殊解 x_p は次の通り．複素数値関数 $z(t)$ の $P(D)z = Ae^{iat}$ の特殊解を z_1，複素数値関数 $z(t)$ の $P(D)z = Be^{ibt}$ の特殊解を z_2 とすると，特殊解 x_p は次式で与えられる（Re は実部，Im は虚部）．

$$x_p = \mathrm{Re}(z_1) + \mathrm{Im}(z_2)$$

(6) 非斉次式 $P(D)x = t^n$ $(n \in \boldsymbol{Z}_+)$ の特殊解 x_p は次の通り．

(6-I) $P(D)$ の定数項 $a \ne 0$ のとき，$P(D) = Q(D) + a$ （Q は 1 次以
　　上の多項式）とおける．このとき x_p は次式で与えられる．

$$x_p = \frac{1}{a}\left(1 + \frac{-Q(D)}{a} + \left(\frac{-Q(D)}{a}\right)^2 + \cdots + \left(\frac{-Q(D)}{a}\right)^n\right)t^n$$

(6-II) $P(D)$ の定数項 $a = 0$ のとき, $P(D) = D^\ell(Q(D) + b)$ とおける. ただし整数 $\ell \geq 1$, $b \neq 0$, $(P(D)$ の次数$) = \ell + (Q(D)$ の次数$)$. このとき, 特殊解 x_p は次式の通り.

$$x_p = \int \cdots \int \frac{1}{b}\left\{1 + \frac{-Q}{b} + \left(\frac{-Q}{b}\right)^2 + \cdots \right.$$
$$\left. + \left(\frac{-Q}{b}\right)^n\right\}t^n dt dt_1 \cdots dt_{\ell-1}$$

微分作用素 $D = \dfrac{d}{dt}$ の逆は, $\dfrac{1}{D}x = \int x\,dt$ として積分作用素ともみなせる. $\displaystyle\int \cdots \int$ は ℓ 重積分, 積分定数はすべて 0 にしてよい.

(7) 非斉次式 $P(D)x = f(t)$ (f は指数・三角関数や, 多項式の積) の特殊解 x_p は, 上記 (4)〜(6) を用いて求められる.

例 3.2.3 次の微分方程式を解け.

(1) $x''' - x = e^t + e^{2t}$ (2) $x''' - x' = e^t + e^{2t}$

(3) $x''' + x' = t^2$ (4) $(D-1)(D-2)(D-3)x = t\sin t$

(5) $((D-1)^2 + 4)((D-1)^2 + 9)x = e^t\cos 3t$

【解法】 A, B, C, E は定数. (1) 固有方程式 $P(\lambda) = \lambda^3 - 1 = (\lambda - 1)(\lambda^2 + \lambda + 1) = 0$ から, $\lambda = 1$, $\dfrac{-1 \pm i\sqrt{3}}{2}$ で, 一般解は

$$x_g = Ae^t + e^{-\frac{t}{2}}\left(B\cos\frac{\sqrt{3}t}{2} + C\sin\frac{\sqrt{3}t}{2}\right).$$

y_1 を $(D^3 - 1)x = e^t$ の特殊解とする. 定理 3.2.2 (4) より,

$$y_1 = \frac{1}{(D-1)(D^2+D+1)}e^t = \frac{e^t t^1}{1!(1^1+1+1)} = \frac{te^t}{3}.$$

同様に, y_2 を $(D^3 - 1)x = e^{2t}$ の特殊解とする.

$$y_2 = \frac{1}{(D-1)(D^2+D+1)}e^{2t} = \frac{e^{2t}}{2^2+2+1} = \frac{e^{2t}}{7}.$$

よって, 任意解は

$$x = x_g + y_1 + y_2 = Ae^t + e^{-\frac{t}{2}}\left(B\cos\frac{\sqrt{3}t}{2} + C\sin\frac{\sqrt{3}t}{2}\right) + \frac{te^t}{3} + \frac{e^{2t}}{7}.$$

（2）固有方程式 $P(\lambda) = \lambda^3 - \lambda = \lambda(\lambda^2 - 1) = 0$ から，$\lambda = 0, 1, -1$ で，一般解 $x_g = A + Be^t + Ce^{-t}$. y_1 を $(D^3 - D)x = e^t$ の特殊解とする．定理 3.2.2（4）より，

$$y_1 = \frac{1}{(D-1)D(D+1)}e^t = \frac{te^t}{1(1+1)} = \frac{te^t}{2}.$$

同様に，y_2 を $(D^3 - D)x = e^{2t}$ とする．$y_2 = \dfrac{1}{D^3 - D}e^{2t} = \dfrac{e^{2t}}{2^3 - 2} = \dfrac{e^{2t}}{6}.$

よって，任意解は

$$x = x_g + y_1 + y_2 = A + Be^t + Ce^{-t} + \frac{te^t}{2} + \frac{e^{2t}}{6}.$$

（3）固有方程式 $P(\lambda) = \lambda^3 + \lambda = \lambda(\lambda^2 + 1) = 0$ から，$\lambda = 0, \pm i$ で，一般解は $x_g = A + B\cos t + C\sin t$. 特殊解は $D^i t^2 = 0 \; (i \geq 3)$ より

$$x_p = \frac{1}{D^3 + D}t^2 = \frac{1}{D(D^2 + 1)}t^2 = \frac{1}{D(1 - (-D^2))}t^2$$

$$= \frac{1}{D}[1 + (-D^2)]t^2 = \int(t^2 - 2)dt = \frac{t^3}{3} - 2t.$$

よって，任意解は

$$x = x_g + x_p = A + B\cos t + C\sin t + \frac{t^3}{3} - 2t.$$

（4）固有方程式は $P(\lambda) = (\lambda - 1)(\lambda - 2)(\lambda - 3) = 0$ から，$\lambda = 1, 2, 3$ で，一般解は $x_g = Ae^t + Be^{2t} + Ce^{3t}$. 特殊解 x_p は，$P(D)z = te^{it}$（z は複素数値関数）の特殊解 z_p の虚部 $x_p = \text{Im}(z_p)$ である．定理 3.2.2（2）から，$P((D+i)-i)z = e^{it}P(D+i)[e^{-it}z]$ より，$e^{it}P(D+i)[e^{-it}z] = te^{it}$，よって $P(D+i)[ze^{-it}] = t$ を得る．

$$ze^{-it} = \frac{1}{10i}\left\{\frac{1}{1 - (-D^3 - 3iD^2 + 6D^2 - 8D + 12iD)/10i}\right\}t$$

$$= \frac{1}{10i}\left(1 + \frac{-D^3 - 3iD^2 + 6D^2 - 8D + 12iD}{10i}\right)t = \frac{1}{50}\{i(-5t - 6) + 4\}$$

より，特殊解 z_p は

$$z_p = \frac{1}{50}\{4\cos t + (5t + 6)\sin t + [i(-5t - 6)\cos t + 4\sin t]\}$$

で，$x_p = \text{Im}(z_p) = \{(-5t - 6)\cos t + 4\sin t\}/50.$

（5）固有方程式 $P(\lambda) = ((\lambda - 1)^2 + 4)((\lambda - 1)^2 + 9) = 0$ より，$\lambda = 1 \pm 2i$, $1 \pm 3i$ で，一般解は $x_g = e^t(A\cos 2t + B\sin 2t) + e^t(C\cos 3t + E\sin 3t)$. 特殊解 x_p は，$P(D)z = e^{(1+3i)t}$（z は複素数値関数）の特殊解 z_p として，$x_p = \mathrm{Re}(z_p)$ である.

$$z_p = \frac{1}{((D-1)^2 + 4)((D-1)^2 + 9)} e^{(1+3i)t}$$

$$= \frac{1}{(D-1-3i)(D-1+3i)((D-1)^2 + 4)} e^{(1+3i)t}$$

$$= \frac{t^1 e^{(1+3i)t}}{1!(1 + 3i - 1 + 3i)((1 + 3i - 1)^2 + 4)} \qquad\blacklozenge$$

3.3 他の解法

3.3.1 m 階非斉次線形系の定数変化法

m 階非斉次線形常微分方程式

$$L(x) = x^{(m)} + a_1(t)x^{(m-1)} + \cdots + a_m(t)x = f(t) \qquad (3.1)$$

の定数変化法による解法を述べる．斉次式 $L(x) = 0$ の m 個の一次独立解を $x_1, x_2, \cdots, x_m$ とする．すなわち，ロンスキアン

$$w(t) = \det\begin{pmatrix} x_1(t) & x_2(t) & \cdots & x_m(t) \\ x_1'(t) & x_2'(t) & \cdots & x_m'(t) \\ \vdots & \vdots & \vdots & \vdots \\ x_1^{(m-1)}(t) & x_2^{(m-1)}(t) & \cdots & x_m^{(m-1)}(t) \end{pmatrix} \neq 0 \qquad (3.2)$$

（ある t）である（注意 3.3.4 参照）[1].

定数変化法では，C^1 級の関数 $A_1(t), A_2(t), \cdots, A_m(t)$ を用いて，次式とおく.

$$x(t) = \sum_{j=1}^{m} A_j(t)x_j(t)$$

さらに，次の連立式の第 1 行から第 $(m-1)$ 行までを仮定すると，第 m

---

[1] 吉沢太郎：微分方程式入門，朝倉書店（1966）

行を得る（式 (2.10)，(2.11) 参照）．

$$
\begin{pmatrix}
A_1'(t)x_1(t) + A_2'(t)x_2(t) + \cdots + A_m'(t)x_m(t) \\
A_1'(t)x_1'(t) + A_2'(t)x_2'(t) + \cdots + A_m'(t)x_m'(t) \\
\vdots \\
A_1'(t)x_1^{(m-1)}(t) + A_2'(t)x_2^{(m-1)}(t) + \cdots + A_m'(t)x_m^{(m-1)}(t)
\end{pmatrix}
=
\begin{pmatrix}
0 \\ 0 \\ \vdots \\ f(t)
\end{pmatrix}
$$

解 $x_1, x_2, \cdots, x_m$ の一次独立性から，$w(t) \neq 0$ である．また，$w(t) = \det(\boldsymbol{x}_1(t),$ $\boldsymbol{x}_2(t), \cdots, \boldsymbol{x}_m(t))$，$\boldsymbol{F}(t) = (0, 0, \cdots, 0, f(t))^T$（$m$ 次元ベクトル）とおき，上記の連立式を解き積分すると，式 (3.1) の任意解は次式で与えられる．

$$
\begin{aligned}
x(t) = x_1(t)&\left[c_1 + \int^t \frac{1}{w(s)}\det(\boldsymbol{F}(s), \boldsymbol{x}_2(s), \cdots, \boldsymbol{x}_m(s))ds\right] \\
+ x_2(t)&\left[c_2 + \int^t \frac{1}{w(s)}\det(\boldsymbol{x}_1(s), \boldsymbol{F}(s), \boldsymbol{x}_3(s), \cdots, \boldsymbol{x}_m(s))ds\right] \\
+ x_3(t)&\left[c_3 + \int^t \frac{1}{w(s)}\det(\boldsymbol{x}_1(s), \boldsymbol{x}_2(s), \boldsymbol{F}(s), \cdots, \boldsymbol{x}_m(s))ds\right] \\
+ \cdots& \\
+ x_m(t)&\left[c_m + \int^t \frac{1}{w(s)}\det(\boldsymbol{x}_1(s), \boldsymbol{x}_2(s), \cdots, \boldsymbol{x}_{m-1}(s), \boldsymbol{F}(s))ds\right]
\end{aligned}
$$

！注意 3.3.1　(1) 1 行から $(m-1)$ 行の $\sum_{j=0}^{m-1} A_j'(t)x_j^{(i)}(t) = 0$ $(0 \leq i < m-2)$ を仮定する．このとき各解 x_j $(1 \leq j < m)$ は $L(x_j) = x_j^{(m)} + \sum_{p=1}^{m} a_p(t)x_j^{(m-p)} = 0$ から，m 行の $\sum_{j=0}^{m-1} A_j'(t)x_j^{(m-1)}(t) = f(t)$ を得る．

(2) 連立方程式

$$
(\boldsymbol{x}_1(t)\ \boldsymbol{x}_2(t)\ \cdots\ \boldsymbol{x}_m(t))
\begin{pmatrix}
A_1'(t) \\ A_2'(t) \\ \vdots \\ A_m'(t)
\end{pmatrix}
= \boldsymbol{F}(t)
$$

を，クラーメルの公式を用いると次式を得る．

$$
\begin{pmatrix}
A_1'(t) \\ A_2'(t) \\ \vdots \\ A_m'(t)
\end{pmatrix}
= \frac{1}{w(t)}
\begin{pmatrix}
\det(\boldsymbol{F}(t)\ \boldsymbol{x}_2(t)\ \cdots\ \boldsymbol{x}_m(t)) \\
\det(\boldsymbol{x}_1\ \ \boldsymbol{F}\ \cdots\ \boldsymbol{x}_m) \\
\vdots \\
\det(\boldsymbol{x}_1\ \ \boldsymbol{x}_2\ \cdots\ \boldsymbol{F})
\end{pmatrix}
$$

これらを積分し，一次結合 $x(t) = \sum_{j=1}^{m} A_j x_j$ が解である．

(3) 定係数 $a_k(t) = a_k$ のとき，3.2節参照.

(4) 変係数 $a_k \in C(I)$ に関し，3.3.2 階数低下法（I）など参照.

定理 3.3.2 m 階非斉次線形常微分方程式 (3.1) の解に関し，その基本解を $x_1, x_2, \cdots, x_m$, ロンスキアン $w(t) \neq 0$ とするとき，任意解 x は次式で与えられる．

$$x(t) = x_1(t)\left[c_1 + \int^t \frac{1}{w(s)} \begin{vmatrix} 0 & x_2(s) & x_3(s) & \cdots & x_m(s) \\ 0 & x_2{'} & x_3{'} & \cdots & x_m{'} \\ \vdots & \vdots & \vdots & \vdots & \vdots \\ f & x_2^{(m-1)} & x_3^{(m-1)} & \cdots & x_m^{(m-1)} \end{vmatrix} ds \right]$$

$$+ x_2(t)\left[c_2 + \int^t \frac{1}{w(s)} \begin{vmatrix} x_1(s) & 0 & x_3(s) & \cdots & x_m(s) \\ x_1{'} & 0 & x_3{'} & \cdots & x_m{'} \\ \vdots & \vdots & \vdots & \vdots & \vdots \\ x_1^{(m-1)} & f & x_3^{(m-1)} & \cdots & x_m^{(m-1)} \end{vmatrix} ds \right]$$

$$+ \cdots$$

$$+ x_m(t)\left[c_m + \int^t \frac{1}{w(s)} \begin{vmatrix} x_1(s) & x_2(s) & x_3(s) & \cdots & 0 \\ x_1{'} & x_2{'} & x_3{'} & \cdots & 0 \\ \vdots & \vdots & \vdots & \vdots & \vdots \\ x_1^{(m-1)} & x_2^{(m-1)} & x_3^{(m-1)} & \cdots & f \end{vmatrix} ds \right]$$

例 3.3.3 $a, k, \ell, r_1, r_2 \in \mathbf{R}$ として

$$x''' - \frac{24x}{t^3} = t^a[k \cos(r_1 \log t) + \ell \sin(r_2 \log t)]$$

を解け．

【解法】 (1) 一般解：x_1, x_2, x_3, x_4. 例 3.3.5，問題 3.3.6 参照. ◆

!注意 3.3.4 式 (3.1) のロンスキアン $w(t)$ に関し，次の (1)〜(3) が成り立つ.

(1) $w'(t) = -a_1(t)w(t)$.

(2) 任意の t で $w(t) \neq 0 \Longleftrightarrow$ ある t_0 において $w(t_0) \neq 0$.

(3) 関数 $x_1, x_2, \cdots, x_n$ は斉次式 $L(x^{(n)}, \cdots, x) = 0$ の**一次独立解**，すなわち，それらは解で，「実数 $c_1, c_2, \cdots, c_n$ に関し，$\sum_{j=1}^{n} c_j x_j(t) = 0$（任意の t）であるのは，

$c_1 = c_2 \cdots = c_n = 0$ に限る」ことは，$w(t) \neq 0$ と同値である．

3.3.2　階数低下法

（I）斉次式の場合　高階線形斉次微分方程式 $\sum_{j=0}^{m} a_j(t)x^{(m-j)} = 0$ に関し，1つの解 $x(t) \neq 0$ を見つけ，線形独立（一次独立）解を $y(t) = A(t)x(t)$ （$A(t)$ は C^m 級）と仮定して求める．

例 3.3.5　微分方程式 $x''' - \dfrac{24x}{t^3} = 0$ を解け．

【解法】　(i) $x(t) = t^4$ は解である．実際，$x' = 4t^3$, $x'' = 12t^2$, $x''' = 24t$ よりもとの方程式を満たす．

(ii) $y(t) = A(t)t^4$ とおく．実際，微分し微分方程式に代入して整理すると，次式を得る（A' についてのオイラーの微分方程式（2.2.7節）になっていることに注意）．

$$t^2 A''' + 12tA'' + 26A' = 0$$

変換 $t = e^s$ $(s \in \mathbf{R})$ により，$B(s) = \dfrac{dA}{dt}(e^s)$ とおくと，B についての2階定係数斉次方程式

$$\frac{d^2 B}{ds^2} + 11\frac{dB}{ds} + 36B(s) = 0$$

を得る．その固有方程式は，$P(\lambda) = \lambda^2 + 11\lambda + 36 = 0$ から，$\lambda = \alpha \pm i\beta$ $\left(\alpha = -\dfrac{11}{2}, \beta = \dfrac{\sqrt{23}}{2}\right)$.

$$B(s) = c_1 e^{\alpha t}\cos(\beta s) + c_2 e^{\alpha t}\sin(\beta s)$$
$$= c_1 t^{\alpha}\cos(\beta \log t) + c_2 t^{\alpha}\sin(\beta \log t) = A'(t)$$

である．よって，

$$A(t) = c_3 + c_1 \int t^{\alpha}\cos(\beta \log t)dt + c_2 \int t^{\alpha}\sin(\beta \log t)dt$$

$$= c_3 + \frac{-c_1 t^{\alpha}}{13}\{7\cos(\beta \log t) - \sqrt{23}\sin(\beta \log t)\}$$

$$+ \frac{-c_2 t^{\alpha}}{13}\{7\sin(\beta \log t) + \sqrt{23}\cos(\beta \log t)\}$$

（積分の計算は問題 3.3.6 参照）から，一般解は次式の通り．

$$x(t) = t^4 \left[c_3 + \frac{-c_1 t^\alpha}{13} \{ 7 \cos(\beta \log t) - \sqrt{23} \sin(\beta \log t) \} \right.$$

$$\left. + \frac{-c_2 t^\alpha}{13} \{ 7 \sin(\beta \log t) + \sqrt{23} \cos(\beta \log t) \} \right] \qquad \blacklozenge$$

問題 3.3.6 次の積分を計算せよ．

$$I = \int t^\alpha \cos(\beta \log t) dt, \qquad J = \int t^\alpha \sin(\beta \log t) dt$$

計算 $\ell = \log t$ とおき，$f = \int t^\alpha e^{i\beta\ell} dt \ (= I + iJ)$ を部分積分すると，

$$f = \frac{t^{\alpha+1}}{\alpha+1} e^{i\beta\ell} - \int \frac{t^{\alpha+1}}{\alpha+1} e^{i\beta\ell} \frac{i\beta}{t} dt.$$

よって，$\left(1 + \dfrac{i\beta}{\alpha+1} \right) f = \dfrac{t^{\alpha+1}}{\alpha+1} e^{i\beta\ell}$ から，

$$f = \frac{-t^{\alpha+1}}{13} [7 \cos(\beta \log t) - \sqrt{23} \sin(\beta \log t)$$
$$+ i\{ \sqrt{23} \cos(\beta \log t) + 7 \sin(\beta \log t) \}]$$

を得る．上式の実部と虚部をとれば，I, J は次式の通り．

$$I = \frac{-t^{\alpha+1}}{13} \{ 7 \cos(\beta \log t) - \sqrt{23} \sin(\beta \log t) \},$$

$$J = \frac{-t^{\alpha+1}}{13} \{ \sqrt{23} \cos(\beta \log t) + 7 \sin(\beta \log t) \}$$

（II）非斉次式の場合 非斉次微分方程式 $\sum_{j=0}^{m} a_j(t) x^{(m-j)} = f(t)$ に関し，
1 つの解 $x(t) \neq 0$ を見つけ，線形独立（一次独立）解を $y(t) = A(t)x(t)$
（$A(t)$ は C^m 級）と仮定して求める．

問題 3.3.7 次の微分方程式を解け（$t > 0$，$x = e^t$ は一般解）．

$$x''' + \frac{1-3t}{t} x'' + \frac{3t^2 - 2t - 1}{t^2} x' + \frac{1+t-t^2}{t^2} x = \frac{e^t}{t^2}$$

(1) $x = e^t$ は斉次式の解であることを示せ．

(2) $y = A(t)e^t$ とおく. 任意の解は次式の通りであることを示せ.

$$y = e^t(c_1 t^2 + c_2 \log t + c_3 - t)$$

3.3.3 連立系に帰着

単独 m 次非斉次線形常微分方程式 $\sum_{j=0}^{m} a_j(t) x^{(m-j)}(t) = f(t)$ は，次の m 元連立非斉次常微分方程式 $A(t)\boldsymbol{x}(t) = \boldsymbol{F}(t)$ $(\boldsymbol{x} = (x_1, \cdots, x_m)^T)$ に帰着することが有効である．4.2, 4.3 節の解法や，5.2 節の漸近挙動の解析に役立つ.

例3.3.8 (1)（3階から3元へ）　単独非斉次微分方程式

$$x''' + a_1(t)x'' + a_2(t)x' + a_3(t)x = f(t)$$

に対し，変換 $x_1 = x$, $x_2 = x_1'(= x')$, $x_3 = x_2'(= x'')$ より，次の1階3元連立線形非斉次微分方程式を得る.

$$\begin{pmatrix} x_1' \\ x_2' \\ x_3' \end{pmatrix} = \begin{pmatrix} 0 & 1 & 0 \\ 0 & 0 & 1 \\ -a_3(t) & -a_2(t) & -a_1(t) \end{pmatrix} \begin{pmatrix} x_1 \\ x_2 \\ x_3 \end{pmatrix} + \begin{pmatrix} 0 \\ 0 \\ f(t) \end{pmatrix}$$

(2)（m 階から m 元へ）　単独 m 階非斉次線形微分方程式

$$\sum_{j=0}^{m} a_j(t) x^{(m-j)} = f(t)$$

は，$x_1 = x$, $x_j = x_{j-1}'$ $(2 \leq j \leq m)$ により，1階 m 元連立線経非斉次微分方程式

$$\frac{d\boldsymbol{x}}{dt} = A(t)\boldsymbol{x} + \boldsymbol{f}(t)$$

に帰着される．ただし，

$$\boldsymbol{x} = (x_1, x_2, \cdots, x_m)^T, \qquad \boldsymbol{f} = (0, 0, \cdots, 0, f(t))^T,$$

$$A(t) = \begin{pmatrix} 0 & 1 & 0 & \cdots & 0 \\ 0 & 0 & 1 & \cdots & 0 \\ \vdots & \vdots & \vdots & \ddots & \vdots \\ 0 & 0 & 0 & \cdots & 1 \\ -a_m(t) & -a_{m-1}(t) & -a_{m-2}(t) & \cdots & -a_1(t) \end{pmatrix}$$

である.

第 **4** 章

連立線形常微分方程式の解法

本章では，$\boldsymbol{x}(t) = (x_1(t), x_2(t), \cdots, x_m(t))^T$ を m 次元ベクトルとして，1 階連立微分方程式 $\boldsymbol{x}' = \boldsymbol{f}(t, \boldsymbol{x})$ の解法を述べる.

4.1 線形空間における準備

定義 4.1.1 線形空間 V の**ノルム** $\|\boldsymbol{x}\|$（$\boldsymbol{x} \in V$）は，次の条件（i）〜（iii）を満たしている関数である. ただし，$\boldsymbol{x}, \boldsymbol{y} \in V$ である.

  (i)（同次性） $\|c\boldsymbol{x}\| = |c|\,\|\boldsymbol{x}\|$（$c \in \boldsymbol{R}$）

  (ii)（正定値性） $\|\boldsymbol{x}\| = 0$, かつ $\|\boldsymbol{x}\| = 0 \Longleftrightarrow \boldsymbol{x} = \boldsymbol{0}$

  (iii)（三角不等式） $\|\boldsymbol{x} + \boldsymbol{y}\| \leq \|\boldsymbol{x}\| + \|\boldsymbol{y}\|$

このとき，対 $(V, \|\cdot\|)$ を**ノルム空間**という.

！注意 4.1.2 同次性におけるスカラ倍は $c \in \boldsymbol{R}$ とは限らず，複素数倍（$c \in \boldsymbol{C}$）など，種々ある.

定義 4.1.3 集合 X の**距離**（**関数**）$d(x, y)$（$x, y, z \in X$）は，次の条件（i）〜（iii）を満たしている関数である.

  (i)（可換性） $d(y, x) = d(x, y)$

(ii)（相等性）　$d(x, y) = 0 \Longleftrightarrow x = y$

(iii)（三角不等式）　$d(x, y) \leq d(x, z) + d(z, y)$

このとき，対 (X, d) を**距離空間**という．

例 4.1.4　$V = \mathbf{R}^2$, $p \geq 1$, $\boldsymbol{x} = (x_1, x_2)^T$ と し て，$\|\boldsymbol{x}\|_p = \left(|x_1|^p + |x_2|^p\right)^{\frac{1}{p}}$ は，ノルムの定義 (i)〜(iii) を満たす．特に，次の $p = 1, 2, \infty$ の場合は周知である．

(a) $p = 1$ のとき，$\|\boldsymbol{x}\|_1 = |x_1| + |x_2|$ を $\boldsymbol{\ell}_1$（エルワン）**ノルム**という．

(b) $p = 2$ のとき，$\|\boldsymbol{x}\|_2 = \sqrt{|x_1|^2 + |x_2|^2}$ を**ユークリッド・ノルム**という．

(c) $p = \infty$ のとき，$\|\boldsymbol{x}\|_\infty = \max(|x_1|, |x_2|)$ を，**max**（または **sup**，**無限大**，**infinity**）**ノルム**という．また，$\lim_{p \to \infty}\left(|x_1|^p + |x_2|^p\right)^{\frac{1}{p}} = \|\boldsymbol{x}\|_\infty$ が成り立つ．

！注意 4.1.5　$0 < p < 1$ のとき，定義 4.1.1 (iii) が成立しないときがある．例えば，$p = \frac{1}{2}$, $\boldsymbol{x} = (1, 1)^T$, $\boldsymbol{y} = (y_1, 0)^T \left(y_1 > \frac{5}{4}\right)$ を計算すればよい．

例 4.1.6　(1) $V = C(I) = \{f : I \to \mathbf{R}$ は連続関数$\}$（$I = [a, b]$）は線形空間であり，$f \in C(I)$ に対し，$\|f\|_\infty = \sup_{t \in I} |f(t)|$ はノルムである（これを**一様ノルム**という）．特に，I は有界閉区間なので $\|f\|_\infty = \max_{t \in I} |f(t)|$ である．

(2) $d(\boldsymbol{x}, \boldsymbol{y}) = \|\boldsymbol{x} - \boldsymbol{y}\|$ とおくことで，ノルムから距離が得られる．線形空間と異なる集合には，2 点の離れている量の距離が導入される．一方で，$x, y \in \mathbf{R}$ に対し，$d(x, y) = \dfrac{|x - y|}{r + |x - y|}$（$r > 0$）は距離関数であるが，ノルムではない．その右辺は，$|x - y|$ に関し一次式でない．

(3) $V = \mathbf{R}^m$ に関し，$d(\boldsymbol{x}, \boldsymbol{y}) = \|\boldsymbol{x} - \boldsymbol{y}\|_2$（ユークリッド・ノルム）は 2 点間の最短距離を意味する．

例 4.1.7　（**行列のノルム**）　行列 $A = (a_{ij})$ は実 $m \times m$ 行列（$1 \leq i, j \leq m$）とする．次の例はノルムの定義 4.1.1 を満たす．

(1) $\|A\|_\infty = \max_{1 \leq i, j \leq m} |a_{ij}|$.

(2) $\|A\|_i = \max\limits_{x \neq 0} \dfrac{\|Ax\|}{\|x\|}$. なお, $\|A\|_i = \max\limits_{\|x\|=1} \|Ax\| = \max\limits_{\|x\|\leq 1} \|Ax\|$ が成り立つ.

(3) $\|A\|_s = \sum\limits_{i=1}^{m} \sum\limits_{j=1}^{m} |a_{ij}|$.

(4) $\|A\|_p = \left(\sum\limits_{i,j=1}^{m} |a_{ij}|^p \right)^{1/p}$ $(p \geq 1)$.

例 4.1.8　（ノルム $\|A\|_i = \max\left\{ \dfrac{\|Ax\|}{\|x\|} : x \neq 0 \right\}$ の計算）

(1) ベクトルのノルムが $\|x\|_1$ に対し, $\|A\|_i = \max\limits_{1\leq k\leq m} \sum\limits_{i=1}^{m} |a_{ik}|$.

(2) $\|x\|_2$ に対し, $\|A\|_i = \max\left\{ \sqrt{\lambda} : \lambda \text{ は } A^T A \text{ の固有値} \right\}$.

(3) $\|x\|_\infty$ に対し, $\|A\|_i = \max\limits_{1\leq i\leq m} \sum\limits_{k=1}^{m} |a_{ik}|$.

！注意 4.1.9　例 4.1.8 に関する注意事項.

(1) 和 $\sum\limits_{i=1}^{m} |a_{ik}|$ は, 第 k 列の成分の絶対値の和を意味する.

(2) 積 $A^T A$ は対称行列から, その固有値 λ は実数値より大小比較可能. また, $x^T A^T A x = \|Ax\|^2 \geq 0$ から, $\lambda \geq 0$.

(3) 和 $\sum\limits_{k=1}^{m} |a_{ik}|$ は, 第 i 行の成分の絶対値の和を意味する.

(4) $\|x\|_p$ に対する $\|A\|_i$ $(p \neq 1, 2, \infty)$ の計算は興味深い.

問題 4.1.10　線形空間 $\mathbf{R}^m$ のノルム $\|x\|$ $(x \in \mathbf{R}^m)$ に関し, 次の式 (1)〜(4) が成り立つ（ノルムに依存）. $x_j \in \mathbf{R}^m$, 行列 $A, B : m \times m$ とする.

(1) $\left\| \sum\limits_{j=0}^{n} x_j \right\| \leq \sum\limits_{j=0}^{n} \|x_j\|$　　(2) $\|A + B\| \leq \|A\| + \|B\|$

(3) $\|Ax\| \leq \|A\| \|x\|$　　(4) $\|AB\| \leq \|A\| \|B\|$

考察　(1) ノルムの三角不等式より, 成り立つ.

(2) あるときはミンコフスキー不等式といわれる.

(3) 例 4.1.7 の $\|A\|_i$, $\|A\|_s$, $\|A\|_p$ $(p \geq 1)$ に関し, 成り立つ. $\|A\|_\infty$ に関し, $\|Ax\|_\infty \leq m\|A\|_\infty \|x\|_\infty$ が成り立つ.

(4) $\|A\|_i$, $\|A\|_s$ のとき成立する.　　　　　　　　　　　　　◇

定義 4.1.11　（リプシッツ（Lipschitz）条件）　ベクトル値関数 $\boldsymbol{f}(t, x)$: $I \times S \to \mathbf{R}^m$ $(I \subset \mathbf{R}, \ S \subset \mathbf{R}^m)$ が**リプシッツ（Lipschitz）条件**を満たす

（**リプシッツ連続**）とは，ある定数 $L > 0$ が存在し，各 $t \in I$ と $\boldsymbol{x}, \boldsymbol{y} \in S$ に
関し，次式が成り立つときをいう．

$$\|\boldsymbol{f}(t, \boldsymbol{x}) - \boldsymbol{f}(t, \boldsymbol{y})\| \le L\|\boldsymbol{x} - \boldsymbol{y}\|$$

定理 4.1.12 有界閉集合 $I \times S$ $(\subset \boldsymbol{R} \times \boldsymbol{R}^m)$ 上で C^1 級関数 $\boldsymbol{f}$ は，リプ
シッツ条件を満たす．S は凸とする（凸の定義は p.65）．

考察 積分型の平均値の定理を用いて

$$\|\boldsymbol{f}(t, \boldsymbol{x}) - \boldsymbol{f}(t, \boldsymbol{y})\| = \left\|\left(\int_0^1 \frac{\partial \boldsymbol{f}}{\partial \boldsymbol{x}}(t, \boldsymbol{y} + t(\boldsymbol{x} - \boldsymbol{y}))dt\right)(\boldsymbol{x} - \boldsymbol{y})\right\|$$

$$\le \left(\int_0^1 \left\|\frac{\partial \boldsymbol{f}}{\partial \boldsymbol{x}}(t, \boldsymbol{y} + t(\boldsymbol{x} - \boldsymbol{y}))\right\|dt\right)\|\boldsymbol{x} - \boldsymbol{y}\|$$

$$\le \left(\int_0^1 L\, dt\right)\|\boldsymbol{x} - \boldsymbol{y}\| = L\|\boldsymbol{x} - \boldsymbol{y}\|,$$

ただし $\boldsymbol{f} \in C^1(I \times S)$ から，$L = \max\left\{\left\|\frac{\partial \boldsymbol{f}}{\partial \boldsymbol{x}}(t, \boldsymbol{x})\right\| : (t, \boldsymbol{x}) \in I \times S\right\}$ が存在す
る（ヤコビ行列 $\frac{\partial \boldsymbol{f}}{\partial \boldsymbol{x}}$ は p.65 参照）． ◇

例 4.1.13 (1) C^1 級ではないが，関数 $f(x) = |x|$ はリプシッツ条件を満
たす．

(2) 集合 $\boldsymbol{R} = (-\infty, \infty)$ 上の関数 $f(x) = x^2$ は，リプシッツ条件を満たす
といえない．

(3) 集合 $S = [-L, L]$ $(L > 0)$ 上の関数 $f(x) = x^2$ はリプシッツ条件を
満たす．

考察 (1) 次の場合 (i)～(iii) を考える:

 (i) $x \le y \le 0$； (ii) $x \ge y \ge 0$； (iii) $x \le 0 \le y$

(i) のとき，$|f(x) - f(y)| = |x - y|$. (ii) のとき，$|f(x) - f(y)| = |x - y|$.
(iii) のとき，$|f(x) - f(y)| \le |x - y|$. グラフを描くと明らか．

(2) f は $\boldsymbol{R}_+ = \{x \ge 0\}$ でリプシッツ連続とすると仮定，すなわち，ある
定数 $L > 0$ が存在し $|f(x) - f(y)| = |x^2 - y^2| = |x - y||x + y| \le L|x - y|$
とする．よって $|x + y| \le L$ であるが，$|x + y| \to \infty$ のとき矛盾する．ゆえ

に，リプシッツ連続でない.

（3） $S = [-L, L]$ $(L > 0)$ のとき，$|f(x) - f(y)| = |(x + y)(x - y)| \leq (|x| + |y|)|x - y| \leq 2L|x - y|$ から，S で f はリプシッツ条件を満たす.　　◇

次のピカールの定理，グロンウォールの不等式は，定性解析（例 5.2.14）に応用される.

定理 4.1.14（ピカール（Picard））　常微分方程式の初期値問題
$$\boldsymbol{x}'(t) = \boldsymbol{f}(t, \boldsymbol{x}), \qquad \boldsymbol{x}(a) = \boldsymbol{c}$$
と $I = [a - r, a + r]$ $(r > 0)$，$S = \{\boldsymbol{x} : \|\boldsymbol{x} - \boldsymbol{c}\| \leq \rho\}$ $(\rho > 0)$ に関し，条件（i），（ii）が成り立つとする.

（i）$\boldsymbol{f} : I \times S \to \boldsymbol{R}^m$（$I \subset \boldsymbol{R}$，有界閉集合 $S \subset \boldsymbol{R}^m$）は連続. なお，$(a, \boldsymbol{c}) \in I \times S$ とする.

（ii）$\boldsymbol{f}(t, \boldsymbol{x})$ は，$t \in I$ においてリプシッツ条件を満たす.

このとき，ある $\delta > 0$ が存在し，上記の初期値問題の一意解 $\boldsymbol{x} : [a - \delta, a + \delta] \to \boldsymbol{R}^m$ が存在する.

（連続性と有界閉集合から $M = \max_{I \times S} \|f(t, \boldsymbol{x})\|$ が存在し，$\delta \leq \min\left(r, \dfrac{\rho}{M}\right)$ が成り立つ）

定理 4.1.15（グロンウォール（Gronwall）の不等式）（1）区間 $I = [a, b]$ 上の非負連続関数 $u : I \to \boldsymbol{R}_+$ と定数 $K \geq 0$，関数 $f : I \to \boldsymbol{R}_+$ も非負連続は，次の積分不等式を満たす.
$$u(t) \leq K + \int_a^t f(s)u(s)ds \qquad (t \in I)$$
このとき，$u(t) \leq Ke^{\int_a^t f(s)ds}$ $(t \in I)$.

（2）応用：$x' = f(t, x), x(a) = c$ に関し，リプシッツ条件 $|f(t, x) - f(t, y)| \leq L|x - y|$ が成り立つとき，解は一意的に存在する.

考察　（1）$U(t) = K + \int_a^t f(s)u(s)ds$ とおくと，$u(t) \leq U(t)$. また，$U' = f(t)u(t) \leq f(t)U(t)$ より，$U' - f(t)U(t) \leq 0$. この両辺に $e^{-\int_a^t f(s)ds} > 0$ を掛

けて，$(U' - f(t)U(t))e^{-\int_a^t f(s)ds} \leq 0$. これを $[a, t]$ で積分すると，

$$\left[U(t)e^{-\int_a^t f(s)ds}\right]_{t=a}^{t=t} \leq 0 \iff U(t)e^{\int_a^t f(s)ds} - U(a) \leq 0$$

$$\iff U(t)e^{-\int_a^t f(s)ds} - K \leq 0.$$

ゆえに，$u(t) \leq U(t) \leq Ke^{\int_a^t f(s)ds}$.

（2）2つの解 $x(t), y(t)$ があれば，定理 4.4.1 から $|x(t) - y(t)| \leq |c - c| + \left|\int_a^t f(s,(x))ds - \int_a^t f(s, y(s))ds\right| \leq L\int_a^t |x(s) - y(s)|ds$ で，$|x(t) - y(t)| \leq 0e^{L(t-a)}$ $= 0$. よって解は一意的である. ◇

4.2　定係数の連立線形微分方程式

4.2.1　固有値による解法

未知関数 $x(t) \in \mathbf{R}^m$（$t \in \mathbf{R}$）の定係数斉次式

$$x' = Ax$$

（A は $m \times m$ 定数行列）の解を，A の固有値から求める．以下では，$A^0 = I$（単位行列）とする．また，ノルム $\|x\|$ はユークリッド・ノルム $\|x\| = \sqrt{(x^T)x}$ とし，行列ノルムは $\|A\| = \sup_{\|x\|=1} \|Ax\|$ とする．今後，解析学におけるワイエルシュトラスの M 判定法を応用することがある．

ワイエルシュトラスの M 判定法　関数列 $\{f_n : I \to \mathbf{R}, \ n \in \mathbf{Z}_+\}$（区間 $I \subset \mathbf{R}$）に関し，次の条件 (i)，(ii) が成り立つとする．

$$\text{(i) } |f_n(x)| \leq c_n \ (x \in I, n \in \mathbf{Z}_+) \qquad \text{(ii) } \sum_{j=0}^{\infty} c_n < \infty$$

このとき，級数 $\sum_{n=0}^{\infty} f_n(x)$ は，I 上で一様収束する．

定理 4.2.1　（1）行列 A の級数 $\sum_{j=0}^{\infty} \dfrac{(At)^j}{j!}$ は収束する．これを**指数行列**といい，e^{At} と書く．

（2）定係数斉次式の初期値問題 $x' = Ax$，$x(a) = c$ の解は，次式で与

えられる.

$$\boldsymbol{x}(t) = e^{A(t-a)}\boldsymbol{c}$$

(3) 定係数斉次式 $\boldsymbol{x}' = A\boldsymbol{x}$ の解は,$\boldsymbol{c}$ を定数として $\boldsymbol{x}(t) = e^{At}\boldsymbol{c}$ で与えられる.

考察 (1) 部分和 $S_k = \sum\limits_{j=0}^{k} \dfrac{(At)^j}{j!}$ は,十分大の $k > \ell$ に対し,

$$\|S_k - S_\ell\| = \left\| \sum_{j=\ell+1}^{k} \frac{A^j t^j}{j!} \right\| \le \sum_{j=\ell+1}^{k} \left\| \frac{A^j t^j}{j!} \right\|$$

$$\le \sum_{j=\ell+1}^{k} \frac{\|A^j\| |t|^j}{j!} \le \sum_{j=\ell+1}^{k} \frac{\|A\|^j |t|^j}{j!} = \sum_{j=\ell+1}^{k} \frac{\alpha^j |t|^j}{j!}$$

を得る.$\alpha = \|A\|$ である.コーシーの収束判定定理から,

$$\lim_{k,\ell \to \infty} \sum_{j=\ell+1}^{k} \frac{\alpha^j |t|^j}{j!} = 0 \iff \lim_{k,\ell \to \infty} |S_k - S_\ell| = 0$$

$$\iff \sum_{j=0}^{\infty} \frac{\alpha^j |t|^j}{j!} = e^{\alpha |t|}$$

より,$\sum\limits_{j=0}^{\infty} \dfrac{(At)^j}{j!}$ は収束する.

(2) 十分大の $T > 0$ に対し,$|t| \le T$ のとき,

$$\|S_k\| = \left\| \sum_{j=0}^{k} \frac{A^j t^j}{j!} \right\| \le \sum_{j=0}^{k} \frac{\|A\|^j |t|^j}{j!} \le \sum_{j=0}^{k} \frac{\alpha^j T^j}{j!}.$$

級数 $\sum\limits_{j=0}^{k} \dfrac{\alpha^j t^j}{j!}$ は,$|t| \le T$ のとき,ワイエルシュトラスの優級数定理(M 判定法)より,一様に収束する.よって,極限 $e^{A(t-a)} = \sum\limits_{j=0}^{\infty} \dfrac{A^j (t-a)^j}{j!}$ は項別微分可能で,

$$\boldsymbol{x}'(t) = \sum_{j=0}^{\infty} \frac{d}{dt}\left[\frac{A^j (t-a)^j}{j!} \right]\boldsymbol{c} = A\sum_{j=1}^{k} \frac{d}{dt}\left[\frac{A^{j-1}(t-a)^{j-1}}{(j-1)!} \right]\boldsymbol{c}$$

$$= A\sum_{j=0}^{\infty} \frac{A^j (t-a)^j}{j!}\boldsymbol{c} = A\boldsymbol{x}(t).$$

また $\boldsymbol{x}(a) = I\boldsymbol{c} = \boldsymbol{c}$.($I$ は単位行列)

(3) 微分して,$\boldsymbol{x}'(t) = \dfrac{d}{dt}\sum\limits_{j=0}^{\infty} \dfrac{A^j t^j}{j!}\boldsymbol{c} = A\sum\limits_{j=1}^{\infty} \dfrac{A^{j-1} t^{j-1}}{(j-1)!}\boldsymbol{c} = Ae^{At}\boldsymbol{c} = A\boldsymbol{x}(t).$

◇

$m = 2$ のとき，A は次の 3 種 B のいずれかの行列と相似，すなわち，正則な行列 U との積で表される．$P(\lambda) = \det(\lambda I - A) = \lambda^2 + a\lambda + b = 0$ を，行列 A の固有方程式といい，判別式 $d = a^2 - 4b$ とおく．

(I) $AU = UB$, $B = \begin{pmatrix} \lambda_1 & 0 \\ 0 & \lambda_2 \end{pmatrix}$（対角行列という），$\lambda_1, \lambda_2 \left(= \dfrac{-a \pm \sqrt{d}}{2} \right)$

$\in \mathbf{R}$ は，A の実数の固有値で，U は，それらの固有ベクトルからなる．

(II) $AU = UB$, $B = \begin{pmatrix} \lambda & 1 \\ 0 & \lambda \end{pmatrix}$（上三角行列という），$\lambda \in \mathbf{R}$ は A の実数の固有値で，U は，その固有ベクトル $\boldsymbol{u}$ と，$(A - \lambda I)\boldsymbol{v} = \boldsymbol{u}$ なる $\boldsymbol{v}$ として，$U = (\boldsymbol{u}\,\boldsymbol{v})$ である．

(III) $AU = UB$, $B = \begin{pmatrix} \alpha & -\beta \\ \beta & \alpha \end{pmatrix}$，複素数 $\alpha \pm i\beta$ $(\alpha, \beta \in \mathbf{R}$ で $\beta \neq 0)$ は A の固有値である．

◉ 指数行列の計算 $(\lambda_1, \lambda_2, \lambda, \alpha, \beta \in \mathbf{R}$ とする$)$

場合 (I)：$B = \begin{pmatrix} \lambda_1 & 0 \\ 0 & \lambda_2 \end{pmatrix}$ のとき，$(Bt)^j = \begin{pmatrix} (\lambda_1 t)^j & 0 \\ 0 & (\lambda_2 t)^j \end{pmatrix}$ から，

$$
e^{Bt} = \sum_{j=0}^{\infty} \frac{(Bt)^j}{j!} = \sum_{j=0}^{\infty} \frac{1}{j!} \begin{pmatrix} (\lambda_1 t)^j & 0 \\ 0 & (\lambda_2 t)^j \end{pmatrix}
$$

$$
= \begin{pmatrix} \displaystyle\sum_{j=0}^{\infty} \frac{(\lambda_1 t)^j}{j!} & 0 \\ 0 & \displaystyle\sum_{j=0}^{\infty} \frac{(\lambda_2 t)^j}{j!} \end{pmatrix} = \begin{pmatrix} e^{\lambda_1 t} & 0 \\ 0 & e^{\lambda_2 t} \end{pmatrix}.
$$

よって，$e^{At} = e^{U(Bt)U^{-1}} = Ue^{Bt}U^{-1} = U\begin{pmatrix} e^{\lambda_1 t} & 0 \\ 0 & e^{\lambda_2 t} \end{pmatrix}U^{-1}$ を得る．なお，

$$
A^2 = (UBU^{-1})^2 = (UBU^{-1})(UBU^{-1}) = UB(U^{-1}U)BU^{-1} = UB^2U^{-1}
$$

などから，$(UBU^{-1})^k = UB^kU^{-1}$ を用いる．

場合 (II)：$B = \begin{pmatrix} \lambda & 1 \\ 0 & \lambda \end{pmatrix}$ のとき，$(Bt)^j = \begin{pmatrix} (\lambda t)^j & (\lambda t)^{j-1}jt \\ 0 & (\lambda t)^j \end{pmatrix}$ から，

$$
e^{Bt} = \sum_{j=0}^{\infty} \frac{(Bt)^j}{j!} = \sum_{j=0}^{\infty} \frac{1}{j!} \begin{pmatrix} (\lambda t)^j & (\lambda t)^{j-1}jt \\ 0 & (\lambda t)^j \end{pmatrix}
$$

$$= \begin{pmatrix} \displaystyle\sum_{j=0}^{\infty} \frac{(\lambda t)^j}{j!} & \displaystyle\sum_{j=0}^{\infty} \frac{(\lambda t)^{j-1} jt}{j!} \\ 0 & \displaystyle\sum_{j=0}^{\infty} \frac{(\lambda t)^j}{j!} \end{pmatrix} = \begin{pmatrix} e^{\lambda t} & te^{\lambda t} \\ 0 & e^{\lambda t} \end{pmatrix}$$

よって，$e^{At} = e^{U(Bt)U^{-1}} = Ue^{Bt}U^{-1} = U\begin{pmatrix} e^{\lambda t} & te^{\lambda t} \\ 0 & e^{\lambda t} \end{pmatrix} U^{-1}$ を得る．

場合 (III)：$B = \begin{pmatrix} \alpha & -\beta \\ \beta & \alpha \end{pmatrix}$ に関し，I を単位行列，$J = \begin{pmatrix} 0 & -1 \\ 1 & 0 \end{pmatrix}$ とすると，

$B = \alpha I + \beta J$ である．このとき，$IJ = JI$，$J^2 = -I$，$e^{I+J} = e^I e^J$（問題 4.2.4 参照）．よって，$e^B = e^{\alpha I} e^{\beta J} = e^\alpha e^{\beta J}$ であり，

$$e^{\beta J} = \sum_{k=0}^{\infty} \frac{(\beta J)^k}{k!} = \sum_{\ell=0}^{\infty} \left[\frac{(\beta J)^{2\ell}}{(2\ell)!} + \frac{(\beta J)^{2\ell+1}}{(2\ell+1)!} \right]$$

$$= \sum_{\ell=0}^{\infty} \left[I(-1)^\ell \frac{\beta^{2\ell}}{(2\ell)!} + J(-1)^\ell \frac{\beta^{2\ell+1}}{(2\ell+1)!} \right] = (\cos \beta t) I + (\sin \beta t) J$$

よって，$e^{(\alpha I + \beta J)t} = e^{\alpha t} \begin{pmatrix} \cos \beta t & -\sin \beta t \\ \sin \beta t & \cos \beta t \end{pmatrix}$ より，

$$e^{At} = e^{U(Bt)U^{-1}} = \sum_{k=0}^{\infty} \frac{U(Bt)U^{-1}}{k!} = \sum_{k=0}^{\infty} U \frac{(Bt)^k}{k!} U^{-1}$$

$$= Ue^{\alpha t} \begin{pmatrix} \cos \beta t & -\sin \beta t \\ \sin \beta t & \cos \beta t \end{pmatrix} U^{-1}$$

を得る．

！注意 4.2.2 （(III) 別考察） 複素数 $\alpha + i\beta$ と行列 $A = \begin{pmatrix} \alpha & -\beta \\ \beta & \alpha \end{pmatrix}$ を同一視すれば，複素数 $a = \alpha + i\beta$ と $c = \gamma + i\delta$ の和・積とそれぞれ，行列 A と $C = \begin{pmatrix} \gamma & -\delta \\ \delta & \gamma \end{pmatrix}$ の和・積とは，等しい同一視が可能である．すなわち，

$$a \pm c = (\alpha \pm \gamma) + i(\beta \pm \delta) \quad \longleftrightarrow \quad A \pm C = \begin{pmatrix} \alpha \pm \gamma & -(\beta \pm \delta) \\ \beta \pm \delta & \alpha \pm \gamma \end{pmatrix},$$

$$ac = (\alpha\gamma - \beta\delta) + i(\beta\gamma + \alpha\delta) \quad \longleftrightarrow \quad AC = \begin{pmatrix} \alpha\gamma - \beta\delta & -(\beta\gamma + \alpha\delta) \\ \beta\gamma + \alpha\delta & \alpha\gamma - \beta\delta \end{pmatrix}.$$

よって，行列 $A = \begin{pmatrix} \alpha & -\beta \\ \beta & \alpha \end{pmatrix}$ に対して，

$$e^{At} \longleftrightarrow e^{\alpha+i\beta t} = e^{\alpha t}\cos\beta t + ie^{\alpha t}\sin\beta t \quad (*)$$

$$\begin{pmatrix} e^{\alpha t}\cos\beta t & -e^{\alpha t}\sin\beta t \\ e^{\alpha t}\sin\beta t & e^{\alpha t}\cos\beta t \end{pmatrix} \longleftrightarrow \quad (*)$$

よって，$e^{At} = e^{\alpha t}\begin{pmatrix} \cos\beta t & -\sin\beta t \\ \sin\beta t & \cos\beta t \end{pmatrix}$ を得る．

例 4.2.3　次の行列 A に関し e^{At} を求めよ．

(1) $A = \begin{pmatrix} -1 & 6 \\ 1 & -2 \end{pmatrix}$　　(2) $A = \begin{pmatrix} 3 & 1 \\ -1 & 2 \end{pmatrix}$　　(3) $A = \begin{pmatrix} 5 & -1 \\ 1 & 3 \end{pmatrix}$

【解法】　(1) 固有方程式 $P(\lambda) = \lambda^2 + 3\lambda - 4 = (\lambda + 4)(\lambda - 1) = 0$ から $\lambda = 1, -4$. 固有値 $\lambda = 1$ の固有ベクトルを $\boldsymbol{a} = (x, y)^T$ とおき，$A\boldsymbol{a} = \boldsymbol{a}$ より $x = 3y$, よって $\boldsymbol{a} = (3, 1)^T$. 固有値 $\lambda = -4$ の固有ベクトル $\boldsymbol{b} = (x, y)^T$ についても同様に，$A\boldsymbol{b} = -4\boldsymbol{b}$ より $x = -2y$ から，$\boldsymbol{b} = (2, -1)^T$. よって，

$A(\boldsymbol{a}\,\boldsymbol{b}) = (\boldsymbol{a}\,\boldsymbol{b})\begin{pmatrix} 1 & 0 \\ 0 & -4 \end{pmatrix}$ より，$A = (\boldsymbol{a}\,\boldsymbol{b})\begin{pmatrix} 1 & 0 \\ 0 & -4 \end{pmatrix}(\boldsymbol{a}\,\boldsymbol{b})^{-1}$ であり，

$$e^{At} = \begin{pmatrix} 3 & 2 \\ 1 & -1 \end{pmatrix}\begin{pmatrix} e^t & 0 \\ 0 & e^{-4t} \end{pmatrix}\frac{1}{5}\begin{pmatrix} 1 & 2 \\ 1 & -3 \end{pmatrix}$$

(2) 固有方程式 $P(\lambda) = \lambda^2 - 5\lambda + 7 = 0$ で，固有値 $\lambda = \dfrac{5 \pm i\sqrt{3}}{2}$ となる．固有値 $\dfrac{5 + i\sqrt{3}}{2}$ の固有ベクトルを $\boldsymbol{x} = (x, y)^T$ とおくと，$A\boldsymbol{x} = \dfrac{5 + i\sqrt{3}}{2}\boldsymbol{x}$ から，固有ベクトルの 1 つは $(x, y)^T = (1 + i\sqrt{3}, -2)$ から，

$$A\begin{pmatrix} 1 & \sqrt{3} \\ -2 & 0 \end{pmatrix} = \begin{pmatrix} 1 & \sqrt{3} \\ -2 & 0 \end{pmatrix}\begin{pmatrix} \dfrac{5}{2} & \dfrac{\sqrt{3}}{2} \\ -\dfrac{\sqrt{3}}{2} & \dfrac{5}{2} \end{pmatrix}$$

を得る．

$$A = \begin{pmatrix} 1 & \sqrt{3} \\ -2 & 0 \end{pmatrix}\begin{pmatrix} \dfrac{5}{2} & \dfrac{\sqrt{3}}{2} \\ -\dfrac{\sqrt{3}}{2} & \dfrac{5}{2} \end{pmatrix}\begin{pmatrix} 1 & \sqrt{3} \\ -2 & 0 \end{pmatrix}^{-1}$$

から，

$$e^{At} = e^{\frac{5t}{2}} \begin{pmatrix} 1 & \sqrt{3} \\ -2 & 0 \end{pmatrix} \begin{pmatrix} \cos\dfrac{\sqrt{3}t}{2} & \sin\dfrac{\sqrt{3}t}{2} \\ -\sin\dfrac{\sqrt{3}t}{2} & \cos\dfrac{\sqrt{3}t}{2} \end{pmatrix} \begin{pmatrix} 1 & \sqrt{3} \\ -2 & 0 \end{pmatrix}^{-1}.$$

(3) 固有方程式 $P(\lambda) = \lambda^2 - 8\lambda + 16 = (\lambda - 4)^2 = 0$ から $\lambda = 4$（重解）.
固有ベクトルを $\boldsymbol{x} = (x, y)^T$ とおくと, $A\boldsymbol{x} = 4\boldsymbol{x}$ より, $\boldsymbol{x} = (1,1)^T$. 次に,
$\boldsymbol{p} = (p, q)^T$ として, $(A - 4I)\boldsymbol{p} = \boldsymbol{x} = (1,1)^T$ を求める. $A - 4I$ とは行列 A
から固有値 $\lambda = 4$ に対応する固有ベクトル成分を除くため. $\boldsymbol{p} = (2,1)^T$ とす
る. このとき, $A(\boldsymbol{x}\,\boldsymbol{p}) = (\boldsymbol{x}\,\boldsymbol{p})\begin{pmatrix} 4 & 1 \\ 0 & 4 \end{pmatrix}$（これをジョルダン標準形という）.

$A = (\boldsymbol{x}\,\boldsymbol{p})\begin{pmatrix} 4 & 1 \\ 0 & 4 \end{pmatrix}(\boldsymbol{x}\,\boldsymbol{p})^{-1}.$ ゆえに, $e^{At} = \begin{pmatrix} 1 & 2 \\ 1 & 1 \end{pmatrix}\begin{pmatrix} e^{4t} & te^{4t} \\ 0 & e^{4t} \end{pmatrix}\begin{pmatrix} 1 & 2 \\ 1 & 1 \end{pmatrix}^{-1}.$ ◆

問題 4.2.4 (1), (2) の等式の成立を示し, (3) の例を挙げよ.

(1) $J^2 = -I$.

(2) $AB = BA$ のとき, $e^{A+B} = e^A e^B$.

(3) $AB \neq BA$ のとき, $e^{A+B} = e^A e^B$ でない例.

考察 (1), (2) 明らか.

(3) $A = \begin{pmatrix} 1 & 0 \\ 0 & 0 \end{pmatrix}$, $B = \begin{pmatrix} 0 & 0 \\ 1 & 0 \end{pmatrix}$ とする.

(i) $AB = \begin{pmatrix} 0 & 0 \\ 0 & 0 \end{pmatrix}$, $BA = \begin{pmatrix} 0 & 0 \\ 1 & 0 \end{pmatrix}$ より $AB \neq BA$.

(ii) $A^j = A$ $(j \geq 1)$ より, $e^A = \begin{pmatrix} e & 0 \\ 0 & 0 \end{pmatrix}$.

(iii) $B^j = O$ $(j \geq 1)$ より, $e^B = \begin{pmatrix} 1 & 0 \\ 0 & 1 \end{pmatrix}$ ゆえ, $e^A e^B = \begin{pmatrix} e & 0 \\ 0 & 0 \end{pmatrix}$.

(iv) $A + B = \begin{pmatrix} 1 & 0 \\ 1 & 0 \end{pmatrix}$ で, $(A + B)^j = A + B$ $(j \geq 1)$ となり, $e^{A+B} = \begin{pmatrix} e & 0 \\ e & 0 \end{pmatrix}$. したがって, $e^A e^B \neq e^{A+B}$. ◇

4.2.2 高階線形系に帰着

1階 m 元連立系 $\boldsymbol{x}' = A\boldsymbol{x} + \boldsymbol{f}(t)$ $(\boldsymbol{x} \in \boldsymbol{R}^m)$ を，m 階単独式 $\sum_{j=0}^{m} a_j x^{(m-j)} = f(t)$ $(x \in \boldsymbol{R})$ に帰着すれば，指数行列を用いるよりも計算が容易になることがある．

例 4.2.5 次の連立微分方程式 $\boldsymbol{x}' = A\boldsymbol{x}$, $\boldsymbol{x} = (x \ y \ z)^T$ を解け．

(1) $x' = y$, $y' = z$, $z' = 0$

(2) $\begin{pmatrix} x' \\ y' \\ z' \end{pmatrix} = \begin{pmatrix} y + z \\ x + z \\ x + y \end{pmatrix}$ (3) $\begin{pmatrix} x' \\ y' \\ z' \end{pmatrix} = \begin{pmatrix} 2x - y + z \\ 3y \\ y + 2z \end{pmatrix}$

【解法】 (1) $x''' = y'' = z' = 0$ より 3 回積分すれば，$x(t) = A_0 + A_1 t + A_2 \dfrac{t^2}{2}$ (A_j は定数，$0 \le j \le 2$). また，$y = x' = A_1 + A_2 t$, $z = y' = A_2$. よって，

$$\begin{pmatrix} x \\ y \\ z \end{pmatrix} = \begin{pmatrix} 1 & t & \dfrac{t^2}{2} \\ 0 & 1 & t \\ 0 & 0 & 1 \end{pmatrix} \begin{pmatrix} A_0 \\ A_1 \\ A_2 \end{pmatrix}.$$

(2) 第 1 式を微分して $x'' = y' + z' = 2x + y + z = 2x + x'$ から，$x'' - x' - 2x = 0$. その固有方程式は $P(\lambda) = \lambda^2 - \lambda - 2 = (\lambda - 2)(\lambda + 1) = 0$ より $\lambda = -1, 2$. よって $x = Ae^{-t} + Be^{2t}$ (A, B は定数). また，（第 1 式）$-$（第 2 式）から $(x - y)' = -(x - y)$. よって $x - y = Ce^{-t}$ (C は定数)，すなわち $y = x - Ce^{-t} = (A - C)e^{-t} + Be^{2t}$. 第 1 式より，$z = x' - y = (-2A + C)e^{-t} + Be^{2t}$. ゆえに，

$$\begin{pmatrix} x \\ y \\ z \end{pmatrix} = \begin{pmatrix} e^{-t} & e^{2t} & 0 \\ e^{-t} & e^{2t} & -e^{-t} \\ -2e^{-t} & e^{2t} & e^{-t} \end{pmatrix} \begin{pmatrix} A \\ B \\ C \end{pmatrix} \quad (= X(t)\boldsymbol{a} \text{ とおく})$$

を得る．また，$e^{At}\boldsymbol{c} = X(t)\boldsymbol{a}$ とおけば，$\boldsymbol{c} = \begin{pmatrix} 1 & 1 & 0 \\ 1 & 1 & -1 \\ -2 & 1 & 1 \end{pmatrix} \boldsymbol{a}$ より，

$$
e^{At} = \begin{pmatrix} e^{-t} & e^{2t} & 0 \\ e^{-t} & e^{2t} & -e^{-t} \\ -2e^{-t} & e^{2t} & e^{-t} \end{pmatrix} \begin{pmatrix} 1 & 1 & 0 \\ 1 & 1 & -1 \\ -2 & 1 & 1 \end{pmatrix}^{-1}
$$

である.

(3) 第 2 式より $y = A_0 e^{3t}$. 第 3 式から $z' = 2z + A_0 e^{3t}$ であり, これを定数変化法で解く. 斉次式 $z' = 2z$ の解は $z = B e^{2t}$. $z(t) = B(t)e^{2t}$ とおき, 微分して $z' = B'(t)e^{2t} + 2B(t)e^{2t} = 2z + A_0 e^{3t}$. よって $B'(t) = A_0 e^t$ より, 両辺を積分して, $B(t) = B_0 + A_0 e^t$. したがって, $z = (B_0 + A_0 e^t)e^{2t} = B_0 e^{2t} + A_0 e^{3t}$. このとき, 第 1 式から $x' = 2x + B_0 e^{2t}$. 斉次式 $x' = 2x$ の一般解は $x_g = C e^{2t}$ より, 定数変化法を用いて $x = C(t)e^{2t}$ とおき, 微分して $x' = C'(t)e^{2t} + 2C(t)e^{2t} = 2x + B_0 e^{2t}$ を得る. よって, $C'(t) = B_0$ から, $C(t) = C_0 + B_0 t$ で, $x = (C_0 + B_0 t)e^{2t}$. したがって,

$$
\begin{pmatrix} x \\ y \\ z \end{pmatrix} = \begin{pmatrix} 0 & te^{2t} & e^{2t} \\ e^{3t} & 0 & 0 \\ e^{3t} & e^{2t} & 0 \end{pmatrix} \begin{pmatrix} A_0 \\ B_0 \\ C_0 \end{pmatrix}.
$$

また,

$$
e^{At} = \begin{pmatrix} 0 & te^{2t} & e^{2t} \\ e^{3t} & 0 & 0 \\ e^{3t} & e^{2t} & 0 \end{pmatrix} \begin{pmatrix} 0 & 0 & 1 \\ 1 & 0 & 0 \\ 1 & 1 & 0 \end{pmatrix}^{-1}
$$

である. ◆

例 4.2.6 次の連立微分方程式を解け.

$$(D-2)x + Dy = e^t, \qquad Dx + (D+1)y = t^2$$

【解法】 形式的であるが, $\begin{pmatrix} x \\ y \end{pmatrix} = \begin{pmatrix} D-2 & D \\ D & D+1 \end{pmatrix}^{-1} \begin{pmatrix} e^t \\ t^2 \end{pmatrix}$ を計算すればよい. 次の一般化で説明する ($P_j(D)$, $1 \le j \le 4$ は微分演算子).

$$
\begin{cases} P_1(D)x(t) + P_2(D)y(t) = f_1(t) & \text{(a)} \\ P_3(D)x(t) + P_4(D)y(t) = f_2(t) & \text{(b)} \end{cases}
$$

(a) $\times P_4 - $ (b) $\times P_2$ により y を消去, $-$ (a) $\times P_3 + $ (b) $\times P_1$ により x

を消去するとぞれぞれ,

$$(P_1P_4 - P_3P_2)x = P_4f_1 - P_2f_2, \quad (P_1P_4 - P_3P_2)y = -P_3f_1 + P_1f_2.$$

これを形式的に書けば, 次のようになる.

$$\begin{pmatrix} x \\ y \end{pmatrix} = \begin{pmatrix} P_1 & P_2 \\ P_3 & P_4 \end{pmatrix}^{-1} \begin{pmatrix} f_1 \\ f_2 \end{pmatrix}$$

よって,

$$x = \frac{P_4f_1 - P_2f_2}{P_1P_4 - P_2P_3} = \frac{2e^t - 2t}{-(D+2)}, \quad y = \frac{-P_3f_1 + P_1f_2}{P_1P_4 - P_2P_3} = \frac{-e^t + 2t - 2t^2}{-(D+2)}.$$

ゆえに

$$\begin{cases} (D+2)x = -2e^t + 2t \\ (D+2)y = e^t - 2t + 2t^2 \end{cases}$$

定理 2.2.2 から, $(D - (-2))x = e^{-2t}D(e^{2t}x)$ より,

$$x = e^{-2t}\int^t (-2e^{3s} + 2se^{2s})ds = Ae^{-2t} - \frac{2e^t}{3} + t - \frac{1}{2},$$

$$y = e^{-2t}\int^t (e^{3s} - 2se^{2s} + 2s^2e^{2s})ds = Be^{-2t} + \frac{e^t}{3} + t^2 - 2t + 1.$$

定数 A, B に関し, 微分方程式2式より, 次式を得る.

$$(D-2)x + Dy = -(4A + 2B)e^{-2t} + e^t = e^t,$$

$$Dx + (D+1)y = -(A + B)e^{-2t} + t^2 = t^2$$

よって, $2A + B = 0 = A + B$ から $A = 0 = B$ である. 任意解 x, y は特殊解 x_p, y_p からなり, 次の通り.

$$x = x_p = -\frac{2e^t}{3} + t - \frac{1}{2}, \quad y = y_p = \frac{e^t}{3} + t^2 - 2t + 1 \qquad ◆$$

問題 4.2.7 次の微分方程式を解け.

(1) $(D-2)x + Dy = e^{-2t}, \ Dx + (D+1)y = t$

(2) $(D-2)x + Dy = te^{-2t}, \ Dx + (D+1)y = \cos t$

(3) $(D-2)x + Dy = e^t, \ Dx + (D+1)y = t\cos t$

(4) $(D-2)x + Dy = te^t\cos t, \ Dx + (D+1)y = 1$

4.3　$\dfrac{d\boldsymbol{x}}{dt}(t) = A(t)\boldsymbol{x}(t) + \boldsymbol{b}(t)$ の定数変化法

$I \subset \boldsymbol{R}$ を区間とする．行列 $A(t) : I \to \boldsymbol{R}^m \times \boldsymbol{R}^m$ と，ベクトル値関数 $\boldsymbol{b}(t) : I \to \boldsymbol{R}^m$ は，I 上で連続（$A(t)$ と $\boldsymbol{b}(t)$ のすべて成分が連続）とし，次の m 元非斉次線形常微分方程式の初期値問題に関し定数変化法を用いて解く．ただし，$a \in I$ である．

$$\boldsymbol{x}' = A(t)\boldsymbol{x} + \boldsymbol{b}(t), \qquad \boldsymbol{x}(a) = \boldsymbol{c} \tag{4.1}$$

(I) 斉次式 $\boldsymbol{x}' = A(t)\boldsymbol{x}$ の一般解 $\boldsymbol{x}_g$ の計算

斉次式の m 個の**一次独立解**を $\boldsymbol{x}_1(t), \boldsymbol{x}_2(t), \cdots, \boldsymbol{x}_m(t)$ とおく．すなわち，それらは斉次式の解であり，かつ，次の条件を満たしている．

「実数 $c_1, c_2, \cdots, c_m$ に関し，$\displaystyle\sum_{j=1}^{m} c_j \boldsymbol{x}_j(t) = 0$（任意の $t \in I$）となるのは，$c_1 = c_2 = \cdots = c_m = 0$）のときに限る」（注意 3.3.4 参照）

このとき，$\boldsymbol{x}_1, \cdots, \boldsymbol{x}_m$ を式（4.1）の**基本解**といい，また，基本解 $\boldsymbol{x}_j(t)$（$1 \leq j \leq m$）を並べて得られる行列

$$X(t) = (\boldsymbol{x}_1(t), \boldsymbol{x}_2(t), \cdots, \boldsymbol{x}_m(t)), \qquad X(0) = I \ \text{（単位行列）}$$

を**基本行列**という．斉次式の一般解は次式の通り（$\boldsymbol{c}_1 \in \boldsymbol{R}^n$ は積分定数）：

$$\boldsymbol{x}_g(t) = X(t)\boldsymbol{c}_1$$

なお，微分すると $X' = (\boldsymbol{x}_1{}'(t), \boldsymbol{x}_2{}'(t), \cdots, \boldsymbol{x}_m{}'(t))$ とする．

(II) 非斉次式 (4.1) の特殊解 $\boldsymbol{x}_p(t)$ の計算

特殊解 $\boldsymbol{x}_p(t)$（$= \boldsymbol{y}(t)$ とおく）を，$\boldsymbol{c}_1(t)$ を C^1 級関数として，

$$\boldsymbol{y}(t) = X(t)\boldsymbol{c}_1(t) \tag{4.2}$$

とおく．仮定（4.2）を，非斉次式（4.1）に代入して，

$$\boldsymbol{y}' = X'\boldsymbol{c}_1 + X\boldsymbol{c}_1' = (\boldsymbol{x}_1'(t), \boldsymbol{x}_2'(t), \cdots, \boldsymbol{x}_m'(t))\boldsymbol{c}_1 + X\boldsymbol{c}_1'$$

$$= (A\boldsymbol{x}_1, A\boldsymbol{x}_2, \cdots, A\boldsymbol{x}_m)\boldsymbol{c}_1 + X\boldsymbol{c}_1'$$

$$= A(\boldsymbol{x}_1(t), \boldsymbol{x}_2(t), \cdots, \boldsymbol{x}_m(t))\boldsymbol{c}_1 + X\boldsymbol{c}_1'$$

$$= AX\boldsymbol{c}_1 + X\boldsymbol{c}_1' = A\boldsymbol{y} + X\boldsymbol{c}_1'.$$

また，$\boldsymbol{y}' = A\boldsymbol{y} + \boldsymbol{b}$ から，$X\boldsymbol{c}_1' = \boldsymbol{b}$ を得る．ここで，基本行列 $X(t)$ は，基本解が一次独立より，逆行列 $X^{-1}(t)$ $(t \in I)$ が存在するから，$\boldsymbol{c}_1'(t) = X^{-1}(t)\boldsymbol{b}(t)$ である．これを，区間 $[a, t]$ で積分して次式を得る．

$$\boldsymbol{c}_1(t) - \boldsymbol{c}_1(a) = \int_a^t X^{-1}(s)\boldsymbol{b}(s)ds$$

また，条件 $\boldsymbol{x}(a) = \boldsymbol{c}$ を用いると，$\boldsymbol{c}_1(a) = X^{-1}(a)\boldsymbol{c}$ から次の通り．

$$\boldsymbol{x}(t) = X(t)X^{-1}(a)\boldsymbol{c} + X(t)\int_a^t X^{-1}(s)\boldsymbol{b}(s)ds \qquad (a, t \in I)$$

！注意 4.3.1 A が定数行列のとき，次式を得る．

$$\text{基本行列 } X(t) = e^{At} ; \qquad \text{一般解 } \boldsymbol{x}_g(t) = e^{At}\boldsymbol{c}_1$$

定理 4.3.2 m 元非斉次線形常微分方程式の初期値問題

$$\boldsymbol{x}' = A(t)\boldsymbol{x} + \boldsymbol{b}(t), \qquad \boldsymbol{x}(a) = \boldsymbol{c} \qquad (I \subset \boldsymbol{R}, \ \boldsymbol{x} \in \boldsymbol{R}^m, \ a, t \in I)$$

に関し，m 次正方行列 $A(t)$ とベクトル値関数 $\boldsymbol{b}(t)$ は区間 I 上で連続，$X(t)$ は基本行列とする．このとき，一意解は次式の通り．

$$\boldsymbol{x}(t) = X(t)X^{-1}(a)\boldsymbol{c} + X(t)\int_a^t X^{-1}(s)\boldsymbol{b}(s)ds$$

例 4.3.3 次の初期値問題を解け．

$$\frac{d\boldsymbol{x}}{dt} = A(t)\boldsymbol{x} + \boldsymbol{f}(t), \qquad \boldsymbol{x}(a) = \boldsymbol{c}, \qquad A(t) = \begin{pmatrix} 1 & t-1 \\ 0 & t \end{pmatrix}$$

【解法】 (1) 基本行列 $X(t)$ を求める．$X(t) = \begin{pmatrix} e^t & e^{\frac{t^2}{2}} \\ 0 & e^{\frac{t^2}{2}} \end{pmatrix}\begin{pmatrix} 1 & 1 \\ 0 & 1 \end{pmatrix}^{-1}.$

(2) $\boldsymbol{x}(t) = \begin{pmatrix} e^t & e^{\frac{t^2}{2}} \\ 0 & e^{\frac{t^2}{2}} \end{pmatrix}\begin{pmatrix} e^a & e^{\frac{a^2}{2}} \\ 0 & e^{\frac{a^2}{2}} \end{pmatrix}^{-1}\boldsymbol{c} + \begin{pmatrix} e^t & e^{\frac{t^2}{2}} \\ 0 & e^{\frac{t^2}{2}} \end{pmatrix}\int_a^t \begin{pmatrix} e^s & e^{\frac{s^2}{2}} \\ 0 & e^{\frac{s^2}{2}} \end{pmatrix}^{-1}\boldsymbol{f}(s)ds.$ ◆

4.4 微分方程式から積分方程式へ

区間 $I \subset \boldsymbol{R}$ 上の連続な m 次正方行列 A と，連続な関数 $\boldsymbol{b}: I \to \boldsymbol{R}^m$ に対し，線形常微分方程式の初期値問題

(L) $$\frac{d\boldsymbol{x}}{dt}(t) = A(t)\boldsymbol{x}(t) + \boldsymbol{b}(t), \quad \boldsymbol{x}(a) = \boldsymbol{c}$$

（$a \in I$, $\boldsymbol{c} \in \boldsymbol{R}^m$）の解 $\boldsymbol{x}(t)$ は，ある $\rho > 0$ について $t \in [a - \rho, c + \rho]$（$\rho > 0$）で一意的に存在する（ピカールの定理 4.1.14 参照）．これを**局所解**という．局所解が存在するので，式（L）を $[a, t]$ で積分し，$\boldsymbol{x}(a) = \boldsymbol{c}$ を用いると次の**積分方程式**を得る．

$$\boldsymbol{x}(t) = \boldsymbol{c} + \int_a^t A(s)\boldsymbol{x}(s)ds$$

逆に，この積分方程式の解 $\boldsymbol{x}(t)$（$|t - a| \le \rho$）は，初期値問題の解である．その微分方程式と積分方程式の関係は，次のように一般化される．集合 $S \subset \boldsymbol{R}^m$ が**領域**であるとは，S は開集合で，かつ，S の任意の 2 点 $\boldsymbol{x}, \boldsymbol{y}$ に関しそれらを両端点とする連続曲線が S 内に存在するときをいう．

> **定理 4.4.1** 区間 $I \subset \boldsymbol{R}$ と領域 $S \subset \boldsymbol{R}^m$ に関し，連続関数 $\boldsymbol{f}: I \times S \to \boldsymbol{R}^m$．$a \in I$, $c \in S$ に対する（非線形）常微分方程式の初期値問題
>
> (E) $$\boldsymbol{x}'(t) = \boldsymbol{f}(t, \boldsymbol{x}), \quad \boldsymbol{x}(a) = \boldsymbol{c}$$
>
> の解 $\boldsymbol{x}(t)$（$|t - a| \le \rho$）は C^1 級であり，次の（非線形）積分方程式を満たす．
>
> (I) $$\boldsymbol{x}(t) = \boldsymbol{c} + \int_a^t \boldsymbol{f}(s, \boldsymbol{x}(s))ds \quad (|t - a| \le \rho)$$
>
> 逆に，積分方程式（I）の連続関数の解は，常微分方程式（E）の C^1 級の解となる．

定理 4.4.1 の応用は，式（E）の定性解析（例 5.2.14，5.2.15）において述べられる．

4.5　自励系 $x' = f(x)$ の定数変化法

微分方程式 $x'(t) = f(x)$ は，右辺の式 $f(x)$ が x のみに依存し t に依存しないので**自励系**という．

2変数 $x = (x, y)$ の C^2 級関数 $f(x) = (f_1(x, y), f_2(x, y))$ と，その平衡点 x_e （$f(x_e) = x_e$）における $f_j(x)$ （$j = 1, 2$）のテイラー展開は次式の通り．

$$f_j(x) = f_j(x_e) + \frac{\partial}{\partial x} f_j(x_e)(x - x_e) + \frac{1}{2}(x - x_e)^T \nabla^2 f_j(c_j)(x - x_e)$$

ここで，$c_j = x_e + c_j(x - x_e)$, $0 < c_j < 1$ で，**ヘッセ行列**

$$\nabla^2 f_j(x) = \begin{pmatrix} \dfrac{\partial^2 f_j}{\partial x^2}(x) & \dfrac{\partial^2 f_j}{\partial x \partial y}(x) \\ \dfrac{\partial^2 f_j}{\partial x \partial y}(x) & \dfrac{\partial^2 f_j}{\partial y^2}(x) \end{pmatrix}$$

である．ただし $\dfrac{\partial}{\partial x} f_j(x_e) = \begin{pmatrix} \dfrac{\partial f_j}{\partial x}(x_e) \\ \dfrac{\partial f_j}{\partial y}(x_e) \end{pmatrix}$.

さらに $y = x - x_e$ とおき，次式を得る．

$$y' = \frac{\partial f}{\partial x}(x_e) y + \begin{pmatrix} y^T \nabla^2 f_1(x_e + c_1 y) y \\ y^T \nabla^2 f_2(x_e + c_2 y) y \end{pmatrix}$$

第2項に関し $y(t) = z(t)$ を代入して次式を得る．

(E) $$y' = Ay + F(z(t))$$

なお，

$$A = \frac{\partial f}{\partial x}(x_e), \quad F(z(t)) = \begin{pmatrix} z(t)^T \nabla^2 f_1(x_e + c_1 z(t)) z(t) \\ z(t)^T \nabla^2 f_2(x_e + c_2 z(t)) z(t) \end{pmatrix}.$$

微分方程式（E）は関数 $z(t)$ を固定すると，y の非斉次線形微分方程式である．よって，定数変化法（4.3節）を応用すれば，解 $x_z(t)$ を得る．下付 z は，関数 $z(t)$ に解は依存することを意味する．この手法は，例 5.2.14, 5.2.15 において応用される．

定義 4.5.1 ベクトル空間 V の部分集合 $S \subset V$ が**凸集合**とは，任意の $x, y \in S$ と任意の $\lambda : 0 \le \lambda \le 1$ に関し，次式が成り立つことをいう．

$$(1 - \lambda)x + \lambda y \in S$$

！注意 4.5.2 （1）集合 $\{(1 - \lambda)x + \lambda y : 0 \le \lambda \le 1\}$ は，端点 x, y の線分を意味する．

（2）凸集合 S とは，円，楕円，台形など，ある意味「ふくらんでいる」集合である．

定義 4.5.3 関数 $f : R^m \to R^m$ の点 x での**ヤコビ行列** $\dfrac{\partial f}{\partial x}(x)$（$f \in C^1$），**ヘッセ行列** $\nabla^2 f_j(x)$（$f_j \in C^2,\ 1 \le j \le m$）を次式で定義する．$f(x) = (f_1(x), f_2(x), \cdots, f_m(x))^T$，$x = (x_1, x_2, \cdots, x_m)^T$ とする．

$$\frac{\partial f}{\partial x}(x) = \begin{pmatrix} \dfrac{\partial f_1}{\partial x_1} & \dfrac{\partial f_1}{\partial x_2} & \cdots & \dfrac{\partial f_1}{\partial x_m} \\ \dfrac{\partial f_2}{\partial x_1} & \dfrac{\partial f_2}{\partial x_2} & \cdots & \dfrac{\partial f_2}{\partial x_m} \\ \vdots & \vdots & \ddots & \vdots \\ \dfrac{\partial f_m}{\partial x_1} & \dfrac{\partial f_m}{\partial x_2} & \cdots & \dfrac{\partial f_m}{\partial x_m} \end{pmatrix};$$

$$\nabla^2 f_j(x) = \begin{pmatrix} \dfrac{\partial^2 f_j}{\partial x_1^2} & \dfrac{\partial^2 f_j}{\partial x_1 \partial x_2} & \cdots & \dfrac{\partial^2 f_j}{\partial x_1 \partial x_m} \\ \dfrac{\partial^2 f_j}{\partial x_2 \partial x_1} & \dfrac{\partial^2 f_j}{\partial x_2^2} & \cdots & \dfrac{\partial^2 f_j}{\partial x_2 \partial x_m} \\ \vdots & \vdots & \ddots & \vdots \\ \dfrac{\partial^2 f_j}{\partial x_m \partial x_1} & \dfrac{\partial^2 f_j}{\partial x_m \partial x_2} & \cdots & \dfrac{\partial^2 f_j}{\partial x_m^2} \end{pmatrix}$$

第 5 章

常微分方程式の定性解析

5.1 解挙動の定義と例

◉ 平衡点でのテイラー級数

2 変数関数 $f(\boldsymbol{x}) = f(x, y)$ は C^m 級で, 平衡点 $f(\boldsymbol{a}) = 0$, $\boldsymbol{a} = (a, b)^T$, $\boldsymbol{x} = (x, y)^T$, $h = x - a$, $k = y - b$ として,

$$f(\boldsymbol{x}) = \sum_{j=1}^{m-1} \frac{1}{j!} \left(h \frac{\partial}{\partial x} + k \frac{\partial}{\partial y} \right)^j f(\boldsymbol{a}) + \frac{1}{m!} \left(h \frac{\partial}{\partial x} + k \frac{\partial}{\partial y} \right)^m f(\boldsymbol{c})$$

を得る. ここで,

$$(\text{Eq}) \qquad \left(h \frac{\partial}{\partial x} + k \frac{\partial}{\partial y} \right)^j f(\boldsymbol{a}) = \sum_{i=0}^{j} {}_jC_i k^i h^{j-i} \frac{\partial^j f(\boldsymbol{a})}{\partial x^i \partial y^{j-i}},$$

$\boldsymbol{c} = \boldsymbol{a} + t(\boldsymbol{x} - \boldsymbol{a})$, $0 < t < 1$ である. ただし,

$$\left(h \frac{\partial}{\partial x} + k \frac{\partial}{\partial y} \right) f = h \frac{\partial f}{\partial x} + k \frac{\partial f}{\partial y},$$

$$\left(h \frac{\partial}{\partial x} + k \frac{\partial}{\partial y} \right)^2 f = h^2 \frac{\partial^2 f}{\partial x^2} + 2hk \frac{\partial^2 f}{\partial x \partial y} + k^2 \frac{\partial^2 f}{\partial y^2}$$

を意味する.

● 平衡点の漸近挙動の定義と例

連続関数 $f : \boldsymbol{R}_+ \times \boldsymbol{R} \to \boldsymbol{R}$ $(\boldsymbol{R}_+ = [0, \infty))$ に関し，次の正規形常微分方程式を考える．

$$\frac{dx}{dt}(t) = f(t, x) \tag{5.1}$$

点 $x_e \in \boldsymbol{R}$ が (5.1) の**平衡点**とは，$f(t, x_e) = 0$（任意の $t \in \boldsymbol{R}_+$）である点をいう．

本節では，平衡点 x_e の近傍

$$B_r(x_e) = \{x \in \boldsymbol{R} : |x - x_e| < r\} \qquad （微小な \ r > 0）$$

において，連続関数 $f : \boldsymbol{R}_+ \times B_r(x_e) \to \boldsymbol{R}$ とする．

初期値問題 初期時間 $t_0 \in \boldsymbol{R}_+$ と初期値 $x_0 \in \boldsymbol{R}$ として

$$\frac{dx}{dt}(t) = f(t, x), \qquad x(t_0) = x_0 \tag{5.2}$$

を**初期値問題**（IVP, Initial Value Problem）という．$x(t_0) = x_0$ を**初期条件**という．

平衡点 $x = x_e$ の**一様安定性**（[US], Uniformly Stable）の定義は次の通りである．$x = x_e : [\mathrm{US}]$ と表す．

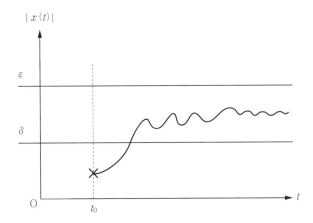

図9 [US]

「任意の微小 $\varepsilon > 0$ に対し，微小な正数 $\delta = \delta(\varepsilon)$（$\leq \varepsilon$，$\delta$ の決まり方は ε に依存する）が存在し，任意の初期時間 $t_0 \geq 0$ と初期値 $x_0 \in B_r(x_e)$ に関し，任意の解 $x(t) = x(t; t_0, x_0)$ は，任意の $t \geq a$ のとき $|x(t) - x_0| < \varepsilon$ が成り立つ」

なお，$x(t) = x(t; t_0, x_0)$ $(t \geq t_0)$ とは，初期値問題（5.2）の解であり，$x(t_0) = x_0$ を満たす．

平衡点 x_e に関し，**一様吸引性**（吸収性，[UA]，Uniformly Attractive）の定義は，次の通りである．x_e：[UA] と表す．

「ある正数 $\eta \leq r$ があり，任意の $x_0 \in B_r(x_2)$：$|x_0 - x_e| < \eta$，任意の $t_0 \geq 0$，任意解 $x(\cdot) = x(\cdot; t_0, x_0)$ に関し，$\lim_{t \to \infty} |x(t) - x_e| = 0$．詳しくは，任意の $\varepsilon > 0$ に対し，十分大の $T = T(\varepsilon) > 0$ をとれば，任意の $t_0 \geq 0$，任意の $x \in B_r(x_e)$：$|x_0 - x_e| < \eta$，任意の解に関し，$t \geq t_0 + T$ のとき $|x(t) - x_e| < \varepsilon$ である」

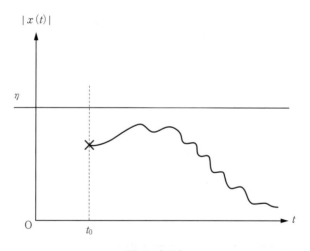

図 10　[UA]

性質 [US], [UA] の意味は，図 9, 10 参照.

例 **5.1.1** 初期値問題 $x' = 0$, $x(t_0) = x_0$ の挙動を調べる.

(i) 平衡点は $x_e = 0$ である.

(ii) $x_e = 0$: [US]. 実際, 初期条件に対する任意解は $x(t) = x(t; t_0, x_0) = x_0$, すなわち, 解は恒等的に x_0 で不変である. 任意の $\varepsilon > 0$ に対し, 正数 $\delta = \dfrac{\varepsilon}{2}$ とすれば, $|x_0 - x_e| = |x_0| < \delta$ のとき,

$$|x(t) - x_e| = |x_0| < \delta < \varepsilon \ (t \geq t_0)$$

である.

(iii) $x_e = 0$: [UA] でない. 実際, 任意の $x_0 \neq 0$ (ただし $|x_0 - x_e| < \eta$, 微小 $\eta > 0$) に関し $\lim\limits_{t \to \infty} x(t) = 0$ とは限らない.

平衡点 x_e に関して, **一様漸近安定** ([UAS], Uniformly Asymptotically Stable) であるとは, x_e : [US] で [UA] であると定義とし, x_e : [UAS] と表す.

平衡点 $x = x_e$ が**漸近安定** ([AS], Asymptotically Stable) であるとは, 安定 ([S], Stable), かつ, 吸引的 ([A], Attractive) であることをいう.

(i) 安定 [S] $\Longleftrightarrow$「任意の $\varepsilon > 0$ と任意の初期時間 $t_0 \geq 0$ に対し, ある $\delta = \delta(\varepsilon, t_0) > 0$ が存在し, 初期値 x_0 が $|x_0 - x_e| < \delta$ ならば, 任意解 $x(t)$ は $|x(t) - x_e| < \varepsilon \ (t \geq t_0)$ を満たす」

(ii) 吸引的 [A] $\Longleftrightarrow$「ある $\eta > 0$ が存在し, 任意の $t_0 \geq 0$ と任意の x_0 が $|x_0 - x_e| < \eta$ のとき, 任意解は $\lim\limits_{t \to \infty} x(t) = x_e$」

例 **5.1.2** 初期値問題 $x' = -x$, $x(t_0) = x_0$ の挙動を調べる.

(i) 平衡点 $x_e = 0$. 実際, $-x_e = 0$ を解けばよい.

(ii) 解は $x(t) = x(t; 0, x_0) = x_0 e^{-(t-t_0)}$ で与えられる.

(iii) $x_e = 0$：[UAS], すなわち, [US] かつ [UA] である.

(a) $x_e = 0$：[US]. 実際, 任意の $\varepsilon > 0$ に対し $0 < \delta < \varepsilon$ とし, $|x_0 - x_e|$ $< \delta$ のとき $|x(t) - x_e| = |x_0 e^{-(t-t_0)}| \leq |x_0| < \delta < \varepsilon$ $(t \geq t_0)$.

(b) $x_e = 0$：[UA]. 実際, $\eta > 0$ は任意でよい. $|x_0 - x_e| = |x_0| < \eta$ のとき, $|x(t) - x_e| = |x_0| e^{-(t-t_0)} \to 0$ $(t \to \infty)$ である. 自励系では [A] $\Longrightarrow$ [UA] である（注意 5.1.6）.

！注意 5.1.3 (1) 1次元 $x \in \boldsymbol{R}$ のとき, 平衡点 x_e：[UA] ならば, x_e：[US] である.

(2) 2次元 $\boldsymbol{x} = (x, y)^T \in \boldsymbol{R}^2$ のとき, [UA] であっても [US] とは限らない.

例 5.1.4 （Vinograd, 1957） 次の微分方程式に関し平衡点 $\boldsymbol{x}_e = \boldsymbol{0} = (0, 0)$ は [UA] であるが [US] でない.

$$x' = \frac{x^2(y - x) + y^5}{[x^2 + y^2][1 + (x^2 + y^2)^2]},$$

$$y' = \frac{y^2(y - 2x)}{[x^2 + y^2][1 + (x^2 + y^2)^2]}.$$

参考文献 W. Hahn：Stability of Motion, Springer, 1967. 証明には, 後述の 5.2.6 節 [UnS] を応用する.

！注意 5.1.5 一様吸引 [UA] と吸引 [A] の違いについて述べる.

平衡点が一様吸引 [UA] ならば, 吸引 [A] が成り立つ. 逆は成立しない. 一様吸引性の定義では, 十分大の $T = T(\varepsilon)$ は $\varepsilon > 0$ だけに依存し, 初期時間 t_0 等には依存しない. 一方で, 吸引性の定義では, $T = (\varepsilon, t_0, x_0, x(\cdot))$ $(x(\cdot)$ とは解にも依存する）を初期時間 $t_0 \geq 0$ 等に依存して大きくとる必要がある.

例えば, $x' = -2tx$ の平衡点 $x = 0$ は, [A] であるが, [UA] でない. 解は $x(t) = x_0 e^{-(t^2 - t_0^2)}$.

！注意 5.1.6 自励系 $x'(t) = f(x)$ の平衡点 x_e に関し, 自動的に一様性が保証される. 例えば, [S] ならば [US], [A] ならば [UA], [AS] ならば [UAS] である. 自励系では $f(x)$ が時間 t に依存しないからである.

次の定理は, 線形微分方程式 $\boldsymbol{x}' = A(t)\boldsymbol{x}$ の基本行列 $X(t)$ と, 平衡点

$x_e = \mathbf{0}$ に関する漸近挙動との関係を与える. ベクトルの平衡点 $\boldsymbol{x}_e \in \boldsymbol{R}^m$ ($m \geq 2$) の [US], [UA], [UAS], [S], [A], [AS] 等の定義では, $\boldsymbol{R}$ の絶対値 $|x(t) - x_e|$ に替えて, ノルム $\|\boldsymbol{x}(t) - \boldsymbol{x}_e\|$ を対応させる.

定理 5.1.7 (W. A. Coppel, 1965)

(I) 一様安定 ([US]) $\Longleftrightarrow$ ある $K > 0$:
$$\|X(t)X^{-1}(a)\| \leq K \qquad (t \geq a).$$

(II) 一様漸近安定 ([UAS]) $\Longleftrightarrow$ [ExpAS] すなわちある $K > 0$ と $\beta > 0$:
$$\|X(t)X^{-1}(a)\| \leq Ke^{-b(t-a)} \quad (t \geq a)$$

証明 山本稔:常微分方程式の安定性, 実教出版 (1979)

一様有界性 常微分方程式の初期値問題 (5.2) に関し, 次の条件を満たすとき, 式 (5.2) は**一様有界** ([UB], Uniformly Bounded) という.

任意の大 $\alpha > 0$ に対し, 十分大の β ($> \alpha$) をとれば, 任意の $t_0 \geq 0$ と任意の $x_0 : |x_0| < \alpha$ に対する任意の解につき, $|x(t)| < \beta$ ($t \geq t_0$) が成り立つ.

また**有界** ([B], Bounded) であるとは, 初期条件 $\boldsymbol{x}(t_0) = \boldsymbol{x}_0$ ごとにある $\beta = \beta(t_0, \boldsymbol{x}_0) > 0$ が決まり, $\|\boldsymbol{x}(t)\| < \beta$ (任意の $t \geq t_0$) であるときをいう.

例 5.1.8 次の微分方程式の解は [UB] である.

(1) $x' = -x$ (2) $x' = 0$ (3) $x' = -(x+1)x(x-1)$

考察 (1) 初期条件 $x(t_0) = x_0$ を満たす解は, $x(t) = x_0 e^{-(t-t_0)}$. 任意の $\alpha > 0$ に対し, $\beta > \alpha$ とする. 任意の $t_0 \geq 0$ と任意の x_0 が $|x_0| < \alpha$ のとき, $|x(t)| \leq |x_0| < \alpha < \beta$ ($t \geq t_0$) より, [UB] である.

(3) 図 11, 12 から明らか. $\diamondsuit$

一様終局有界性 (定数 $B > 0$ が存在し, $t \to \infty$ で $|x(t)| < B$ である性質をいう) 常微分方程式の初期値問題 (5.2) に関し, 次の条件を満たすと

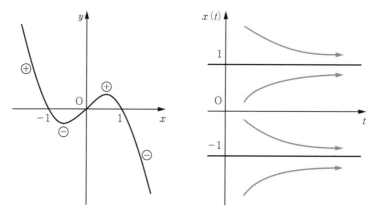

図 11, 12　左図では，$-1 < x < 0$，$x > 1$ では傾き $x'(t) = y < 0$ である．ゆえに右図では，初期値 $-1 < x_0 < 0$ と $x_0 > 1$ なる解 $x(t)$ は減少関数となる．逆に，$x < -1$，$0 < x < 1$ のときは増加関数である．以上から，十分大きな t について x が有界となることが理解できるであろう．

き，式 (5.2) は**一様終局有界**（[UUltB], Uniformly Ultimately Bounded）という．

ある $B > 0$ が存在し，任意の大の $\alpha > 0$ に対し，十分大 $T = T(\alpha) > 0$ をとれば，任意の $t_0 \geq 0$ と任意の $x_0 : |x_0| < \alpha$ に対する任意の解につき，$|x(t)| < B$（$t \geq t_0 + T(\alpha)$）が成り立つ．

また，式 (5.2) が**終局有界**（[UltB]）であるとは，ある X_0 が存在し，初期条件 $\boldsymbol{x}(t_0) = \boldsymbol{x}_0$ ごとに，十分大の整数 $T = T(t_0, \boldsymbol{x}_0)$ が決まり，解は $|x(t)| < X_0$（任意の $t \geq t_0 + T$）が成り立つときをいう．

例 5.1.9　次の常微分方程式は [UUltB] である．図 13 を参照．
(1) $x' = -x$
(2) $x' = f(x)$，ただし関数 $f(x)$ は次式の通り．

$$f(x) = \begin{cases} 1 - x & (x > 1) \\ 0 & (|x| \leq 1) \\ -1 - x & (x < -1) \end{cases}$$

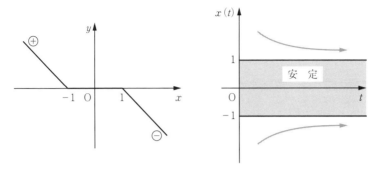

図13 左図では，$x < -1$, $|x| < 1$, $x > 1$ のとき傾き $x'(t) = y$ はそれぞれ $y > 0$, $y = 0$, $y < 0$ である．ゆえに右図では解は，$x(t) < -1$ で増加，$|x(t)| < 1$ で安定，$x(t) > 1$ で減少となる．

大域的一様漸近安定性　式（5.2）は平衡点 $x = x_e$ をもつとする．x_e が大域的一様漸近安定（[GUAS], Globally Uniformly Asymptotically Stable）であるとは，x_e が [US] かつ [GUA] で，式（5.2）が [UB] であることをいう．

式（5.2）の平衡点 x_e が**大域的一様吸引的**（[GUA], Globally Uniformly Attractive）であるとは，[UA] の定義における $\eta > 0$ が任意に大きくとれるときをいう．

問題 5.1.10　次の微分方程式の $x_e = 0$ は [GUAS] であることを確かめよ．

(1) $x' = -x$　　　(2) $x' = -x^3$

！注意 5.1.11　式（5.2）の平衡点 x_e：[GUAS] の定義に関し，[UB] を定義に含めるかは確定しているといえない．今後，議論が必要であろう．

不安定性　式（5.2）は平衡点 $x = x_e$ をもち，x_e が安定でないとき，x_e は**不安定**（Un-Stable）であるといい，x_e：[UnS] と表す．x_e の不安定性は，次のように言い換えられる（安定性の定義を否定すればよい）．

あ る $\varepsilon_0 > 0$ が存在し，任意の $\delta > 0$ をとれば，ある初期時間 $\tau_0 \geq 0$ とある初期値 $\xi_0 : |\xi_0 - x_0| < \delta$ をとれば，ある解 $x(t) = x(t; \tau_0, \xi_0)$ は，ある時間 $t_\delta \geq \tau_0$ のとき $|x(t_\delta) - x_e| \geq \varepsilon_0$ を満たす．

例 5.1.12 微分方程式 $x'(t) = x(1 - x)$ に関し，平衡点は $x_e = 0, 1$ である．$x = 0$ は不安定で，$x = 1$ は初期値 $x_0 > 1$ で不安定である．

考察 (i) $f(x) = x(1 - x)$ とおく．$f'(x) = 1 - 2x$ である．$f'(0) = 1$ より，解 $x(t)$ は初期値 $x_0 > 0$ の限り，$x_e = 0$ から離れる．なお $x_0 < 0$ のときは，解は $x_e = 0$ に収束するが [UnS] である．

(ii) $f'(1) = -1$ である．初期値 x_0 が $x_0 > 1$ に近いとき，解は $x_e = 1$ から離れる． ◇

単独（1次元）の非線形自励系とは $x'(t) = f(x(t))$ をいう．以下の例では，$f(x)$ の微分，グラフから微分方程式の解の挙動は判定できる．

例 5.1.13 微分方程式 $x' = -ax$ $(a > 0)$ の解の漸近挙動．

(i) 平衡点 $x = 0$．

(ii) $f(x) = -ax$ のグラフを用いる．$f'(x) = -a < 0$．(a) $x > 0$ のとき $x' = -ax < 0$ で解 $x(t)$ は，狭義単調減少．(b) $x < 0$ のとき $x' = -ax > 0$ で解 $x(t)$ は，狭義単調増加．(a)，(b) から，解は $x_e = 0$ に収束すること（[UA]）が示される（背理法と注意 5.1.6）．よって注意 5.1.3 から [US] かつ [UA] であり，[UAS] である．

例 5.1.14 微分方程式 $x' = -\sin x$ の解の漸近挙動．

(i) 平衡点 x_e は $f(x_e) = 0 \Longleftrightarrow x_e = n\pi$ $(n \in \mathbf{Z}$（整数全体））

(ii) $f(x) = -\sin x$，$f'(x) = -\cos x$．$x_e = 2n\pi$ $(n \in \mathbf{Z})$ は [UAS]．実際，初期値 $x_0 = 2n\pi + \delta$ $(\delta > 0)$ のとき解は単調減少．$x_0 = 2n\pi - \delta$ $(\delta > 0)$ のとき解は単調増加．極限 $x(\infty)$ が存在し，$x(\infty) \neq 2n\pi$ と仮定すると矛盾するから $x(\infty) = 2n\pi$．よって [UA] $\Longrightarrow$ [US] かつ [UA] $\Longrightarrow$ [UAS]．

（iii）$x_e = (2n-1)\pi$（$n \in \boldsymbol{Z}$）は [UnS]. 実際, 初期値 $x_0 = (2n-1)\pi$ $+ \delta$（$\delta > 0$）のとき解は単調増加で, 解は $(2n-1)\pi$ から離れる. $x_0 = (2n-1)\pi - \delta$（$\delta > 0$）のとき解は単調減少で, 解は $(2n-1)\pi$ から離れる. よって, $x_e = (2n-1)\pi$（$n \in \boldsymbol{Z}$）：[UnS] である.

例 **5.1.15**　微分方程式 $x'(t) = x(x-1)$ の解の漸近挙動.

（i）平衡点 $x_e = 0, 1$.

（ii）$x_e = 0$：[UAS]. 実際, 初期値 $0 < x_0 < 1$ のとき $x(t)(x(t)-1) < 0$ の限り, 解 $x(t)$ は狭義単調減少. $x_0 < 0$ のとき $x(t)(x(t)-1) > 0$ の限り, 解 $x(t)$ は狭義単調増加. ゆえに極限 $x(\infty)$ は存在する. $x(\infty) \neq 0$ と仮定すると矛盾であるから, $x(\infty) = 0$, すなわち [UA]$\Longrightarrow$[US] かつ [UA]$\Longrightarrow$[UAS].

（iii）$x_e = 1$：[UnS]. 実際, 初期値 $x_0 > 1$ のとき $x(t)(x(t)-1) > 0$ であり, 解 $x(t)$ は狭義単調増加で, $x_e = 1$ から離れていく. よって [UnS] である.

問題 5.1.16　微分方程式 $x' = x(x-1)(x+1)$ の漸近挙動に関し, 次のことを調べよ.

（i）平衡点 $x_e = 0, \pm 1$.　　（ii）$x_e = 0$：[UAS].　　（iii）$x_e = \pm 1$：[UnS].

問題 5.1.17　微分方程式 $x'(t) = x^2 + 1$, $x(0) = 0$ の漸近挙動に関し, 次のことを調べよ.

（i）解 $x(t) = \tan x$ $\left(|x| < \dfrac{\pi}{2}\right)$.　　（ii）解は一意的（$C^1$ 級より）.

上記の安定・有界性等の漸近挙動の定義に関し, 次の m 元常微分方程式についても同様に定義される.

$$\frac{d\boldsymbol{x}}{dt}(t) = \boldsymbol{f}(t, \boldsymbol{x}), \qquad \boldsymbol{x}(a) = \boldsymbol{c} \tag{5.3}$$

$a, t \in \boldsymbol{R}_+$, $\boldsymbol{x}, \boldsymbol{c}, \boldsymbol{f}(t, \boldsymbol{x}) \in \boldsymbol{R}^m$, 連続関数 $\boldsymbol{f} : \boldsymbol{R}_+ \times \boldsymbol{R}^m \to \boldsymbol{R}^m$ とし, $\boldsymbol{f}$ の**平衡点** $\boldsymbol{x}_e \in \boldsymbol{R}^m$（$\boldsymbol{f}(t, \boldsymbol{x}_e) = 0$）が存在する.

5.2 漸近挙動に関する定理

5.2.1 局所漸近安定性

次の関数集合は，漸近安定性や有界性の判定に重要な役割を果たす.

$$CIP = \{a: \boldsymbol{R}_+ \to \boldsymbol{R}_+ \text{ は連続，狭義単調増加関数，} a(0) = 0\}$$

上記の集合の関数を **Massera 関数**という.

$$CI = \{a: \boldsymbol{R}_+ \to \boldsymbol{R}_+ \text{ は連続で狭義単調増加関数}\}$$

とおく. 平衡点 $\boldsymbol{x}_e \in \boldsymbol{R}^m : \boldsymbol{f}(t, \boldsymbol{x}_e) = \boldsymbol{0}$ $(t \in \boldsymbol{R}_+)$，$\boldsymbol{x}$ と $\boldsymbol{x}_e$ の距離を $d(\boldsymbol{x}, \boldsymbol{x}_e)$，$\boldsymbol{x}_e$ の近傍を $B_r = \{\boldsymbol{x} \in \boldsymbol{R}^m : d(\boldsymbol{x}, \boldsymbol{x}_e) < r\}$（十分小 $r > 0$）とする. 定性解析には，次の C^1 級関数の補助関数（**リアプノフ**（Lyapunov）**関数**という）を考え，用いることがある. $V: \boldsymbol{R}^m \to \boldsymbol{R}_+$ として，次式を内積により定義する.

$$V_{(f)}'(t, \boldsymbol{x}) = \frac{\partial V}{\partial \boldsymbol{x}} \cdot \boldsymbol{f}(t, \boldsymbol{x}) \qquad \left(\frac{\partial V}{\partial \boldsymbol{x}} = \left(\frac{\partial V}{\partial x_1}, \frac{\partial V}{\partial x_2}, \cdots, \frac{\partial V}{\partial x_m} \right)^T \right)$$

f は，式 (5.3) の関数 $\boldsymbol{f}$ を意味する. $V_{(f)}'(t, \boldsymbol{x})$ を式 (5.3) の**全導関数**という.

！注意 5.2.1 $V_{(f)}'(t, \boldsymbol{x})$ の意味は次の通りである. 式 (5.3) の解 $\boldsymbol{x} = \boldsymbol{x}(t)$ が存在し，$V_{(f)}'(t, \boldsymbol{x}) \leq 0$ $(t \in [t_1, t_2])$ ならば，微分の連鎖定理を用いると，

$$0 \geq V_{(f)}'(t, \boldsymbol{x}(t)) = \frac{\partial V}{\partial \boldsymbol{x}}(\boldsymbol{x}(t)) \cdot \boldsymbol{f}(t, \boldsymbol{x}(t))$$

$$= \frac{\partial V}{\partial \boldsymbol{x}}(\boldsymbol{x}(t)) \cdot \frac{d\boldsymbol{x}}{dt}(t) = \frac{dV}{dt}(\boldsymbol{x}(t)).$$

これを $[t_1, t_2]$ で積分すると，次式を得る.

$$0 \geq V(\boldsymbol{x}(t_2)) - V(\boldsymbol{x}(t_1)) \iff V(\boldsymbol{x}(t_2)) \geq V(\boldsymbol{x}(t_1))$$

定理 5.2.2（Liapunov, 1892） 初期値問題 (5.3) に関し，次の条件 (i)，(ii) を満たす C^1 級の関数 $V(\boldsymbol{x})$ と $a, b, c \in CIP$ が存在する.

(i) $a(d(\boldsymbol{x}, \boldsymbol{x}_e)) \leq V(\boldsymbol{x}) \leq b(d(\boldsymbol{x}, \boldsymbol{x}_e))$ $(\boldsymbol{x} \in B_r)$;

(ii) $V_{(f)}'(t, \boldsymbol{x}) \leq -c(d(\boldsymbol{x}, \boldsymbol{x}_e))$ $((t, \boldsymbol{x}) \in \boldsymbol{R}_+ \times B_r)$.

このとき，$\boldsymbol{x}_e$: [UAS]，すなわち一様漸近安定.

定理 5.2.3（Persidski, 1933）　定理 5.2.2 の（ii）に替えて，次の（ii）′
を仮定すると，$\boldsymbol{x}_e$：[US] が得られる.

（ii）′　$V_{(f)}'(t, \boldsymbol{x}) \leq 0$ $((t, \boldsymbol{x}) \in \boldsymbol{R}_+ \times B_r)$.

証明　山本稔：常微分方程式の安定性，実教出版（1979），吉沢太郎：微分
方程式入門，朝倉書店（1966）を参照されたい.

! 注意 5.2.4　定理 5.2.2（i）は，$V : B_r \to \boldsymbol{R}_+$ が**正定値**，すなわち $V(\boldsymbol{x}_e) = 0$ か
つ $V(\boldsymbol{x}) > 0$ $(\boldsymbol{x} \neq \boldsymbol{x}_e)$ であることと同値である.

例 5.2.5　（1）微分方程式 $x'' = -g(x)$ は，$g \in C^1$, $xg(x) > 0$ のとき，
平衡点 $x_e = 0$ は [US].

実際，$\boldsymbol{x} = (x, y)^T$, $\boldsymbol{x}' = \boldsymbol{f}(\boldsymbol{x}) = (y, -g(x))^T$ とおき，$V(x, y) = \dfrac{y^2}{2} +$
$\displaystyle\int_0^x g(t)dt$ に関し，

(i) $V(\boldsymbol{x})$ は正定値，　(ii) 全導関数 $V_{(f)}'(\boldsymbol{x}) = 0$.

（i）$V(0, 0) = 0$, $V(\boldsymbol{x}) > 0$ $(\boldsymbol{x} \neq \boldsymbol{0})$ より，V は正定値で，ある $a, b \in CIP$
が存在し，$a(\|\boldsymbol{x}\|) \leq V(\boldsymbol{x}) \leq b(\|\boldsymbol{x}\|)$.

（ii）$V_{(f)}'(\boldsymbol{x}) = \dfrac{\partial V}{\partial \boldsymbol{x}} \cdot \boldsymbol{f} = (g(x), y) \cdot (y, -g(x)) = 0$

定理 5.2.3 から，$x_e = 0$：[US].

（2）単振り子：微分方程式 $x'' = -\sin x$ $(g(x) = \sin x)$ に関し，平衡点
$x_e = 0$：[US].

例 5.2.6　（空気抵抗ありの単振り子）　微分方程式 $x'' = -x' - \sin x$ に
関し，平衡点 $x_e = 0$：[UAS].

式は $\begin{pmatrix} x' \\ y' \end{pmatrix} = \begin{pmatrix} y \\ -y - \sin x \end{pmatrix} = \boldsymbol{f}(\boldsymbol{x})$ に変換し，$V(x, y) = \dfrac{(x + y)^2}{2} + \dfrac{y^2}{2}$
$+ 3(1 - \cos x)$ とする.

（i）$V(\boldsymbol{0}) = 0$, かつ $V(\boldsymbol{x}) > 0$ $(\boldsymbol{x} \neq \boldsymbol{0})$ より，V は正定値.

（ii）全導関数の計算.

$$V_{(f)}'(\boldsymbol{x}) = \frac{\partial V}{\partial \boldsymbol{x}} \cdot \boldsymbol{f} = (x + y + 3\sin x)y + (x + y + 2y)(-y - \sin x)$$

$$= -(x\sin x + 2y^2).$$

ここで，$\sin x = x + \varepsilon(x)$ $\left(\lim_{x \to 0} \dfrac{\varepsilon(x)}{x} = 0\right)$ より，十分小 $r > 0$ につき，ある $c \in CIP$ が存在し，$V_{(f)}'(\boldsymbol{x}) \leq -c(\sqrt{x^2 + y^2})$ といえる．

以上，定理 5.2.2 から，$x_e = 0$: [UAS].

> **定理 5.2.7** 対称の正方行列 A に関し，すべての固有値 λ は実部 $\mathrm{Re}(\lambda) < 0$ とする．任意の対称行列 $Q > 0$（正定値）に対し，行列 $P = \displaystyle\int_0^\infty (e^{At})^T Q e^{At} dt$ は，次式を満たす．
> $$A^T P + PA = -Q$$

考察　実部 $\mathrm{Re}(\lambda) < 0$ より，$\displaystyle\int_0^\infty (e^{At})^T Q e^{At} dt = 0$ は収束する．実際，コーシーの収束判定より，$k < \ell$ として $\displaystyle\lim_{k,\ell\to\infty} \int_k^\ell (e^{At})^T Q e^{At} dt$ を示せばよい．指数行列のノルム（例 4.1.7 (2)）$\|e^{At}\|$ は定理 4.2.1 参照，ノルムの定義 4.1.1 参照．ある $q > 0$，$T > 0$ が存在して，$\|e^{At}\| \leq e^{-qt}$（任意の $t \geq T$）より，

$$\left\| \int_k^\ell (e^{At})^T Q e^{At} dt \right\| \leq \int_k^\ell \|(e^{At})^T\| \|Q\| \|e^{At}\| dt$$

$$\leq \int_k^\ell e^{-2qt} \|Q\| dt = \|Q\| \frac{e^{-2qk} - e^{-2q\ell}}{2q} \to 0 \quad (k, \ell \to \infty).$$

部分積分法から，

$$A^T P = A^T \int_0^\infty (e^{At})^T Q e^{At} dt = \int_0^\infty \frac{d}{dt}(e^{At})^T Q e^{At} dt$$

$$= [(e^{At})^T Q e^{At}]_{t=0}^\infty - \int_0^\infty (e^{At})^T Q \frac{d}{dt}(e^{At}) dt = -Q - PA$$

を得る．　　　　　　　　　　　　　　　　　　　　　　　　　　◇

例 5.2.8　$A = \begin{pmatrix} -\alpha & 0 \\ 0 & -\beta \end{pmatrix}$，$Q = \begin{pmatrix} q_1 & 0 \\ 0 & q_2 \end{pmatrix}$　$(\alpha > \beta > 0,\ q_1 > 0,\ q_2 > 0)$ のとき，次の通りである．

(i) $e^{At} = \begin{pmatrix} e^{-\alpha t} & 0 \\ 0 & e^{-\beta t} \end{pmatrix}$．

(ii) $P = \int_0^\infty (e^{At})^T Q e^{At} dt = \begin{pmatrix} \dfrac{q_1}{2\alpha} & 0 \\ 0 & \dfrac{q_2}{2\beta} \end{pmatrix}.$

(iii) $V(\boldsymbol{x}) = \boldsymbol{x}^T P \boldsymbol{x}$ のとき, $\boldsymbol{x} = \boldsymbol{x}(t)$ を代入し $V'(\boldsymbol{x}(t)) = (\boldsymbol{x}'(t))^T P \boldsymbol{x}(t) + \boldsymbol{x}(t)^T P \boldsymbol{x}'(t) = -\boldsymbol{x}(t)^T Q \boldsymbol{x}(t) \le -\dfrac{1}{2\alpha} V(\boldsymbol{x}(t)).$

問題 5.2.9 m 次正方行列 A に関し, 定理 5.2.7 の条件と同様に, 固有値の実部はすべて負で $\mathrm{Re}(\lambda) = -q < 0$ とできる. 次の結論を得る.

(I) $\|e^{At}\| \le c_1 t^{m-1} e^{-qt}$ (ある定数 $c_1 > 0$)

(II) $\|P\| \le c_2 q m$ (ある定数 $c_2 > 0$)

例 5.2.10 微分方程式 $\boldsymbol{x}' = \boldsymbol{f}(\boldsymbol{x})$ に関し, C^2 級 $\boldsymbol{f}$, 平衡点 $\boldsymbol{x}_e$ をもち, 次の条件 (i), (ii) が満たされる. $\boldsymbol{x} = (x_1, x_2, \cdots, x_m)^T$ である.

(i) ヤコビ行列 $A = \dfrac{\partial \boldsymbol{f}}{\partial \boldsymbol{x}}(\boldsymbol{x}_e)$ のすべての固有値 λ は実部 $\mathrm{Re}(\lambda) < 0$.

(ii) 十分小 $r > 0$ に関し, 各 j $(1 \le j \le m)$ につき, $\max\{\|\nabla^2 f_j(\boldsymbol{x})\| : \|\boldsymbol{x}\| \le r\}$ は有界. ただしヘッセ行列 $\nabla^2 f_j$ の $((k,\ell)$成分$) = (\nabla^2 f_j)_{k\ell} = \left(\dfrac{\partial^2 f_j}{\partial x_k \partial x_\ell}\right)$.
このとき, 平衡点 $\boldsymbol{x}_e$ は一様漸近安定 ([UAS]).

考察 条件 (i) より, 定理 5.2.7 から, 任意の対称行列 $Q > 0$ に対し, $P = \int_0^\infty (e^{At})^T Q e^{At} dt$ は, $A^T P + PA = -Q$ を満たし, $V(\boldsymbol{x}) = \boldsymbol{x}^T P \boldsymbol{x}$ は正定値. $\boldsymbol{f}$ を $\boldsymbol{x}_e$ $(\boldsymbol{f}(\boldsymbol{x}_e) = \boldsymbol{0})$ の周りでテイラー展開すると,

$$\boldsymbol{f}(\boldsymbol{x}) = A\boldsymbol{x} + (\boldsymbol{x}^T(\nabla^2 f_1)\boldsymbol{x}, \cdots, \boldsymbol{x}^T(\nabla^2 f_m)\boldsymbol{x})^T = A\boldsymbol{x} + \boldsymbol{b} \qquad (\boldsymbol{b} \in \boldsymbol{R}^m)$$

とおける. なお, $\boldsymbol{x}(\nabla^2 f_j)\boldsymbol{x} = \boldsymbol{x}(\nabla^2 f_j)(\boldsymbol{c}_j)\boldsymbol{x}$ は,

$$\boldsymbol{c}_j = \boldsymbol{x}_e + \theta_j(\boldsymbol{x} - \boldsymbol{x}_e), \qquad 0 < \theta_j < 1, \; 1 \le j \le m$$

である. ゆえに, $\boldsymbol{x} = \boldsymbol{x}(t)$ を代入し,

$$\begin{aligned} V_{(f)}'(\boldsymbol{x}(t)) &= \frac{dV}{dt}(\boldsymbol{x}(t)) = (\boldsymbol{x}'(t))^T P \boldsymbol{x}(t) + (\boldsymbol{x}(t))^T P \boldsymbol{x}'(t) \\ &= (A\boldsymbol{x}(t) + \boldsymbol{b})^T P \boldsymbol{x}(t) + \boldsymbol{x}(t) P(A\boldsymbol{x}(t) + \boldsymbol{b}) \\ &= \boldsymbol{x}^T(A^T P + PA)\boldsymbol{x} + 2\boldsymbol{b}^T P \boldsymbol{x} = -\boldsymbol{x}(t)^T Q \boldsymbol{x}(t) + 2\boldsymbol{b}^T P \boldsymbol{x}(t) \end{aligned}$$

を得る. 条件 (ii) からある $M > 0$ が存在し, $V_{(f)}'(\boldsymbol{x}(t)) = -\boldsymbol{x}(t)^T Q \boldsymbol{x}(t) +$

$M\|\boldsymbol{x}(t)\|^3$（$r > 0$ は小）であり，$-\|Q\| + Mr < 0$ と $\|\boldsymbol{x}\| < r$ のとき，$V_{(\prime)}{}'(x)$ は負定値とみなしてもよい．定理 5.2.2 から，$\boldsymbol{x}_e$：[UAS]．　　　◇

！注意 5.2.11　正方行列 A の固有値 λ に関し，すべての実部 $\mathrm{Re}(\lambda) < 0$ であるための条件は，Routh-Hurwitz の定理 8.2.5 で与えられる．

5.2.2　大域的漸近安定性

前節の定理 5.2.2 では，平衡点 $\boldsymbol{x}_e$ の近傍 B_r のみの漸近挙動を示すことができる．それを含む定義域全体 $\boldsymbol{R}^m$ などでの，大域的な漸近挙動を議論するとき，次の定理は有効である．

定理 5.2.12　初期値問題（5.3）に関し，次の条件（i）〜（iii）を満たす C^1 級の関数 $V(\boldsymbol{x})$，$a, b, c \in CIP$ が存在する．

（i）定理 5.2.2 の条件（i）が $\boldsymbol{x} \in \boldsymbol{R}^m$ で成立；

（ii）定理 5.2.2 の条件（ii）が，$(t, \boldsymbol{x}) \in \boldsymbol{R}_+ \times \boldsymbol{R}^m$ で成立；

（iii）$\displaystyle\lim_{\|\boldsymbol{x}\| \to \infty} V(\boldsymbol{x}) = \infty$.

このとき，$\boldsymbol{x}_e$：[GUAS]，すなわち大域的一様漸近安定．

証明　山本稔：常微分方程式の安定性，実教出版（1979），吉沢太郎：微分方程式入門，朝倉書店（1966）を参照されたい．

定理 5.2.13　m 次元非線形系 $\boldsymbol{x}'(t) = \boldsymbol{f}(\boldsymbol{x}(t))$ の平衡点を $\boldsymbol{x}_e$ とする．ヤコビ行列 $A = \dfrac{\partial \boldsymbol{f}}{\partial \boldsymbol{x}}(\boldsymbol{x}_e)$ のすべての固有値 λ につき，実部 $\mathrm{Re}(\lambda) < 0$ とする．このとき，次の結論（I），（II）を得る．

（I）最大値 $\max \mathrm{Re}(\lambda) = -\beta < 0$ が存在する．$\boldsymbol{x}' = A\boldsymbol{x}$ の基本行列 $e^{At} = X(t)$ は，次式を満たす．

$$\|X(t)X^{-1}(a)\| \le Ce^{-\beta(t-a)} \quad (C > 0 \text{ は定数,} \ t \ge a).$$

（II）初期条件 $\boldsymbol{x}(a) = \boldsymbol{c}$ の解は，$\|\boldsymbol{x}(t)\| \le C\|\boldsymbol{c}\|e^{-\beta(t-a)}$，すなわち，$\boldsymbol{x}_e = \boldsymbol{0}$：[GUAS]，さらに [ExpAS]（定理 5.1.7 参照）．

考察 線形代数学におけるジョルダン標準形の定理を応用する. ◇

非自励系の常微分方程式の大域的な挙動は，次のように判定する.

例 5.2.14 m 元連立線形微分方程式の摂動系に対する初期値問題（A：m 次正方定数行列；$a, t \in \boldsymbol{R}$；$\boldsymbol{x}, \boldsymbol{h}(t, \boldsymbol{x}), \boldsymbol{x}_0 \in \boldsymbol{R}^m$；$\boldsymbol{h}(0, \boldsymbol{x}) = \boldsymbol{0}$）

(C) $$\boldsymbol{x}'(t) = A\boldsymbol{x}(t) + \boldsymbol{h}(t, \boldsymbol{x}), \qquad \boldsymbol{x}(a) = \boldsymbol{x}_0$$

は，次の条件（i）〜（iii）を満たす．なお $X(t) = e^{At}$ を $\boldsymbol{x}' = A\boldsymbol{x}$ の基本行列とする．（C）を $\boldsymbol{x}' = A\boldsymbol{x}(t)$ の摂動系という．

（i）ある $C > 0$ とある $\beta > 0$ が存在して $\|X(t)X^{-1}(a)\| \leq Ce^{-\beta(t-a)}$ が成り立ち，

（ii）ある $k > 0$ と積分可能な関数 $g(t) \geq 0$ が存在し，$\boldsymbol{h} \in C^1$,

$$\|\boldsymbol{h}(t, \boldsymbol{x}_1) - \boldsymbol{h}(t, \boldsymbol{x}_2)\| \leq kg(t)\|\boldsymbol{x}_1 - \boldsymbol{x}_2\| \qquad （任意の \boldsymbol{x}_1, \boldsymbol{x}_2 \in \boldsymbol{R}^m），$$

（iii）ある $\beta_1 > 0$, $M > 0$ が存在し，$k\int_0^t g(s)ds \leq (\beta - \beta_1)(t - a) + M$ $(t \geq a)$ が成り立つ．

このとき，結論（I）〜（III）が成り立つ.

（I）任意の初期条件 $(a, \boldsymbol{x}_0) \in \boldsymbol{R}_+ \times \boldsymbol{R}^m$ に関し，（C）の一意解が存在する.

（II）$\boldsymbol{x}(t) = X(t)X^{-1}(a)\boldsymbol{x}_0 + X(t)\int_a^t X^{-1}(s)\boldsymbol{h}(s, \boldsymbol{x}(s))ds$.

（III）平衡点 $\boldsymbol{x}_e = \boldsymbol{0}$：[GUAS].

考察 （I）$\boldsymbol{F}(t, \boldsymbol{x}) = A\boldsymbol{x} + \boldsymbol{h}(t, \boldsymbol{x})$ とおくと，

$$\|\boldsymbol{F}(t, \boldsymbol{x}_1) - \boldsymbol{F}(t, \boldsymbol{x}_2)\| \leq \|A\|\|\boldsymbol{x}_1 - \boldsymbol{x}_2\| + Mg(t)\|\boldsymbol{x}_1 - \boldsymbol{x}_2\|$$

より，リプシッツ条件が成立するから，解は一意的である.

（II）ピカールの定理 4.1.14 から，問題（C）の解 $\boldsymbol{x} \in C[a, \infty)$ は一意的に存在し，$\boldsymbol{x}(t) = \boldsymbol{y}(t)$ とおいて，$\boldsymbol{x}' = A\boldsymbol{x} + \boldsymbol{h}(t, \boldsymbol{y}(t))$. 線形方程式に対する定数変化法（定理 4.3.2）を用いると，

$$\boldsymbol{x}(t) = X(t)X^{-1}(a)\boldsymbol{x}_0 + X(t)\int_a^t X^{-1}(s)\boldsymbol{h}(s, \boldsymbol{y}(s))ds.$$

さらに $\boldsymbol{y} = \boldsymbol{x}$ とすればよい.

（III）（II）の式の両辺に関し，ノルムをとって評価すれば，

$$\|\boldsymbol{x}(t)\| \le Ce^{-\beta(t-a)}\|\boldsymbol{x}_0\| + C\int_a^t kg(s)e^{-b(t-s)}\|\boldsymbol{x}(s)\|ds.$$

よって，$e^{\beta(t-a)}\|\boldsymbol{x}(t)\| \le C\|\boldsymbol{x}_0\| + C\int_a^t kg(s)e^{b(s-a)}\|\boldsymbol{x}(s)\|ds$ で，グロンウォール

の不等式より，$e^{\beta(t-a)}\|\boldsymbol{x}(t)\| \le C\|\boldsymbol{x}_0\|e^{k\int_a^t g(s)ds}$. ゆえに，$\|\boldsymbol{x}(t)\| \le Ce^M\|\boldsymbol{x}_0\|e^{-\beta_1(t-a)}$

より，$\boldsymbol{x}_e : [\text{GUAS}]$. ◇

例 5.2.15 初期条件 $(a, \xi) \in \boldsymbol{R}_+ \times \boldsymbol{R}$ の初期値問題 $(a, t \in \boldsymbol{R} ; b(t), x, \xi \in \boldsymbol{R} ; k \in \boldsymbol{R}$ は定数)

(E) $$x' = b(t)x + \frac{k(\sin t)(\sin x)}{|x| + 1}, \qquad x(a) = \xi$$

は，条件

(i) ある $\beta_0 > 0$ と $\beta_1 > 0$ が存在し，$t \ge a$ のとき，

$$\int_a^t b(s)ds \le -(\beta_0 + |k|)(t - a) + \beta_1$$

の下で，次の結論 (I)，(II) を得る.

(I) 任意の $k \in \boldsymbol{R}$ と任意の $(a, \xi) \in \boldsymbol{R}_+ \times \boldsymbol{R}$ につき，一意解が存在する.

(II) 平衡点 $x_e = 0 : [\text{GUAS}]$.

考察 ピカールの定理，定数変化法，グロンウォールの不等式より，[US], [UA], [UB] を示す. ◇

5.2.3 有界性定理

5.2.1節では，式 (5.3) に関し，一様漸近安定 ([UAS]) とは，**平衡点付近で**解が (i) 一様安定 ([US])，(ii) 一様吸引的 ([UA]) であると定義している．ここでは，式 (5.3) に関し，**十分大での**漸近挙動につき一様漸近有界性 ([UAB]) を定義する（平衡点はなくてよい）．

常微分方程式の初期値問題 (5.3) が**一様漸近有界** (Uniformly Asymptotically Bounded, [UAB]) であるとは，解が一様有界 ([UB]) かつ一様終局有界 ([UUltB]) であることをいう．[UB] の定義は 5.1 節で述べられている.

[UAB] の応用は，周期解の存在（定理 5.2.24 参照）などに見られる.

　[US] ⟷ [UB]（安定性と有界性と対応），[UA] ⟷ [UUltB]（吸引性と終局的に有界と対応）とみなせる.

例 5.2.16　以下が成り立つことを示せ.

　(1) $x' = \dfrac{x}{2e^t - 1}$, $x(a) = c$ $(t \geq a \geq 0)$ は [UB] であるが，[UUltB] でない.

　(2)（J. L. Massera, 1949）

$$x' = -\left\{13 + 12 \sin \log(1 + t) + \frac{12t}{1 + t} \cos \log(1 + t)\right\}x$$

は，[UltB] であるが，[UB] でない.

【解法】　(1)　(i) 解を求める．与えられた式は変数分離形で $\dfrac{x'}{x} = \dfrac{1}{2e^t - 1}$ より，積分して

$$\log |x(t)| = \int^t \frac{ds}{2e^s - 1} = \int^t \frac{e^{-s}}{2 - e^{-s}} ds.$$

$e^{-s} = r$ とおくと，$s = -\log r$, $\dfrac{ds}{dr} = \dfrac{1}{-r}$ である．よって右辺の式に代入して，

$$\int^{e^{-t}} \frac{r}{2 - r} \frac{dr}{-r} = \int^{e^{-t}} \frac{dr}{r - 2} = \log(2 - e^{-t}) + C$$

から，$x = C_1(2 - e^{-t})$ $(C_1 = \pm e^C)$. $x(a) = c$ から，$x(t) = \dfrac{(2 - e^{-t})c}{2 - c^{-a}}$.

　(ii) [UB] である．$a \geq 0$ から，$\dfrac{1}{2 - e^{-a}} \leq 1$ より，$|x(t)| = \dfrac{(2 - e^{-t})|c|}{2 - e^{-a}} \leq 2|c|$. よって，任意の $\alpha > 0$ に対し，$\beta = 2\alpha + 1$ とおくと，$|c| < \alpha$ のとき，$|x(t)| \leq 2\alpha < \beta$ より，[UB].

　(iii) [UUltB] でない．実際 $\alpha \to \infty$ のとき，$\beta \to \infty$ より，[UUltB] と仮定すると $X_0 > 0$ は存在しない．よって [UUltB] でない.

　(2)　(i) 初期条件 $x(a) = c$ を満たす解は，次式の通り.

$$x(t) = ce^{-13(t-a)-12t \sin \log(1+t)+12a \sin \log(1+a)} \qquad (t \geq a \geq 0)$$

（ii）$|x(t)| \le ce^{25a}e^{-t} \le 1$（$ce^{25a} \le e^t$ のとき）より，[UltB] である．また $x_e = 0$ は [A] である．

（iii）上界 $ce^{25a}e^{-t}$ の概形から，[UB]，[US] ではない予想を得る．実際の証明では $n \in \mathbf{Z}_+$ として，$e^{\pi} < 25$ から，初期時間 $a = 2n\pi + \dfrac{\pi}{2} - 1$，$c \ne 0$ のとき，$\left|x\left(2n\pi + \dfrac{3\pi}{2} - 1\right)\right| \ge |c|e^{(25-\pi)\left(2n\pi + \frac{\pi}{2} - 1\right) - 24} \to \infty$（$n \to \infty$）．よって，[US] でも，[UB] でもない． ◆

次の 2 定理は，微分方程式（5.3）に関し有界性の判定法を与える．さらに，それらの有界性は周期解の存在を与える（定理 5.2.24）．吉沢太郎：微分方程式入門，朝倉書店（1966）を参照されたい．

定理 5.2.17 式（5.3）に対し，ある関数 $V: \mathbf{R} \times B_H^c$ と $a, b \in CI$ が存在し，次の条件（i），（ii）を満たす．B_H^c は B_H（$H > 0$）の補集合．

  （i）$a(d(\boldsymbol{x}, \boldsymbol{x}_e)) \le V(\boldsymbol{x}) \le b(d(\boldsymbol{x}, \boldsymbol{x}_e))$（任意の $\boldsymbol{x} \in B_H^c$ で，$\displaystyle\lim_{r \to \infty} a(r) = \infty$．

  （ii）$V_{(f)}'(t, \boldsymbol{x}) \le 0$（任意の $(t, \boldsymbol{x}) \in \mathbf{R} \times B_H^c$）．

このとき，（5.3）は一様有界（[UB]）である．

定理 5.2.18 式（5.3）に対し，ある関数 $V: \mathbf{R} \times B_H^c$ と $a, b, c \in CI$ が存在し，次の条件（i），（ii）を満たす．

  （i）$a(d(\boldsymbol{x}, \boldsymbol{x}_e)) \le V(\boldsymbol{x}) \le b(d(\boldsymbol{x}, \boldsymbol{x}_e))$（任意の $\boldsymbol{x} \in B_H^c$ で，$\displaystyle\lim_{r \to \infty} a(r) = \infty$．

  （ii）$V_{(f)}'(t, \boldsymbol{x}) \le -c(d(\boldsymbol{x}, \boldsymbol{x}_e))$（任意の $(t, \boldsymbol{x}) \in R \times B_H^c$）．

このとき，解は一様有界（[UB]）かつ一様有界（[UUltB]）である．

5.2.4 境界値問題

区間 $I = [\alpha, \beta]$ と $\mathbf{R} \times \mathbf{R}$ 上の連続関数 $f(t, x, x')$ に関する**境界値問題**

$$x'' = f(t, x, x'),$$

$$\begin{pmatrix} a_1 \\ b_1 \end{pmatrix} x(\alpha) + \begin{pmatrix} a_2 \\ b_2 \end{pmatrix} x'(\alpha) + \begin{pmatrix} a_3 \\ b_3 \end{pmatrix} x(\beta) + \begin{pmatrix} a_4 \\ b_4 \end{pmatrix} x'(\beta) = \begin{pmatrix} r_1 \\ r_2 \end{pmatrix}$$

を考える．例えば，地上から発射する飛行体が到着する運動をモデル化す

る. 運動方程式 $x'' = f(t, x, x')$ の下, 時間 $t = \alpha$ で $x(\alpha) = r_1$ で発射され, $t = \beta$ で $x(\beta) = r_2$ に到着することは, **境界条件** $(x(\alpha), x(\beta)) = (r_1, r_2)$ $(a_1 = 1,\ a_j = 0,\ j \neq 1 ; b_3 = 1,\ b_j = 0,\ j \neq 3)$ で表される.

2 階単独方程式を, $y = x'$ より, 1 階連立方程式に帰着する.

$$\begin{pmatrix} x' \\ y' \end{pmatrix} = \begin{pmatrix} y \\ f(t, x, y) \end{pmatrix},$$

$$\begin{pmatrix} a_1 & a_2 \\ b_1 & b_2 \end{pmatrix} \begin{pmatrix} x(\alpha) \\ y(\alpha) \end{pmatrix} + \begin{pmatrix} a_3 & a_4 \\ b_3 & b_4 \end{pmatrix} \begin{pmatrix} x(\beta) \\ y(\beta) \end{pmatrix} = \begin{pmatrix} r_1 \\ r_2 \end{pmatrix}.$$

置き換え $\boldsymbol{x}(t) = (x(t), y(t))^T,\ B_1 = \begin{pmatrix} a_1 & a_2 \\ b_1 & b_2 \end{pmatrix},\ B_2 = \begin{pmatrix} a_3 & a_4 \\ b_3 & b_4 \end{pmatrix}$ により上記の境界条件は, $B_1 \boldsymbol{x}(\alpha) + B_2 \boldsymbol{x}(\beta) = (r_1, r_2)^T$ となる. そこで左辺を, 線形作用素 $U(x) = B_1 \boldsymbol{x}(\alpha) + B_2 \boldsymbol{x}(\beta)$ としてみなせる.

区間 $I = [0, T]$ $(\alpha = 0,\ \beta = T > 0)$ に替えて, 次の線形方程式 (L), (L_f) と線形作用素 $U : C(I) \to \boldsymbol{R}^2$ に対応する 2 次正方行列 $\overline{X}$ を定義する. $\boldsymbol{r} = (r_1, r_2)^T$ とする.

斉次線形方程式とその非斉次線形方程式の境界値問題

(L) $\qquad\qquad\qquad\qquad \boldsymbol{x}' = A(t)\boldsymbol{x},$

(L_f) $\qquad\qquad\qquad\qquad \boldsymbol{x}' = A(t)\boldsymbol{x} + \boldsymbol{f}(t)$

(B_r) $\qquad\qquad\qquad U(\boldsymbol{x}) = B_1\boldsymbol{x}(0) + B_2\boldsymbol{x}(T) = \boldsymbol{r}$

に関し, (L) の基本行列を $X(t)$ とすると, (L_f) の解は

$$\boldsymbol{x}(t) = X(t)\boldsymbol{c} + \boldsymbol{p}(t, \boldsymbol{f})$$

$$\boldsymbol{p}(t, \boldsymbol{f}) = X(t) \int_0^t X^{-1}(s)\boldsymbol{f}(s)ds, \qquad \boldsymbol{x}(0) = \boldsymbol{c}$$

となる (定理 4.3.2). $U\boldsymbol{x} = \boldsymbol{r}$ に代入し, $\boldsymbol{r} = U\boldsymbol{x} = U(X(\cdot)\boldsymbol{c}) + U(\boldsymbol{p}(\cdot, \boldsymbol{f}))$ を得る. $U(X(\cdot)\boldsymbol{c})$ の意味は, 時間 t での値 $X(t)$ ではなく, 関数 $X(\cdot)$ に影響して, $U((X(\cdot)\boldsymbol{c})$ は変化することである. ここで, 行列 $\overline{X}$ を次式で定義する.

$$\overline{X}\boldsymbol{c} = U(X(\cdot)\boldsymbol{c})$$

このとき, $\boldsymbol{r} = \overline{X}\boldsymbol{c} + U(\boldsymbol{p}(\cdot, \boldsymbol{f}))$ で, もし逆行列 $\overline{X}^{-1}$ が存在すれば, $\boldsymbol{c} =$

$\overline{X}^{-1}[\boldsymbol{r} - U(\boldsymbol{p}(\cdot, \boldsymbol{f}))]$ を得る.

　線形斉次式や線形非斉次式の境界値問題と, 逆行列 $\overline{X}^{-1}$ の存在に関し, 次の定理が成り立つ.

> **定理 5.2.19**　次の (I)〜(III) は同値である.
>
> 　(I) 境界値問題 (L, B_0) に関し逆行列 $\overline{X}^{-1}$ が存在する.
>
> 　(II) 線形斉次式の境界値問題 (L, B_0)（なお $\boldsymbol{r} = \boldsymbol{0}$）の解は, ゼロ解 $\boldsymbol{x}(t) = 0$ のみである.
>
> 　(III) 線形非斉次式の境界値問題 (L_f, B_r) は, 任意の $(\boldsymbol{f}, \boldsymbol{r}) \in C(J) \times \boldsymbol{R}^2$ に対し一意的な解をもつ.

　詳しくは, A. G. Kartsatos：Advanced Ordinary Differential Equations, Mariner Publ. Comp., Inc., 1980 を参照されたい.

例 5.2.20　次の線形常微分方程式の境界値問題を考える.

(L_f)
$$\begin{pmatrix} x' \\ y' \end{pmatrix} = \begin{pmatrix} 1 & 0 \\ 0 & 2 \end{pmatrix}\begin{pmatrix} x \\ y \end{pmatrix} + \boldsymbol{f}(t), \qquad \boldsymbol{f}(t) = \begin{pmatrix} 0 \\ 1 \end{pmatrix}$$

(B_r)
$$U(\boldsymbol{x}) = \boldsymbol{x}(T) - \boldsymbol{x}(0) = (r_1, r_2)^T$$

　(I) 斉次式 (L) の基本行列は $X(t) = \begin{pmatrix} e^t & 0 \\ 0 & e^{2t} \end{pmatrix}$.

　(II) 非斉次式の解は, $\boldsymbol{x}(0) = \boldsymbol{c}$ のとき, 定数変化法 (4.3 節) を用いて, $\boldsymbol{x}(t) = X(t)\boldsymbol{c} + \left(0, \dfrac{e^{2t} - 1}{2}\right)^T$ を得る.

　(III) $\overline{X}$ を求める. $U(X(\cdot)\boldsymbol{c}) = \boldsymbol{x}(T) - \boldsymbol{x}(0) = \begin{pmatrix} e^T & 0 \\ 0 & e^{2T} \end{pmatrix}\boldsymbol{c} - \begin{pmatrix} 1 & 0 \\ 0 & 1 \end{pmatrix}\boldsymbol{c} = \begin{pmatrix} e^T - 1 & 0 \\ 0 & e^{2T} - 1 \end{pmatrix}\boldsymbol{c} = \overline{X}\boldsymbol{c}$.

　(IV) 境界値問題 (L_f, B_r) は, 任意の $\boldsymbol{r} \in \boldsymbol{R}^2$ に対し唯一解をもつ. 実際, $\overline{X} = \begin{pmatrix} e^T - 1 & 0 \\ 0 & e^{2T} - 1 \end{pmatrix}$ は $\det(\overline{X}) \neq 0$ $(T > 0)$ から. (L_f, B_r) の唯一解は, 次式の通り.

$$\boldsymbol{x}(t) = X(t)\overline{X}^{-1}\left[\boldsymbol{r} - \begin{pmatrix} 0 \\ \dfrac{e^{2T}-1}{2} \end{pmatrix}\right] + \begin{pmatrix} 0 \\ \dfrac{e^{2t}-1}{2} \end{pmatrix}$$

5.2.5 周期系の周期解

◉ 周期的線形方程式の摂動系

関数 $\boldsymbol{x}: \boldsymbol{R} \to \boldsymbol{R}^m$ と正数 $T > 0$ に関し, $\boldsymbol{x}$ が**周期** T（周期 T の関数）であるとは,

(i) $\qquad\qquad\qquad \boldsymbol{x}(t + T) = \boldsymbol{x}(t) \qquad (t \in \boldsymbol{R})$,

(ii) $\qquad\qquad\qquad \boldsymbol{x}(0) \neq \boldsymbol{x}(s) \qquad (0 < s < T)$

を満たすときをいう. なお, (i) は $\boldsymbol{x}(t + T) - \boldsymbol{x}(t) = \boldsymbol{0}$ と同値ゆえ, 線形作用素としては, 次式で定められる.

(P) $\qquad\qquad\qquad U(\boldsymbol{x}(\cdot)) = \boldsymbol{x}(T) - \boldsymbol{x}(0) = \boldsymbol{0}$

次の周期的線形方程式の摂動系

(L_F) $\qquad\qquad\qquad \boldsymbol{x}' = A(t)\boldsymbol{x} + \boldsymbol{F}(t, \boldsymbol{x})$

の周期解の存在を議論する. なお, $A, \boldsymbol{F}$ は t につき周期 T とする. 斉次式 $\boldsymbol{x}' = A(t)\boldsymbol{x}$ の基本行列 $X(t)$ は, $X(0) = I$（単位行列）とし, 行列 $\overline{X}$ を次式により定める（$\boldsymbol{c} \in \boldsymbol{R}^m$）.

$$\overline{X}\boldsymbol{c} = U(X(\cdot)\boldsymbol{c}) = (X(T) - I))\boldsymbol{c}$$

次の定理は, T 周期系 (L_f) の周期 T の解に関し, その解候補の存在を示す.

> **定理 5.2.21** $\overline{X}$ の逆行列が存在するとき, T 周期解は, 次式を満たす.
> $$\boldsymbol{x}(t) = X(t)(\overline{X})^{-1}\boldsymbol{p}(T, \boldsymbol{F}) + p(t, \boldsymbol{F}) \qquad (t \in [0, T])$$
> ただし $\boldsymbol{p}(t, \boldsymbol{F}) = X(t)\displaystyle\int_0^t X^{-1}(s)\boldsymbol{F}(s)ds.$

考察

$\boldsymbol{x}(T) - \boldsymbol{x}(0)$
$\quad = X(T)(\overline{X})^{-1}\boldsymbol{p}(T, \boldsymbol{F}) + \boldsymbol{p}(T, \boldsymbol{F}) - [X(0)(\overline{X})^{-1}\boldsymbol{p}(T, \boldsymbol{F}) + \boldsymbol{p}(0, \boldsymbol{F})]$

$$= X(T)(\overline{X})^{-1}\boldsymbol{p}(T, \boldsymbol{F}) + \boldsymbol{p}(T, \boldsymbol{F}) - (\overline{X})^{-1}\boldsymbol{p}(T, \boldsymbol{F}) = \boldsymbol{0}$$

T 周期性を示すには，$\boldsymbol{x}(s) \neq \boldsymbol{x}(0)$ $(0 < s < T)$ を示せばよい．　　　◇

例 5.2.22　次の周期的微分方程式の 2π 周期解の存在を議論する．

$$x' = a(t)x + f(t, x)$$

関数 a は連続で $a(t + 2\pi) = a(t)$, f は連続で $f(t + 2\pi, x) = f(t, x)$ $(x \in \boldsymbol{R})$ とする．$c > 0$ につき，

$$M_c = \max\{|f(t, x)| : t \in [0, 2\pi], |x| \le c\}$$

とし，$t \in [0, 2\pi]$ につき，$e^{\int_0^t a(s)ds} \le I_p$, $e^{-\int_0^t a(s)ds} \le I_m$ とする．

このとき，ある $c > 0$ が次式を満たすとき，2π 周期解 $x(t)$ は少なくとも 1 つ存在する．

$$I_p\big(I_p\|(\overline{X})^{-1}\| + 1\big)I_m 2\pi M_c \le c$$

考察　次のシャウダー（Schauder）の不動点定理を応用する．

シャウダーの不動点定理　バナッハ空間 V 内の有界閉集合で凸の B に関し，中への写像 $F : B \to B$ は連続で，像集合 $F(B)$ の閉包 $[F(B)]$ は コンパクトとする．このとき，少なくとも 1 つの不動点 $F(x) = x \in B$ が存在する．

集合 $V = \{y : \boldsymbol{R} \to \boldsymbol{R}$ は 2π 周期の連続関数，$y(0) \neq y(s)$ $(0 < s < 2\pi)\}$ は，バナッハ空間である．そのノルムは $\|y\| = \max_{0 \le t \le 2\pi} |y(t)|$ で，$B = \{y \in V : \|y\| \le c\}$ とする．$y \in B$ に対し，次式は $x_y(2\pi) = x_y(0)$ を満たし，下付 y は 関数 $y \in B$ に依存することを意味する．

$$x_y(t) = e^{\int_0^t a(s)ds}(\overline{X})^{-1}p(2\pi, f(\cdot, y)) + p(t, f(\cdot, y)),$$

ただし，$p(t, f(t, y(t))) = \{e^{\int_0^t a(s)ds}\}\int_0^t \{e^{-\int_0^t a(s)ds}\}f(s, y(s))ds$ $(t \in [0, 2\pi])$.

写像 $F(y) = x_y$ に関し，次の 4 点 (i)〜(iv) を示せばよい．

(i)　ノルム $\|x_y\| \le c$ $(y \in B)$.

(ii)　集合 B は，有界閉の凸集合である．

(iii)　集合 $F(B)$ $(\subset B)$ はコンパクト集合である．

(iv) 写像 $F : B \to B$ は連続である.　　　　　　　　　　　◇

問題 5.2.23　例 5.2.22 (i)〜(iv) を確かめよ.

● 一般の周期的非線形微分方程式

次の周期 T の微分方程式を考える.

(E) $$\boldsymbol{x}' = \boldsymbol{f}(t, \boldsymbol{x})$$

ただし,関数 $\boldsymbol{f} : \boldsymbol{R} \times B_H^c \to \boldsymbol{R}^m$ は連続,$\boldsymbol{f}(t + T, \boldsymbol{x}) = \boldsymbol{f}(t, \boldsymbol{x})$,$\boldsymbol{x} \in B_H^c = \{\boldsymbol{x} \in \boldsymbol{R}^m : \|\boldsymbol{x}\| \geq H\}$,$H > 0$ とする.

> **定理 5.2.24**　式 (E) の初期値問題の解は一意的に存在すると仮定する.
> 定理 5.2.18 の条件 (i),(ii) が成り立つとする.このとき,結論 (I)〜
> (III) を得る.
> 　(I) 解は[UB].　　　(II) 解は[UUltB].
> 　(III) T 周期解が少なくとも 1 つは存在する.

証明　(III) ブラウダーの不動点定理を応用する.他は,吉沢太郎:微分方程式入門,朝倉書店 (1966),T. Yoshizawa : Stability Theory and the Existence of Periodic Solutions and Almost Periodic Solutions, Springer, 1975,あるいは,T. Yoshizawa : Stability Theory by Liapunov's Second Method, Math. Soc. Japan, 1966 を参照されたい.

例 5.2.25　真空管使用の電気回路の解析時に**ファン・デル・ポール**(van der Pol)**方程式** (5.4) が得られる.その一般化が**リエナール**(Lienard)**方程式** (5.5) である.

$$x'' + \varepsilon(x^2 - 1)x' + x = 0 \tag{5.4}$$
$$x'' + f(x)x' + g(x) = 0 \tag{5.5}$$

式 (5.5),(5.4) は,定理 5.2.26 により,唯一の周期解をもつ.式 (5.4) は,神経細胞(ニューロン)の解析の際に現れ,さらにフィッツフュー-南雲(FitzHugh-Nagumo)方程式に発展している.

> **定理 5.2.26** 式 (5.5) に関し,ある $a > 0$ に関し次の条件 (i), (ii) が成り立つとき,周期解が唯一存在する. $F(x) = \int_0^x f(r)dr$ とおく.
>
> (i) 関数 $f : \boldsymbol{R} \to \boldsymbol{R}$ は偶関数で連続,ある $a > 0$ が存在し,次式が成り立つ.
>
> $$F(x) < 0 \quad (0 < x < a), \quad F(x) > 0 \quad (x > a)$$
> $$f(x) > 0 \quad (x > a), \quad \lim_{x \to \infty} F(x) = \infty.$$
>
> (ii) 関数 $g : \boldsymbol{R} \to \boldsymbol{R}$ は C^1 級の奇関数で,次式が成り立つ.
>
> $$xg(x) > 0 \quad (0 < x < a),$$
> $$G(x) = \int_0^x g(r)dr \quad \text{とし} \quad \lim_{x \to \infty} G(x) = \infty.$$

証明 吉沢太郎:微分方程式入門,朝倉書店 (1966).

！注意 5.2.27 定理 5.2.24 より周期解の存在性のみを議論する.式 (5.5) を変換 $\boldsymbol{x}(t) = (x(t), x'(t))^T = (x(t), y(t))^T$ により,次式を得る.式 (5.5) は任意の $T > 0$ につき,周期的である.

$$\boldsymbol{x}' = \begin{pmatrix} y - F(x) \\ -g(x) \end{pmatrix} = \boldsymbol{f}(\boldsymbol{x}) \tag{5.6}$$

$V(\boldsymbol{x}) = G(x) + \dfrac{y^2}{2}$ とおく. $xg(x) > 0$ より,$V(\boldsymbol{x})$ は $\boldsymbol{x} = (0,0)$ につき正定値,すなわち $V(0,0) = 0$,かつ $V(\boldsymbol{x}) > 0$ ($\boldsymbol{x} \neq (0,0)$). これは,定理 5.2.17 (i) を満たす $a, b \in CIP$ が存在することと同値である.

(i) $a(r) \in CIP$ の構成:$a_1(r) = \min\{V(\boldsymbol{x}) : r \geq \|\boldsymbol{x}\|\}$,$a(r) = \dfrac{1}{r}\int_0^r a_1(s)ds$ とすればよい.

(ii) $b(r) \in CIP$ は,$b_1(r) = \max\{V(\boldsymbol{x}) : r \leq \|\boldsymbol{x}\|\}$,$b(r) = \dfrac{1}{r}\int_0^r b_1(s)ds$ とすればよい.

(iii) $G(\infty) = \infty$ より,$V(\infty) = \infty$ は明らか.

(iv) 全導関数 $V_{(f)}' = \dfrac{\partial V}{\partial \boldsymbol{x}} \cdot \boldsymbol{f}(\boldsymbol{x}) = -g(x)F(x) \leq 0$ から,定理 5.2.24 より,任意の T につき周期解が少なくとも 1 つは存在する.一意性の議論は別に必要となる.

5.2.6 不安定性定理

例 5.2.28 　ファン・デル・ポール方程式 (5.4),リエナール方程式

(5.5) の解 $x(t)$ は定理 5.2.24 より，位相平面 $(x_1, x_2) = (x(t), x'(t))$ において閉曲線を描く．ゼロ解 $\boldsymbol{x}_e = (0,0)$ は式 (5.4)，(5.5) の平衡点である．また閉曲線を意味する周期解 $(x_1(t), x_2(t)) = (0,0)$ が存在する．そのとき，任意の初期条件 $(x(t_0), x'(t_0)) \neq (0,0)$ から出る解は周期解に一致するか，それに収束（漸近安定）する．また平衡点 $\boldsymbol{x}_e = (0,0)$ は，安定でない，すなわち不安定である．

上の列において，平衡点 $\boldsymbol{x}_e$ は不安定である．これを判定するため，次の不安定性定理を述べる．

定理 5.2.29　自励系

(Au)
$$\boldsymbol{x}' = \boldsymbol{f}(\boldsymbol{x})$$

は，平衡点 $\boldsymbol{x}_e : \boldsymbol{f}(\boldsymbol{x}_e) = \boldsymbol{0}$ をもつ．ある $r > 0$ の近傍 $B_r = \{\boldsymbol{x} \in \boldsymbol{R}^m : \|\boldsymbol{x} - \boldsymbol{x}_e\| < r\}$，開集合 E と開集合 $B(\varepsilon_1) = \{\boldsymbol{x} : \|\boldsymbol{x} - \boldsymbol{x}_e\| < \varepsilon_1\}$（ただし $E \subset B(\varepsilon_1) \subset B_r$，ある $\varepsilon_1 > 0$），C^1 級関数 $V : \boldsymbol{R}_+ \times B_r \to \boldsymbol{R}$，定数 $k > 0$ が存在し，次の条件 (i)〜(iv) が成り立つとき，平衡点 $\boldsymbol{x}_e$ は不安定（[UnS]）である．

(i) $0 < V(t, \boldsymbol{x}) < k$（$\boldsymbol{R}_+ \times E$上）

(ii) $V_{(f)}'(t, \boldsymbol{x}) > 0$（$\boldsymbol{R}_+ \times E$上）

(iii) $\boldsymbol{x}_e \in \partial E$（$E$ の境界）

(iv) $V(t, \boldsymbol{x}) = 0$（$\boldsymbol{R}_+ \times (\partial E \cap B(\varepsilon_1))$上）

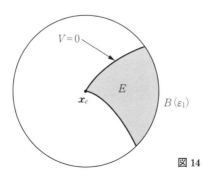

図 14

考察 ある $\varepsilon_1 > 0$ に対し，任意の $\delta > 0$ に関しある $\boldsymbol{x}_0 \in E \cap B(\delta)$ とある $t_0 \geq 0$ は $V(t_0, \boldsymbol{x}_0) > 0$ とする．ここで任意の $t \geq t_0$ において，$\boldsymbol{x}(t) \in E$ と仮定する．$V_{(f)}' > 0$ と関数 $V_{(f)}'$ の連続性から，ある $c > 0$ が存在し $k \leq V(t, \boldsymbol{x}(t)) \leq V(t_0, \boldsymbol{x}_0) + c(t - t_0) \to \infty$ $(t \to \infty)$ となり (i) に矛盾する．よって，ある $t_1 > t_0$ は $\boldsymbol{x}(t_1) \notin E$．さらに，$t_1 \geq t_2$ では，$V(t_2, \boldsymbol{x}(t_2)) > 0$, $\boldsymbol{x}(t_2) \notin \partial E \cap B(\varepsilon_1)$ から，$\|\boldsymbol{x}(t_1)\| > \varepsilon_1$．これは，$\boldsymbol{x}_e$：[UnS] であることを意味する． ◇

例 5.2.30 リエナール方程式の変換式 (5.6) と $V(\boldsymbol{x}) = G(x) + \dfrac{y^2}{2}$ に関し，g の微分可能性は仮定せずに，定理 5.2.29 を応用する．平衡点 $\boldsymbol{x}_e = \boldsymbol{0}$, 全導関数は $V_{(f)}' = -g(x)F(x)$．ここで，微小な $r > 0$ として，$B_r = \{\|\boldsymbol{x}\| < r\}$ 上で，連続関数 $f(x) < 0$ につき，$F(x) = \int_0^x f(r)dr$ で $xg(x) > 0$ $(0 < |x| < r)$ とする．このとき $V_{(f)}'(\boldsymbol{x}) > 0$ $(E = \{(x,y) : 0 < |x| < r\})$, $\partial E \cap B(\varepsilon_1) = \{\boldsymbol{x}_e = \boldsymbol{0}\}$ $(r > \varepsilon_1 > 0)$ より，$\boldsymbol{x}_e = \boldsymbol{0}$：[UnS] である．

！注意 5.2.31 g の微分可能性を仮定する．平衡点 $\boldsymbol{x}_e = (0,0)$ の近傍 $B_r = \{\|\boldsymbol{x}\| < r\}$ での解挙動は，ヤコビ行列 $A = \dfrac{\partial \boldsymbol{f}}{\partial \boldsymbol{x}}(\boldsymbol{x}_e) = \begin{pmatrix} -f(0) & 1 \\ -g'(0) & 0 \end{pmatrix}$ の固有値で判定できる（例 5.2.10 参照）．固有方程式は

(C) $\qquad 0 = \lambda^2 - \mathrm{tr}(A)\lambda + \det(A) = \lambda^2 + f(0)\lambda + g'(0)$

とおく．$xg(x) > 0$ $(x \neq 0)$ と $f(0) < 0$ より，次の場合がある．

(a) $g'(0) = 0$ のとき，(C) は $\lambda > 0$ なる解をもつ．

(b) $g'(0) > 0$ のとき，2次関数のグラフの軸 $\dfrac{-f(0)}{2} > 0$ より，(C) の解の実部は正である．

いずれも，(C) の解の実部は正より，$\boldsymbol{x}_e = (0,0)$：[UnS].

第 **6** 章

数理生物学のモデリング I

6.1 連続型ロトカ・ヴォルテラ方程式

2種の捕食（者）と被捕食（者）との増減の現象は，至る所に現れる．1840年代の毛皮貿易のハドソン湾会社に残る，ネコ科動物とウサギに関するそれぞれの個体数記録など．特に，1910〜23年におけるアドリア海のサメとその被捕食の魚類の増減を示している．次の**ロトカ・ヴォルテラ方程式**がよく知られている．

$$\text{(LV)} \qquad \frac{dx}{dt} = x(a - by), \qquad \frac{dy}{dt} = y(-q + px)$$

ここに，$x(t)$ は時間 t での被捕食密度（あるいは個体数），$y(t)$ は時間 t での捕食密度で，被捕食 x の変化の割合 $\frac{x'}{x}$ は増加係数 $a > 0$ とし，捕食 y の増加が負に影響するとして $-by$ を加えている．捕食 y の変化の割合 $\frac{y'}{y}$ は減少係数 $-q < 0$ とし，被捕食の増加が正に影響するとして px を加えている．統計学・数理生物学研究者ロトカは，独立に式（LV）を発見した．

(1) 平衡点 $\boldsymbol{x}_e = \left(\dfrac{q}{p}, \dfrac{a}{b} \right)$ が存在する．

$x'(t) = x(a - by) = 0$, $y'(t) = y(-q + px) = 0$ より得る．

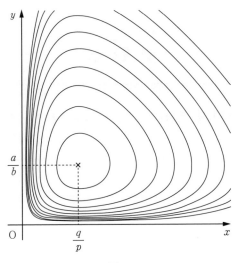

図 15

(2) 任意の解は周期解

初期時間 $t = 0$ と初期値 $\boldsymbol{x}_0 \in \boldsymbol{R}_p^2$ に対し，各解 $(x(t), y(t))$（ただし $\boldsymbol{R}_p^2 = (0, \infty)^2 = (0, \infty) \times (0, \infty)$，$x(t) = x(t\,;0, \boldsymbol{x}_0)$，$y(t) = y(t\,;0, \boldsymbol{x}_0)$；$(x(0), y(0)) = \boldsymbol{x}_0$）は，閉曲線を描く（(5) 参照）．

(3) 密度の時間平均

初期条件 $(0, \boldsymbol{x}_0)$ に対する解 $\boldsymbol{x}(t\,;0, \boldsymbol{x}_0) = (x(t), y(t))$ の周期を $T = T(\boldsymbol{x}_0)$ として，

$$\frac{1}{T}\int_0^T x(s)ds = \frac{q}{p}, \qquad \frac{1}{T}\int_0^T y(s)ds = \frac{a}{b}.$$

実際，$\boldsymbol{x}(T) = \boldsymbol{x}(0)$ より，$0 = \log x(T) - \log x(0) = \int_0^T \frac{x'(s)}{x(s)}ds = \int_0^T (a - by(s))ds = aT - b\int_0^T y(s)ds$. 他も同様.

(4) 周期 $T = T(\boldsymbol{x}_0)$ の近似値

平衡点 $\boldsymbol{x}_e = \left(\dfrac{q}{p}, \dfrac{a}{b}\right)$ の近傍 $B_r = \{\boldsymbol{x} : \|\boldsymbol{x} - \boldsymbol{x}_e\| < r\}$ 内において，次式で

変換する.

$$X(t) = x(t) - \frac{q}{p}, \qquad Y(t) = y(t) - \frac{a}{b}$$

近傍 B_r 内では, $bX = \varepsilon$, $YXp = \varepsilon$ を小とみなし,

$$X' = x' = bx\left(\frac{a}{b} - y\right) = b\left(X + \frac{q}{p}\right)(-Y) = \frac{-bq}{p}Y + \varepsilon,$$

$$Y' = y' = yp\left(x - \frac{q}{p}\right) = \left(Y + \frac{a}{b}\right)Xp = \frac{ap}{b}X + \varepsilon.$$

2 次項を除いて, $X'' = \frac{-bq}{p}Y' = -aqX$, $Y'' = -aqY$ から, 周期の近似値 $T = \frac{2\pi}{\sqrt{aq}}$ を得る.

(5) 閉曲線

式 (LV) は次式の変数分離形に帰着できる.

$$p\left(1 - \frac{q}{p}\frac{1}{x}\right)dx + b\left(1 - \frac{b}{a}\frac{1}{y}\right)dy = 0$$

$$\implies p\left(x - \frac{q}{p}\log x\right) + b\left(y - \frac{b}{a}\log y\right) = A \ (\text{定数})$$

詳しい定性解析は, 今隆助, 竹内康博:常微分方程式とロトカ・ヴォルテラ方程式, 共立出版 (2018) を参照されたい.

問題 6.1.1 $X''(t) = -aqX$ の解の周期 $T = \frac{2\pi}{\sqrt{aq}}$ を示せ.

解 固有方程式は $P(\lambda) = \lambda^2 + aq = 0$ より, $\lambda = \pm i\sqrt{aq}$. その一般解は A, B を定数として,

$$X(t) = A\cos\sqrt{aq}\,t + B\sin\sqrt{aq}\,t$$

$$= \sqrt{A^2 + B^2}\sin(\sqrt{aq}\,t + \alpha) \qquad \left(\tan\alpha = \frac{A}{B}\right)$$

より, $\sqrt{aq}\,T = 2\pi$ を得る.

6.2 離散型捕食被捕食モデル

捕食被捕食モデルに関し，両者がある一定の少数値に至るとゼロに収束するモデルには次のモデルがある（$0 < r \leq 4$）.

$$x(n+1) = rx(n)[1 - x(n) - y(n)], \qquad y(n+1) = rx(n)y(n)$$

ベクトル値関数 $\boldsymbol{f}(\boldsymbol{x}) = \boldsymbol{f}(x, y) = (rx[1 - x - y], rxy)^T$ とし，平衡点 $\boldsymbol{x}_e = (x_e, y_e)^T$ は $\boldsymbol{x}_e = \boldsymbol{f}(\boldsymbol{x}_e)$ を満たす.

$y_e = 0$ のとき，$x_e = 0$，または $x_e \neq 0$，$x_e = 1 - \dfrac{1}{r}$.

$y_e \neq 0$ のとき，$x_e = \dfrac{1}{r}$，$y_e = 1 - \dfrac{2}{r}$ を得る. 以上より，3平衡点を次のようにおく.

$$\boldsymbol{e}_1 = \boldsymbol{0} = (0, 0)^T, \qquad \boldsymbol{e}_3 = \left(1 - \frac{1}{r}, 0\right)^T, \qquad \boldsymbol{e}_3 = \left(\frac{1}{r}, 1 - \frac{2}{r}\right)^T$$

ヤコビ行列 $\dfrac{\partial \boldsymbol{f}}{\partial \boldsymbol{x}}(\boldsymbol{x}) = \begin{pmatrix} r - 2xr - ry & -rx \\ ry & rx \end{pmatrix}$, 各 $\boldsymbol{e}_j$ に対し，

$$\frac{\partial \boldsymbol{f}}{\partial \boldsymbol{x}}(\boldsymbol{e}_1) = \begin{pmatrix} r & 0 \\ 0 & 0 \end{pmatrix}, \; \frac{\partial \boldsymbol{f}}{\partial \boldsymbol{x}}(\boldsymbol{e}_2) = \begin{pmatrix} 2 - r & -r + 1 \\ 0 & r - 1 \end{pmatrix}, \; \frac{\partial \boldsymbol{f}}{\partial \boldsymbol{x}}(\boldsymbol{e}_3) = \begin{pmatrix} 0 & -1 \\ r - 2 & 1 \end{pmatrix}^{*1}.$$

問題 6.2.1 (1) $r < 1$ のとき，$\boldsymbol{e}_1 = \boldsymbol{0}$ は一様漸近安定，すなわち (a) 初期値が微小であれば，解は微小の状態が続き，かつ (b) $\boldsymbol{e}_1$ の近傍から出る解 $\boldsymbol{x}(n)$ は，$\boldsymbol{x}(\infty) = \boldsymbol{0}$ である.

(2) $1 < r < 2$ のとき，平衡点 $\boldsymbol{e}_2$ は一様漸近安定.

(3) $2 < r < 3$ のとき，平衡点 $\boldsymbol{e}_3$ は一様漸近安定.

考察 ヤコビ行列 $A_i = \dfrac{\partial \boldsymbol{f}}{\partial \boldsymbol{x}}(\boldsymbol{e}_j)$ ($1 \leq i \leq 3$) とおく. (1) 固有多項式 $P(\lambda) = \lambda^2 - r\lambda$ で，A_1 に関し $0 < r < 1$ のとき，$|\mathrm{tr}(A_1)| < \det(A_1) + 1 < 2$ が成り立つから，$\boldsymbol{e}_1$ は一様漸近安定（定理 8.2.3）.

---

*1 詳しい定性解析は，M. Martelli：Discrete Dynamical Systems and Chaos, CRC Press LLC, 1992（邦訳：離散動的システムとカオス，浪花智英・有本卓 共訳，森北出版 (1999)）を参照されたい.

（2）固有多項式 $P(\lambda) = \lambda^2 - \lambda - (r-2)(r-1)$ に関し，$1 < r < 2$ のとき，$|\mathrm{tr}(A_2)| < \det(A_2) + 1 < 2$ が成り立つ．ゆえに e_2 は一様漸近安定．

（3）固有多項式 $P(\lambda) = \lambda^2 - \lambda + r - 2$ に関し，$2 < r < 3$ のとき，$|\mathrm{tr}(A_3)| < \det(A_3) + 1 < 2$ が成り立つ．ゆえに e_3 は一様漸近安定．　　　　◇

▎6.3　連続型感染症 SIR モデル

　本書を執筆しているとき，新型コロナウイルスによる流行感染の時期で，感染症モデルに触れて，改めてその種類は多岐にわたっていると感じた．感染症が集団に広まる様子は，ロトカ・ヴォルテラ方程式として解析することもある．次の Kermack-McKendrick［1927］による **SIR モデル**は著名である．$S(t)$ は時間 t における**感受者**（susceptible），$I(t)$ は**感染者**（infectious），$R(t)$ は**隔離者**（removed）．あるいは**回復者**（recovered）を意味する．

$$\frac{dS}{dt} = -rSI, \qquad \frac{dI}{dt} = rSI - aI, \qquad \frac{dR}{dt} = aI$$

$r > 0$ は**感染率**，$a > 0$ は**隔離率**という．3 式を加えると，$S' + I' + R' = 0$，すなわち，$R(t) + I(t) + R(t) = N$（定数）を得る．初期条件は次式の通り．

$$S(0) = S_0, \qquad I(0) = I_0, \qquad R(0) = 0$$

$I'(t) = I(rS - a) < 0$（$rS(t) < a$）のとき，さらに $I(\infty) = 0$ であれば，感染症の流行は消滅へと収束する．また $rS(t) > a$ のとき，$I(t)$ は増加し流行は広まる．流行とは，$I(t) > 0$ なる状態をいう．次の対応を得る．

$$R_0 = \frac{rS_0}{a} < 1 \Longleftrightarrow 流行は減少; \qquad R_0 = \frac{rS_0}{a} > 1 \Longleftrightarrow 流行は増大.$$

このとき，$R_0 = \dfrac{rS_0}{a}$ を**基本再生産数**（basic reproduction number）という．$R_0 < 1$ とするためには，初期感受者数 $S(0)$ をさげることが有効であり，そのためにはワクチン接種の重要性が挙げられる．

例 6.3.1 Anderson-May［1979］のモデルでは，$r > 0$ を出生率，$e > 0$ を死亡率とし，$r > e$ かつ，出生時は感受性をもち，$b > 0$ を伝染係数，$a > 0$ を病気からの回復率（隔離率）とし，次式を与えた．

$$S' = r(S + I + R) - bSI - eS, \tag{6.1}$$

$$I' = bSI - (a + e + v)I, \tag{6.2}$$

$$R' = vI - eR \tag{6.3}$$

定理 6.3.2 式（6.1）〜（6.3）に関し，$c > \dfrac{r - e}{1 + v/e}$ のとき次の結論（I），（II）を得る．

(I) 平衡点 $\boldsymbol{x}_e = (S_e, I_e, R_e)$ を1つもつ．

(II) 平衡点 $\boldsymbol{x}_e$：[US]かつ[GUA]．

！注意 6.3.3 Anderson-May は，野外集団における病気流行のメカニズムを解明し，寄生虫の病気の抑制を導き，衛生学上の政策決定に貢献したといわれる［文献（b）］．

参考文献 （a）稲葉寿 編著：感染症の数理モデル，培風館（2008），（b）巌佐庸：数理生物学入門 ― 生物社会のダイナミックスを探る，共立出版（1998），（c）James D. Murray：マレー数理生物学入門，三村昌泰 総監修，丸善出版（2014），（d）Leah Edelstein-Keshet：Mathematical Models in Biology, Random House Inc., 1988.

6.4 離散型感染症 SIR モデル

投薬に対する効果を扱うときなど（例 7.1.1），連続時間 $t \in \boldsymbol{R}$ ではなく，離散時間 $n \in \boldsymbol{Z}_+$ ごとにモデルを解析することがある．

次の離散型 SIR モデルでは，$x(n)$ を感染者密度，$y(n)$ を感受者密度，接触率を $a_1 > 0$，出生率（＝死亡率）を $b_1 > 0$，回復率を $c > 0$ とし，$0 < b_1 + a \leq 1$ と仮定し，初期値 $x(0) > 0$, $y(0) > 0$ は $0 < x(0) + y(0) \leq 1$ とする．

$$x(n + 1) = x(n)(1 - b_1 - c) + y(n)(1 - e^{-a_1 x(n)}),$$
$$y(n + 1) = (1 - y(n))b_1 + y(n)e^{-a_1 x(n)}$$

従前研究では，以下のような結果が得られている［文献 (e)，p.100］.

（I）$0 < x(n) + y(n) \leq 1$ のとき，$0 < x(n + 1) + y(n + 1) \leq 1$.

（II）基本再生産数 $R_0 = a/(b_1 + c) \leq 1$ のとき，平衡点 $(x, y) = (0, 1)$ は [GUA]（大域的一様吸引）.

（III）別な平衡点 $x_e > 0$，$y_e > 0$ は，次式を満たす.

$$x_e(b_1 + a) = y_e(1 - e^{-a_1 x_e}), \quad y_e = 1 - x_e\left(1 + \frac{c}{b_1}\right)$$

$$\iff \quad y_e = 1 - x_e\left(1 + \frac{c}{b_1}\right) = \frac{x_e(b_1 + a)}{1 - e^{-a_1 x_e}}$$

（IV）$R_0 > 1$ のとき，平衡点 (x_e, y_e) は [GUAS] と予想されるが，未だ証明されていない.

6.5　離散型 SI モデル

次のモデルでは，回復者（removed）$c = 0$ とする．例えば，白癬菌による皮膚感染症など，完全な治癒が望めない場合などがこれにあたる．

例 6.5.1　接触率 $a > 0$ と出生率 $0 < b < 1$ として，SI モデルは次式の通り.

$$x(n + 1) = x(n)(1 - b) + (1 - x(n))(1 - e^{-ax(n-1)})$$

平衡点 x_e は，次式を満たす.

$$bx_e = (1 - x_e)(1 - e^{-ax_e})$$

従前研究では，次のような結果が得られた.

（I）基本再生産数 $R_0 = a/b \leq 1$ のとき，$x_e = 0$ は大域的一様吸引的（[GUA]）.

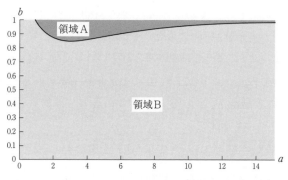

図 16　A：不安定領域，B：大域漸近安定領域

　（II）$R_0 = a_1/b_1 > 1$ のときも，$x_e > 0$ は大域的一様漸近安定（[GUAS]）であると Allen は予想した．しかしながら，その予想を否定する数値例が得られている（図 16）．

　（III）$R_0 > 1$，$0 < a < \alpha$（$\alpha e^\alpha = 1$，$\alpha = $ 約 0.58）のとき，x_e：[GUAS] であると証明できた［文献（f）］．

文献　（e）L. J. S. Allen：SI and SIR Epidemic Models, J. Difference and Appl., 2001, Vol. 7, pp. 759-761（Open Problems and Conjecture edited by G. Ladas），（f）同志社大学ハリス理工学研究所報告 ID 24699（池添，齋藤）．

第 **7** 章

差分方程式の解法

7.1　1階線形差分方程式

非負整数 $n = 0, 1, 2, \cdots$ に対する差分方程式

$$x(n + 1) = f(x(n))$$

の解法を述べる．その解 $\{x(n) : n \in \boldsymbol{Z}_+\}$ は数列である．差分方程式は漸化式と等しい．

等比数列 $x(n + 1) = ax(n)\,(a \in \boldsymbol{R})$ は，1階斉次線形差分方程式という．変係数 $a(n), b(n)\,(n \in \boldsymbol{Z}_+)$ に対し

$$x(n + 1) = a(n)x(n) + b(n) \tag{7.1}$$

を，1階非斉次線形差分方程式という．特に，$a(n) = 1$，$b(n) = b$（定数）のとき，$x(n + 1) = x(n) + b$ を，等差数列という．

例 7.1.1　ある薬は，時間が1進むごとに，体内のその薬成分のうち $100\,p$ パーセントが体外に排出されるという．時間 $n = 0, 1, 2, \cdots$ にこの薬を q グラムずつ服用したとき，時間 n での体内の薬成分を $x(n)$ グラムとすると，次の式が得られる．

$$x(n + 1) = (1 - p)x(n) + q$$

考察　$x(n + 1) - \alpha = (1 - p)\,[x(n) - \alpha]$ なる $\alpha \in \boldsymbol{R}$ を求める．$x(n + 1)$

$= (1 - p)x(n) + \alpha - (1 - p)\alpha$ から, $q = \alpha - (1 - p)\alpha$. よって, $\alpha = \dfrac{q}{p}$ から,

$$x(n) - \alpha = (1 - p)[x(n - 1) - \alpha] = (1 - p)^2[x(n - 2) - \alpha]$$
$$= (1 - p)^n[x(0) - \alpha],$$

すなわち $x(n) = (1 - p)^n\left[x(0) - \dfrac{q}{p}\right] + \dfrac{q}{p}$ を得る. 極限は次の通り. $0 < p < 1$ である.

$$\lim_{n \to \infty} x(n) = \frac{q}{p} \qquad\qquad \Diamond$$

1階差分方程式の解法では, 1階非斉次線形差分方程式, 等比数列, 等差数列に持ち込むことがある.

!注意 7.1.2 注意2.2.1と同様, 式 (7.1) に対し,
$$L(x(n)) = x(n + 1) - a(n)x(n) \qquad (n \in \mathbf{Z}_+)$$
とおく. 任意の点列 (数列) $x(n)$ と $y(n)$ $(n \in \mathbf{Z}_+)$ と, 任意の実数 k と ℓ として,
$$L(kx(n) + \ell y(n)) = kL(x(n)) + \ell L(y(n)) \qquad (n \in \mathbf{Z}_+) \qquad (7.2)$$
が成り立つとき, $L(x(n)) = b(n)$ (点列 $b(n)$ は $x(n)$ を含まない;$n \in \mathbf{Z}_+$) を**線形差分方程式**という.

問 7.1.3 式 $L(x(n)) = x(n + 1) - a(n)x(n)$ $(n \in \mathbf{Z}_+)$ は, 関係 (7.2) を満たすことを示せ.

考察 実際,
$$L(kx(n) + \ell y(n))$$
$$= kx(n + 1) + \ell y(n + 1) - a(n)\{kx(n) + \ell y(n)\}$$
$$= kL(x(n)) + \ell L(y(n)). \qquad\qquad \Diamond$$

● 1階斉次線形差分方程式の一般解

1階斉次差分方程式 $x(n + 1) = a(n)x(n)$ の一般解は, 次式で与えられる.
$$x_g(n) = \prod_{j=0}^{n} a(j)x(0) = a(n)a(n - 1) \cdots a(0)x(0)$$

！注意 7.1.4 （1）数列 $\{x(n)\}$ として，$n = 0$ ではなく $n = 1$ から始まるものを考えることもある．この場合，一般解は次式で与えられる．
$$x_g(n) = a(n)a(n-1) \cdots a(1)x(1)$$

（2）整数 $n < 1$ のとき，$\prod_{j=1}^{n} a(j) = 1$ とする．

（3）整数 $n < 0$ のとき，$\sum_{j=0}^{n} a(j) = 0$ とする．

● 1階非斉次線形差分方程式の定数変化法

1階非斉次線形差分方程式
$$x(n+1) = a(n)x(n) + b(n) \tag{7.3}$$

の斉次式 $x(n+1) = a(n)x(n)$ の一般解は $x_g = \prod_{j=0}^{n} a(j)A$ （A は定数）で与えられ，定数を関数 $A = A(n)$ として，次の仮定を課す．

（A1）
$$x(n) = \left\{\prod_{j=0}^{n-1} a(j)\right\} A(n)$$

仮定（A1）を式（7.3）に代入し，$x(n+1) = \left\{\prod_{j=0}^{n} a(j)\right\} A(n+1)$，また

$$x(n+1) = a(n)x(n) + b(n) = \left\{\prod_{j=0}^{n} a(j)\right\} A(n) + b(n)$$

より，

$$\left\{\prod_{j=0}^{n} a(j)\right\} A(n+1) = \left\{\prod_{j=0}^{n} a(j)\right\} A(n) + b(n)$$

となる．$a(j) \neq 0$ のとき，$A(n+1) = A(n) + \dfrac{b(n)}{\prod_{j=0}^{n} a(j)}$．よって，次の階差

数列を得る．

$$A(n) = A(n-1) + \dfrac{b(n-1)}{\prod_{j=0}^{n-1} a(j)}$$

ゆえに，式（7.3）の任意解は次の通り．

定理 7.1.5 1階非斉次線形差分方程式
$$x(n+1) = a(n)x(n) + b(n)$$

に関し, $a(n) \neq 0$ $(n \geq 0)$, $x(0) = A \neq 0$ とする.

(1) 式 (7.3) の任意解は次式で与えられる.

$$x(n) = \prod_{k=0}^{n-1} a(k) \left\{ A(0) + \sum_{k=0}^{n-1} \frac{b(k)}{\prod_{j=0}^{k} a(j)} \right\}$$

$$= \underbrace{\prod_{k=0}^{n-1} a(k) A(0)}_{\text{(gen)}} + \underbrace{\prod_{k=0}^{n-1} a(k) \sum_{k=0}^{n-1} \frac{b(k)}{\prod_{j=0}^{k} a(j)}}_{\text{(par)}} \tag{7.4}$$

(2) (1) において, 項 (gen) を**一般項** x_g (general solution), 項 (par) を**特殊解** x_p (particular solution) といい, 任意解は x_g と x_p の和である.

$$(任意解) = x_g(n) + x_p(n)$$

例 7.1.6 $k \in \mathbf{N}$, $x \in \mathbf{C}$ $(x \neq 0, 1)$, $i = \sqrt{-1}$ とする. 次の等式を示せ.

(1) $\displaystyle\sum_{j=1}^{n} j = \frac{n(n+1)}{2}$ (2) $\displaystyle\sum_{j=1}^{n} j^2 = \frac{n(n+1)(2n+1)}{6}$

(3) $\displaystyle\sum_{j=1}^{n} j^3 = \left\{ \frac{n(n+1)}{2} \right\}^2$

(4) $\displaystyle\sum_{j=1}^{n} j^4 = \frac{1}{30} n(n+1)(2n+1)(3n^2 + 3n - 1)$

(5) $\displaystyle\sum_{j=1}^{n} x^j = \frac{1 - x^{n+1}}{1 - x}$

(6) $\displaystyle\sum_{j=1}^{n} e^{ixj} = \frac{1 - e^{ix(n+1)}}{1 - e^{ix}}$

$$= \frac{\{1 - \cos(x(n+1))\}(1 - \cos x) + \sin(x(n+1)) \sin x}{(1 - \cos x)^2 + \sin^2 x}$$

$$+ i \frac{\{1 - \cos(x(n+1)) \sin x\} \sin x - \sin(x(n+1))(1 - \cos x)}{(1 - \cos x)^2 + \sin^2 x}$$

(7) $\displaystyle\sum_{j=1}^{n} j x^{j-1} = \frac{nx^{n+1} - (n+1)x^n + 1}{(1-x)^2} = \frac{1 - x^n}{(1-x)^2} - \frac{nx^n}{1-x}$

(8) $\displaystyle\sum_{j=1}^{n} j(j-1) x^{j-2} = \frac{2(1 - x^n)}{(1-x)^3} - \frac{nx^{n-1}(1+x)}{(1-x)^2} - \frac{n^2 x^{n-1}}{1-x}$

(9) $\displaystyle\sum_{j=1}^{n} j^2 x^j = \frac{2x^2(1-x^n)}{(1-x)^3} + \frac{x(1-x^n) - nx^{n+1}(1+x)}{(1-x)^2} - \frac{n(n+1)x^{n+1}}{1-x}$

【解法】 (1)〜(4) は,階差数列の計算より得られる.(4) に関し,5 次式 $a_j = (j-1)j(j+1)(j+2)(j+3)$ を考え,

$$\sum_{j=1}^{n} (a_{j+1} - a_j) = a_{n+1} - a_1 = n(n+1)(n+2)(n+3)(n+4)$$

を得,また 5 次式から　次式に帰着され総和は

$$\sum_{j=1}^{n} (a_{j+1} - a_j) = \sum_{j=1}^{n} (5j^4 + 30j^3 + 55j^2 + 30j)$$

$$= 5\sum j^4 + \frac{15}{2}n^2(n+1)^2 + \frac{55}{6}n(n+1)(2n+1) + 15n(n+1)$$

$$= 5\sum j^4 + \frac{n(n+1)}{6}(45n^2 + 155n + 145).$$

よって,

$$\sum j^4 = \frac{n(n+1)}{5}\left\{(n+2)(n+3)(n+4) - \frac{45n^2 + 155n + 145}{6}\right\}$$

$$= \frac{1}{30}n(n+1)(2n+1)(3n^2 + 3n - 1)$$

を得る.

(5) $S = \displaystyle\sum_{j=1}^{n} x^j$ とおき,$S(1-x) = 1 - x^{n+1}$ より得る.

(6) (5) において,$x = e^{ix}$ とおく.

(7) (5) を x で微分して,$\displaystyle\sum_{j=1}^{n-1} jx^{j-1} = \frac{1 - nx^{n-1} + x^n(1-n)}{(1-x)^2}$.

後半の等式は,$S = \displaystyle\sum_{j=1}^{n-1} jx^{j-1}$ とおき,$S(1-x) = \displaystyle\sum_{j=1}^{n-2} x^j - (n-1)x^{n-1}$ より示せる.

(8) (7) を微分すればよい.

(9) (8) の式を S とおき,$Sx^2 + \displaystyle\sum_{j=1}^{n} jx^j$ を計算する.　　◆

解法 7.1.7 1 階線形差分方程式 $x(n+1) = ax(n) + b(n)$ の特殊解 x_p は,

$b(n)$ の形に応じて，次のように求められる $(a, b, L \in \mathbf{C},\ a \neq 0, 1,\ \rho \neq 0,$
$k \in \mathbf{Z}_+)$.

(I) $b(n) = L\rho^n$ のとき，場合 (i)，(ii) がある.

 (i) $a \neq \rho$ のとき，$x_p(n) = \dfrac{L\rho^n}{\rho - a}$

 (ii) $a = \rho$ のとき，$x_p(n) = Ln\rho^{n-1}$

(II) $b(n) = Ln^k$ に関し仮定を課し，特殊解 x_p を求める.

 (i) $k = 1$ のとき，$x_p(n+1) - \{B(n+1) + A\} = ax_p(n) - (Bn + A)$

 と仮定し，$x_p(n) = \dfrac{Ln}{1-a} - \dfrac{L}{(1-a)^2}$ を得る.

 (ii) $k \in \mathbf{N}$ のとき，

$$x_p(n+1) - \sum_{j=0}^{k} c_j(n+1)^j = a\Big[x_p(n) - \sum_{j=0}^{k} c_j n^j\Big]$$

(c_j は未知定数) と仮定し，特殊解は次の通り.

$$x_p(n) = \sum_{j=0}^{k} c_j n^j$$

(III) $b(n) = L\rho^n n^k$ のときは，上記 (II) に帰着させる.

考察　(I)　(i) 定数変化法より $x(n) = A(n)a^n$ とおき，$A(n+1) = A(n)$ $+ \dfrac{L}{a}\Big(\dfrac{\rho}{a}\Big)^n$ から

$$A(n) = A(0) + \frac{L}{a} \sum_{j=0}^{n-1}\Big(\frac{\rho}{a}\Big)^j = A(0) + \frac{L}{a}\frac{1 - (\rho/a)^n}{1 - (\rho/a)}$$

を得る. よって，特殊解 $x_p = \dfrac{L\rho^n}{\rho - a}$.

 (ii) 定数変化法より $x(n) = A(n)a^n$ とおき，$A(n+1) = A(n) + \dfrac{L}{a}$ から，$A(n) = A(0) + \dfrac{L}{a}(n-1)$, 特殊解は $x_p = Ln\rho^{n-1}$ を得る.

 (II)　(i) 明らか. (別解：$x(n) = A(n)a^n$ とおき，$A(n+1) = A(n) + \dfrac{L}{a}$ $\dfrac{n}{a^n}$ から，$A(n) = A(0) + \dfrac{L}{a^2}\sum_{j=1}^{n-1}\dfrac{j}{a^{j-1}}$. ここで，例7.1.6 (7) を参照すると，

$$x_p = \left[A(0) + \frac{L}{a^2}\left\{\frac{1 - \left(\frac{1}{a}\right)^{n-1}}{\left(1 - \frac{1}{a}\right)^2} - \frac{(n-1)\left(\frac{1}{a}\right)^{n-1}}{1 - \frac{1}{a}}\right\}\right]a^n$$

$$= \frac{-L}{(1-a)^2} + \frac{Ln}{1-a}$$

を得る.)

(ii) 変換 $x_p(n+1) - \sum_{j=0}^{k} c_j(n+1)^j = a\left[x_p(n) - \sum_{j=0}^{k} c_j n^j\right]$ を仮定する. よって,

$$\sum_{j=0}^{k} c_j(n+1)^j - a\left[\sum_{j=0}^{k} c_j n^j\right] = Ln^k$$

に関し両辺を比較し, c_j $(0 \le j \le k)$ を求める. $y(n) = x_p(n) - \sum_{j=0}^{k} c_j n^j$ とおくと, $y(n+1) = ay(n)$ が成り立つ. $y(n) = a^n(x(0) - p_0)$ より, $a^n(x(0) - p_0)$ は一般解とみなせるから, 特殊解は次式の通り.

$$x_p = \sum_{j=0}^{k} c_j n^j$$

(III) 定数変化法より $x(n) = A(n)a^n$ とおくと, $a^{n+1}A(n+1) = a^{n+1}A(n) + L\rho^n n^k$,

$$A(n+1)\left(\frac{a}{\rho}\right)^{n+1} = \frac{a}{\rho}A(n)\left(\frac{a}{\rho}\right)^n + \frac{L}{\rho}n^k$$

を得る. $B(n+1) = A(n+1)\left(\frac{a}{\rho}\right)^{n+1}$ とおくと, $B(n+1) = \frac{a}{\rho}B(n) + \frac{Ln^k}{\rho}$ より, (II) の式に帰着させて解く. ◇

非斉次式 (7.3) に関し, $b(n) = n^k$, $\cos bn\pi$, $\sin bn\pi$, r^n, $r^n n^k e^{b\pi n}$ の解法では, 仮定 (A1) が重要である (p.103).

例7.1.8 $a, b, r \in \mathbf{R}$, $a \ne 0, 1$, 虚数単位 $i = \sqrt{-1}$ として, 解け. 問題 (3), (7) では $z(n)$ は複素数値関数とし, $x(n) = \operatorname{Re} z(n)$, $y(n) = \operatorname{Im} z(n)$ とする.

(1) $x(n+1) = ax(n) + b$　　　(2) $x(n+1) = ax(n) + n^2$

(3) $z(n + 1) = az(n) + e^{ibn\pi}$　　(4) $x(n + 1) = ax(n) + \cos bn\pi$

(5) $x(n + 1) = ax(n) + \sin bn\pi$　　(6) $x(n + 1) = ax(n) + r^n$

(7) $z(n + 1) = az(n) + r^n n$

【解法】　(1) 等比数列に帰着するために，$x(n + 1) - A = a\{x(n) - A\}$ と

おく．これより $A = \dfrac{b}{1-a}$ から，$x(n + 1) - \dfrac{b}{1-a} = a\Big\{x(n) - \dfrac{b}{1-a}\Big\}$,

すなわち，$x(n) - \dfrac{b}{1-a} = a^n\Big\{x(0) - \dfrac{b}{1-a}\Big\}$ で，任意解は次式の通り．

$$x(n) = a^n\Big\{x(0) - \frac{b}{1-a}\Big\} + \frac{b}{1-a}$$

(2) 非斉次項 n^2 に対しては，$x(n + 1) - \big\{A(n + 1)^2 + B(n + 1) + C\big\} =$

$a\{x(n) - (An^2 + Bn + C)\}$ が成り立つとして推定する．これより，$A =$

$\dfrac{1}{1-a}$, $B = \dfrac{-2}{(1-a)^2}$, $C = \dfrac{1+a}{(1-a)^3}$ を得る．

$$y(n) = x(n) - \left(\frac{n^2}{1-a} + \frac{-2n}{(1-a)^2} + \frac{1+a}{(1-a)^3}\right)$$

とおくと，$y(n + 1) = ay(n)$. これは等比数列より，$y(n) = a^n y(0)$, よって，

$$x(n) = a^n\Big(x(0) - \frac{1+a}{(1-a)^3}\Big) + \frac{n^2}{1-a} + \frac{-2n}{(1-a)^2} + \frac{1+a}{(1-a)^3}.$$

(非斉次項が n^k のときは，$y(n) = x(n) - \sum_{j=0}^{k} A_{k-j}\, n^{k-j}$ として考察すればよい)

(3) 式は $x(n + 1) + iy(n + 1) = a\{x(n) + iy(n)\} + \cos bn\pi + i \sin bn\pi$ を

意味する．$z(n)$ として解く．$z(n) = a^n A(n)$ とおくと，$a^{n+1}A(n + 1) =$

$a^{n+1}A(n) + e^{ibn\pi}$. よって，階差数列 $A(n + 1) = A(n) + \dfrac{\left(e^{ib\pi}\right)^n}{a^{n+1}} = A(n) +$

$\dfrac{1}{a}\Big(\dfrac{e^{ib\pi}}{a}\Big)^n$ を得る．ゆえに，

$$A(n) = A(0) + \frac{1 - (e^{ib\pi}/a)^n}{a - e^{ib\pi}} = A(0) + \frac{1 - (e^{ibn\pi}/a^n)}{a - e^{ib\pi}}$$

から，任意解は，次式の通り．

$$z(n) = a^n\left\{z(0) + \frac{1 - (e^{ibn\pi}/a^n)}{a - e^{ib\pi}}\right\}$$

(4)　(3) において，$z(n)$ の実部 $\mathrm{Re}\,z(n)$ をとればよい．

$$\cfrac{1 - \left(\cfrac{e^{ibn\pi}}{a^n}\right)}{a - e^{ib\pi}} = \cfrac{1 - \cfrac{\cos bn\pi + i\sin bn\pi}{a^n}}{a - (\cos b\pi + i\sin b\pi)}$$

$$= \cfrac{\left(1 - \cfrac{\cos bn\pi + i\sin bn\pi}{a^n}\right)((a - \cos b\pi) + i\sin b\pi)}{(a - \cos b\pi)^2 + \sin^2 b\pi}$$

$$= \cfrac{\left(1 - \cfrac{\cos bn\pi}{a^n}\right)(a - \cos b\pi) - \cfrac{\sin bn\pi \sin b\pi}{a^n}}{(a - \cos b\pi)^2 + \sin^2 b\pi}$$

$$+ \cfrac{i\left[\left(1 - \cfrac{\cos bn\pi}{a^n}\right)\sin b\pi - \cfrac{\sin bn\pi}{a^n}(a - \cos b\pi)\right]}{(a - \cos b\pi)^2 + \sin^2 b\pi}$$

以上より，

$$x(n) = a^n x(0) + \frac{(a^n - \cos b\pi n)(a - \cos b\pi) - \sin b\pi n \sin b\pi}{(a - \cos b\pi)^2 + \sin^2 b\pi}.$$

(5)　(3) において，虚部 $\mathrm{Im}\,z(n) = x(n)$ とすればよい．

$$x(n) = a^n x(0) + \frac{(a^n - \cos bn\pi \sin b\pi - \sin bn\pi(a - \cos b\pi)}{(a - \cos b\pi)^2 + \sin^2 b\pi}$$

(6)　$x(n) = a^n A(n)$ とおく．$a^{n+1}A(n+1) = a^{n+1}A(n) + r^n$ から，

$$A(n+1) = A(n) + \frac{1}{a}\left(\frac{r}{a}\right)^n.$$

(i)　$r \neq a$ のとき，

$$A(n) = A(0) + \frac{1}{a}\frac{1 - (r/a)^n}{1 - (r/a)} = A(0) + \frac{1 - (r/a)^n}{a - r}$$

から，任意解は次式の通り．

$$x(n) = a^n\left(x(0) + \frac{1 - (r/a)^n}{a - r}\right)$$

(ii)　$r = a$ のとき，$A(n) = A(n-1) + \dfrac{1}{a} = \cdots = A(0) + \dfrac{n-1}{a}$ から，

任意解は次式の通り.

$$x(n) = a^n \left(x(0) + \frac{n-1}{a} \right)$$

（7）$z(n) = a^n A(n)$ とおくと, $a^{n+1}A(n+1) = a^{n+1}A(n) + nr^n$. a^{n+1} で割り, 階差数列 $A(n+1) = A(n) + \frac{n}{a}\beta^n \left(\beta = \frac{r}{a}\right)$ を導く. 例7.1.6（7）より,

$$A(n+1) = A(0) + \frac{r}{a^2}\sum_{j=0}^{n} j\beta^{j-1} = A(0) + \frac{r}{a^2}\frac{1 - (n-1)\left(\frac{r}{a}\right)^{n-2} - n\left(\frac{r}{a}\right)^{n-1}}{\left(1 - \frac{r}{a}\right)^2}$$

を得る. 一般解は次式の通り.

$$x(n) = a^n \left\{ x(0) + \frac{r}{a^2}\frac{1 - (n-1)\left(\frac{r}{a}\right)^{n-2} - n\left(\frac{r}{a}\right)^{n-1}}{\left(1 - \frac{r}{a}\right)^2} \right\} \qquad ◆$$

7.2　高階線形差分方程式

7.2.1　高階斉次差分方程式

例 7.2.1 （フィボナッチ数列）　オス・メスの1ツガイのウサギは, 産まれてから2ヵ月後から, 毎月1ツガイを産む. ウサギが死ぬことはないと仮定すると, 1年後にはツガイはいくつになるか. これは, 次の差分方程式と初期条件で表される.

$$x(n+2) = x(n+1) + x(n), \qquad x(0) = 0, \qquad x(1) = 1 \qquad (0 \le n \le 12)$$

例 7.2.2 　斉次差分方程式 $x(n+2) + ax(n+1) + bx(n) = 0$ の解法には, $p, q \in \mathbf{C}$ を用いて,

$$x(n+2) - px(n+1) = q\{x(n+1) - px(n)\}$$

に帰着させる. このとき, $p + q = -a$, $pq = b$ を得る. この p, q は後述の固有方程式 $P(\lambda) = \lambda^2 + a\lambda + b = 0$ の解である.

2 階斉次線形差分方程式

$$x(n + 2) + ax(n + 1) + bx(n) = 0 \tag{7.5}$$

に, 変換 $x_1(n) = x(n),\ x_2(n) = x_1(n + 1) \Longleftrightarrow \begin{pmatrix} x_1(n + 1) \\ x_2(n + 1) \end{pmatrix} = A \begin{pmatrix} x_1(n) \\ x_2(n) \end{pmatrix}$ を施す.

行列 $A = \begin{pmatrix} 0 & 1 \\ -b & -a \end{pmatrix}$ は, 次の 3 種 $B_k\ (k = 1, 2, 3)$ のいずれかの行列と相似, すなわち, U を正則行列として $AU = UB_k\ (k = 1, 2, 3)$ で表される. $P(\lambda) = \lambda^2 + a\lambda + b = 0$ を, 式 (7.5) の固有方程式といい, 判別式 $d = a^2 - 4b$ とおく. 下記の議論は 4.2.1 節と同様.

(I) $AU = UB_1,\ B_1 = \begin{pmatrix} \lambda_1 & 0 \\ 0 & \lambda_2 \end{pmatrix},\ \lambda_1, \lambda_2 \left(= \dfrac{-a \pm \sqrt{d}}{2} \right)$ は, A の実数の固有値で, U は, それらの固有ベクトルからなる.

(II) $AU = UB_2,\ B_2 = \begin{pmatrix} \lambda & 1 \\ 0 & \lambda \end{pmatrix},\ \lambda$ は A の実数の固有値で, U は, その固有ベクトル $\boldsymbol{u}$ と, $(A - \lambda I)\boldsymbol{v} = \boldsymbol{u}$ なる $\boldsymbol{v}$ として, $U = (\boldsymbol{u}\ \boldsymbol{v})$ である.

(III) $AU = UB_3,\ B_3 = \begin{pmatrix} \alpha & -\beta \\ \beta & \alpha \end{pmatrix},\ $ 複素数 $\alpha \pm i\beta\ (\alpha, \beta \in \boldsymbol{R}$ で $\beta \neq 0)$ は A の固有値である.

斉次式 (7.5) の解を求める.

場合 (I): A は異なる実数固有値 λ_1, λ_2 をもつ. $A^n \boldsymbol{x}(0) = UB_1{}^n U^{-1} \boldsymbol{x}(0) = U \begin{pmatrix} \lambda_1{}^n & 0 \\ 0 & \lambda_2{}^n \end{pmatrix} U^{-1} \boldsymbol{x}(0)$ より, 斉次式 (7.5) の解 $x(n)$ は, 次式で与えられる.

$$x(n) = x_1(n) = C\lambda_1{}^n + D\lambda_2{}^n \qquad (C, D \text{ は定数})$$

このように, 斉次式 (7.5) の解の表示には, 固有方程式 $\det(\lambda I - A) = 0$ の固有値は重要な役割を果たす.

場合 (II): A は, ただ 1 つの実数の固有値 λ をもつ. このとき, $A^n \boldsymbol{x}(0) = U \begin{pmatrix} \lambda^n & n\lambda^{n-1} \\ 0 & \lambda^n \end{pmatrix} U^{-1} \boldsymbol{x}(0)$ であり, 斉次式 (7.5) の解 $x(n)$ は, 次式である.

$$x(n) = x_1(n) = C\lambda^n + Dn\lambda^{n-1} \qquad (C, D \text{ は定数})$$

　場合（III）：A の固有値は，相異なる複素数 $\lambda = \alpha \pm i\beta$ $(\beta \neq 0)$ であり，$A = |\lambda|U\begin{pmatrix} \cos\theta & -\sin\theta \\ \sin\theta & \cos\theta \end{pmatrix}U^{-1}$ とおける $\left(|\lambda| = \sqrt{\alpha^2 + \beta^2},\ \cos\theta = \dfrac{\alpha}{|\lambda|},\right.$ $\left.\sin\theta = \dfrac{\beta}{|\lambda|}\right)$. よって，

$$A^n \boldsymbol{x}(0) = |\lambda|^n U\begin{pmatrix} \cos\theta & -\sin\theta \\ \sin\theta & \cos\theta \end{pmatrix}^n U^{-1}\boldsymbol{x}(0)$$

$$= |\lambda|^n U\begin{pmatrix} \cos n\theta & -\sin n\theta \\ \sin n\theta & \cos n\theta \end{pmatrix}^n U^{-1}\boldsymbol{x}(0)$$

から，斉次式（7.5）の解 $x(n)$ は，次式である．

$$x(n) = x_1(n) = |\lambda|^n(C\cos n\theta + D\sin n\theta) \qquad (C, D \text{ は定数})$$

問 7.2.3　次の等式を示せ．$\theta \in \boldsymbol{R}$, $n \in \boldsymbol{Z}$ である．

$$R(\theta) = \begin{pmatrix} \cos\theta & -\sin\theta \\ \sin\theta & \cos\theta \end{pmatrix} \text{ のとき, } \quad R(\theta)^n = R(n\theta)$$

考察　（数学的帰納法）(i) $n = 1$ のとき成立する．
　(ii) n のとき，$R(\theta)^n = R(n\theta)$ が成立する，すなわち，

$$\begin{pmatrix} \cos\theta & -\sin\theta \\ \sin\theta & \cos\theta \end{pmatrix}^n = \begin{pmatrix} \cos n\theta & -\sin n\theta \\ \sin n\theta & \cos n\theta \end{pmatrix}$$

と仮定する．両辺に $R(\theta)$ を掛けて $\cos(n+1)\theta = \cos n\theta\cos\theta - \sin n\theta\sin\theta$ と $\sin(n+1)\theta = \sin n\theta\cos\theta - \cos n\theta\sin\theta$ を用いると $R(\theta)^n R(\theta) = R((n+1)\theta)$ を得る．$n+1$ のときも成立する． ◇

！注意 7.2.4　(1) $R(\theta)$ は偏角 θ の回転（操作）である．$R(\theta)^n$ は θ 回転を n 回施す操作であり，$R(n\theta)$ は回転角 $n\theta$ の回転であるから，両者は一致する．
　(2) 2次正方行列の集合

$$X = \left\{ R(\theta) = \begin{pmatrix} \cos\theta & -\sin\theta \\ \sin\theta & \cos\theta \end{pmatrix} : \theta \in \boldsymbol{R} \right\}$$

に，（行列の）加法と（行列の）積を考える．$R(\theta) \longleftrightarrow \cos\theta + i\sin\theta$ と同一視できる．実際，

$$R(\theta)^n \quad \longleftrightarrow \quad (\cos\theta + i\sin\theta)^n = \cos n\theta + i\sin n\theta$$
$$\longleftrightarrow \quad \begin{pmatrix} \cos n\theta & -\sin n\theta \\ \sin n\theta & \cos n\theta \end{pmatrix}.$$

定理 7.2.5 2階, m 階斉次線形差分方程式に関して (1), (2) を述べる.

(1) 2階斉次線形差分方程式

$$x(n+2) + ax(n+1) + bx(n) = 0$$

$(a, b \in \boldsymbol{R})$ の固有方程式 $P(\lambda) = \lambda^2 + a\lambda + b = 0$ の判別式 $d = a^2 - 4b$ の符号により, 解は与えられる. C, D は, 初期条件 $(x(0), x(1)) = (p, q)$ $(p, q \in \boldsymbol{R})$ により決まる定数.

(i) $d > 0$ のとき $P(\lambda) = 0$ の異なる 2 実解を λ_1, λ_2 とすると, 解は
$$x(n) = C\lambda_1{}^n + D\lambda_2{}^n.$$

(ii) $d = 0$ のとき $P(\lambda) = 0$ の重解を λ とすると, 解は
$$x(n) = C\lambda^n + Dn\lambda^{n-1}.$$

(iii) $d < 0$ のとき $P(\lambda) = 0$ の異なる虚数解を $\alpha \pm i\beta$ $(\alpha, \beta \in \boldsymbol{R}$, $\beta \neq 0$, $|\lambda| = \sqrt{\alpha^2 + \beta^2}$, $\cos\theta = \dfrac{\alpha}{|\lambda|}$, $\sin\theta = \dfrac{\beta}{|\lambda|})$ とすると, 解は次式の通り.

$$x(n) = |\lambda|^n (C\cos n\theta + D\sin n\theta)$$

(2) $m \in \boldsymbol{N}$ として, m 階斉次線形差分方程式

$$x(n+m) + a_{m-1}x(n+m-1) + \cdots + a_0 x(n) = 0 \qquad (7.6)$$

の固有方程式を $P(\lambda) = 0$ とする (下記 (∗) 参照). 変換

$$x_1(n) = x(n), \quad x_2(n) = x_1(n+1), \quad \cdots, \quad x_m(n) = x_{m-1}(n+1)$$

により得られる m 次ベクトル値差分方程式

$$\begin{pmatrix} x_1(n+1) \\ x_2(n+1) \\ \vdots \\ x_m(n+1) \end{pmatrix} = A \begin{pmatrix} x_1(n) \\ x_2(n) \\ \vdots \\ x_m(n) \end{pmatrix}, \qquad A = \begin{pmatrix} 0 & 1 & 0 & \cdots & 0 \\ 0 & 0 & 1 & \cdots & 0 \\ \vdots & \vdots & \vdots & \ddots & \vdots \\ 0 & 0 & \cdots & 0 & 1 \\ -a_{m-1} & -a_{m-2} & \cdots & -a_1 & -a_0 \end{pmatrix}$$

を考える. その第1成分 $x_1(n)$ は, m 階斉次式 (7.6) の解と等しい: $x(n) = x_1(n)$. また固有方程式 (特性方程式) に関し次式が成り立つ.

$$(*) \qquad P(\lambda) = \det(\lambda I - A) = \lambda^m + \sum_{k=0}^{m-1} a_k \lambda^{m-1-k} = 0$$

！注意 7.2.6 m 階差分方程式 (7.6) の解は, 点列 (数列) $\{x(n) : n \geq 0\}$ であり, $X = \{x(n) : n \geq 0\}$ とおくと, (7.6) の解全体の集合 $V = \{X\}$ は線形空間をなす. 線形空間 V の次元は, $\dim V = m$, すなわち m 階差分方程式 (7.6) に関し, 一次独立解の個数は m である.

例 7.2.7 次の差分方程式を解け. 必要な定数を A, B, A_1, B_2 とすればよい.

(1) $x(n+2) - 3x(n+1) + 2x(n) = 0$

(2) $x(n+2) - x(n+1) + x(n) = 0$

【解法】 (1) 固有方程式は $P(\lambda) = \lambda^2 - 3\lambda + 2 = (\lambda - 2)(\lambda - 1) = 0$ から, $\lambda = 1, 2$. 一般解は $x(n) = A + 2^n B$.

(2) 固有方程式は $P(\lambda) = \lambda^2 - \lambda + 1 = 0$ から, $\lambda = \dfrac{1 \pm i\sqrt{3}}{2}$. $|\lambda|^2 = \dfrac{1+3}{4} = 1$ から, $|\lambda| = 1$. $\cos t = \dfrac{1}{2}$, $\sin t = \dfrac{\sqrt{3}}{2}$ から, $t = \dfrac{\pi}{3}$ でよい. よって, 一般解は次式の通り.

$$x(n) = A\cos\frac{n\pi}{3} + B\sin\frac{n\pi}{3} = A_1\left(\frac{1+i\sqrt{3}}{2}\right)^n + B_1\left(\frac{1-i\sqrt{3}}{2}\right)^n \qquad ◆$$

7.2.2 差分方程式の記号解法

2階斉次線形系

$$x(n+2) - 2ax(n+1) + a^2 x(n) = 0 \qquad (a \neq 0) \qquad (7.7)$$

を, 記号解法により解く. 任意の点列からなる集合 $X = \{x(n) : n \in \boldsymbol{Z}_+\}$ に対し, 移動作用素 $E : X \to X$ を導入する.

定義 7.2.8 移動作用素 $E : X \to X$ を，$Ex(n) = x(n+1)$ と定義する．

(i) 積 $E^2x(n) = E(Ex(n)) = Ex(n+1) = x(n+2)$ とする．

(ii) 式 (7.7) を，次式と等しいとみなす．

$$x(n+2) - 2ax(n+1) + a^2x(n)$$
$$= E^2x(n) - 2aEx(n) + a^2x(n)$$
$$= (E^2 - 2aE + a^2)x(n) = (E-a)^2x(n) = 0$$

例 7.2.9 式 (7.7) を解け．

考察 (i) 変換 $y(n) = (E-a)x(n)$ として，式 (7.7) を，次式に帰着する．

$$(E-a)y(n) = 0 \iff y(n+1) = ay(n) \quad (\text{等比数列})$$
$$\iff y(n) = y(0)a^n = Aa^n \quad (A = y(0) \text{ とおく})$$

(ii) 式 $(E-a)x(n) = y(n) = Aa^n$ を解く．

$$x(n+1) = ax(n) + Aa^n \iff \frac{x(n+1)}{a^n} = \frac{x(n)}{a^{n-1}} + A$$

ここで，$z(n+1) = \dfrac{x(n+1)}{a^n}$ とおくと，等差数列 $z(n+1) = z(n) + A$ を

得る．$z(n+1) = z(0) + (n+1)A$ から，$z(n) = z(0) + nA = \dfrac{x(0)}{a^{-1}} + nA$.

式 (7.7) の解 $x(n)$ は次式の通り．

$$x(n) = a^{n-1}z(n) = a^{n-1}\left(\frac{x(0)}{a^{-1}} + nA\right) = A_0a^n + A_1na^n \qquad \diamondsuit$$

例 7.2.10 次の 3 階斉次式を解け $(a \neq 0)$．

$$x(n+3) - 3ax(n+2) + 3a^2x(n+1) - a^3x(n) = 0$$

【解法】 与えられた式は $(E^3 - 3aE^2 + 3a^2E - a^3)x(n) = 0$ より，変形して $(E-a)^3 x(n) = 0$. ここで，$y(n) = (E-a)x(n)$ とおく．このとき，$(E-a)^2y(n) = (E-a)^3x(n) = 0$ より，式 (7.7) の解を参照して，$y(n) = Ba^n + Ana^{n-1}$,

$$(E-a)x(n) = Ba^n + Ana^{n-1}$$
$$\iff x(n+1) = ax(n) + Ba^n + Ana^{n-1}$$

$$\Longleftrightarrow \quad \frac{x(n+1)}{a^n} = \frac{ax(n)}{a^n} + \frac{Ba^n}{a^n} + \frac{Ana^{n-1}}{a^n} = \frac{x(n)}{a^{n-1}} + B + \frac{A}{a}n.$$

$$\text{（非斉次項} = B + \frac{A}{a}n \text{となるよう割っている）}$$

$z(n+1) = \dfrac{x(n+1)}{a^n}$ とおくと，$z(n+1) = z(n) + B + \dfrac{A}{a}n$ で，順次，

$$z(n+1) = z(n-1) + 2B + \frac{A}{a}(n+n-1) = \cdots$$

$$= z(0) + (n+1)B + \frac{A}{a}\frac{n(n+1)}{2}.$$

よって，次式で与えられる.

$$x(n) = A_0 a^n + A_1 a^n n + A_2 a^n n^2 \qquad \blacklozenge$$

例 7.2.11　m 階斉次式 $(E-a)^m x(n) = 0$ $(m \in \boldsymbol{N}, \ a \neq 0)$ の解は，次式で与えられることを示せ.

$$x(n) = A_0 a^n + A_1 a^n n + A_2 a^n n^2 + \cdots + A_{m-1} a^n n^{m-1}$$

（$n \geq m$ で，定数 A_j, $0 \leq j \leq m-1$ は，初期条件 $x(j) = \alpha_j \in \boldsymbol{R}$, $0 \leq j \leq m-1$ により決まる）

考察　(i) $m = 1$ のとき，$(E-a)x(n) = 0$ の解は $x(n) = A_0 a^n$.

(ii) $x(n) = a^n \sum_{j=0}^{m-2} A_j n^j$ であると仮定し，$(E-a)^m x(n) = 0$ を解く．$y(n) = (E-a)x(n)$ とおくと，$(E-a)^{m-1}y = 0$ より，$y = a^n \sum_{j=0}^{m-2} A_j n^j$ である．よって，$x(n+1) - ax(n) = a^n \sum_{j=0}^{m-2} A_j n^j$. $a^n \neq 0$ で割れば，等差数列を得る.
$\dfrac{x(n+1)}{a^n} = \dfrac{x(n)}{a^{n-1}} + \sum_{j=0}^{m-2} A_j n^j$ から，順次，

$$\frac{x(n+1)}{a^n} = \frac{x(0)}{a^{-1}} + A_0\{n + (n-1) + \cdots + 1\}$$

$$+ A_1\{n^2 + (n-1)^2 + \cdots + 1^2\}$$

$$+ \cdots + A_{m-2}\{n^{m-2} + (n-1)^{m-2} + \cdots + 1^{m-2}\}$$

$$= \frac{x(0)}{a^{-1}} + A_1\frac{n(n+1)}{2} + A_2\frac{n(n+1)(2n+1)}{6}$$

$$+ \cdots + A_{m-2} \times \text{（変数 } n \text{ の } m-1 \text{ 次多項式）}$$

となる.

$$\frac{x(n+1)}{a^n} = B_0 + B_1 n + \cdots + B_{m-1} n^{m-1}$$ から, $x(n+1) = a^n(B_0 + B_1 n +$

$\cdots + B_{m-1} n^{m-1})$ において, 定数 $C_j = \dfrac{B_j}{a}$ を置き換え, 次式を得る.

$$x(n) = a^n \sum_{j=0}^{m-1} C_j n^j \qquad \diamond$$

例 **7.2.12** $(E-1)(E-2)(E-3)x(n) = 0$ の一般解 x_g を求めよ.

【解法】 固有方程式は $P(\lambda) = (\lambda-1)(\lambda-2)(\lambda-3) = 0$ より, $\lambda = 1, 2, 3$.
一般解は

$$x_g = A + B \cdot 2^n + C \cdot 3^n. \qquad \blacklozenge$$

例 **7.2.13** 次の差分方程式の一般解 x_g を求めよ.

(1) $(E-2)^2(E-3)^2 x(n) = 0$ (2) $(E-2)(E^2+2E+4)x(n) = 0$

(3) $(E^2+6)(E-2)^2 x(n) = 0$ (4) $(E-3)^3(E^2+6)^2 x(n) = 0$

【解法】 (1) 固有方程式 $P(\lambda) = (\lambda-2)^2(\lambda-3)^2 = 0$ から, $\lambda = 2, 3$ (いずれも 2 重解) で, 一般解 $x_g = A \cdot 2^n + Bn \cdot 2^n + C \cdot 3^n + Dn \cdot 3^n$.

! 注意 **7.2.14** (1) 2 階非斉次線形系の定数変化法の応用:$y = (E-3)^2 x$ として $y = A \cdot 3^n + Bn \cdot 3^n = (E-2)^2 x$ を解くこともできる.

(2) 1 階非斉次線形系の応用:$(E-2)^2 x = A \cdot 3^n + Bn \cdot 3^n$ に関し, $z = (E-3)x$ とおき, 1 階系 $(E-3)z = A \cdot 3^n + Bn \cdot 3^n$ の特殊解 z_p を解き, $(E-3)x = z_p$ を求めることもできる.

(2) 固有方程式は $P(\lambda) = (\lambda-2)(\lambda^2+2\lambda+4) = 0$ より, $\lambda = 2, -1 \pm i\sqrt{3}$. $\lambda = -1 \pm i\sqrt{3}$ に関し, 極形式表示を求める.

$$-1 \pm i\sqrt{3} = 2\left(\frac{-1}{2} \pm i\frac{\sqrt{3}}{2}\right) = 2\left(\cos\frac{\pi}{3} \pm i\sin\frac{\pi}{3}\right) = 2e^{\pm i\frac{\pi}{3}}$$

より, 一般解は

$$x_g = A \cdot 2^n + B\left(2e^{i\frac{\pi}{3}}\right)^n + C\left(2e^{-i\frac{\pi}{3}}\right)^n$$

$$= A \cdot 2^n + B \cdot 2^n e^{i\frac{n\pi}{3}} + C \cdot 2^n e^{-i\frac{n\pi}{3}}$$

$$= A \cdot 2^n + B \cdot 2^n\left(\cos\frac{n\pi}{3} + i\sin\frac{n\pi}{3}\right) + C \cdot 2^n\left(\cos\frac{n\pi}{3} - i\sin\frac{n\pi}{3}\right)$$

$$= A \cdot 2^n + B_1 \cdot 2^n \cos\frac{n\pi}{3} + C_1 \cdot 2^n \sin\frac{n\pi}{3}$$

$$(B_1 = B + C,\ C_1 = i(B - C)).$$

（3）固有方程式は $P(\lambda) = (\lambda^2 + 6)(\lambda - 2)^2 = 0$ から，$\lambda = \pm i\sqrt{6}$,2（重解）．また $\pm i\sqrt{6} = \sqrt{6}e^{\pm i\frac{\pi}{2}}$ より，一般解は，

$$x_g = A \cdot 2^n + B \cdot 2^n n + C\left(\sqrt{6}\,e^{i\frac{\pi}{2}}\right)^n + D\left(\sqrt{6}\,e^{-i\frac{\pi}{2}}\right)^n$$

$$= A \cdot 2^n + B \cdot 2^n n + C \cdot \left(\sqrt{6}\right)^n e^{i\frac{n\pi}{2}} + D \cdot \left(\sqrt{6}\right)^n e^{-i\frac{n\pi}{2}}$$

$$= A \cdot 2^n + B \cdot 2^n n + C \cdot \left(\sqrt{6}\right)^n\left(\cos\frac{n\pi}{2} + i\sin\frac{n\pi}{2}\right)$$

$$\quad + D \cdot \left(\sqrt{6}\right)^n\left(\cos\frac{n\pi}{2} - i\sin\frac{n\pi}{2}\right)$$

$$= A \cdot 2^n + B \cdot 2^n n + C_1 \cdot \left(\sqrt{6}\right)^n\cos\frac{n\pi}{2} + D_1 \cdot \left(\sqrt{6}\right)^n\sin\frac{n\pi}{2}.$$

$$(C_1 = C + D,\ D_1 = i(C - D))$$

（4）固有方程式は $P(\lambda) = (\lambda - 3)^3(\lambda^2 + 6)^2 = 0$ から，$\lambda = 3$（3重解），$i\sqrt{6}$（2重解），$-i\sqrt{6}$（2重解）を得る．一次独立解（例7.2.3参照）は，$3^n,\ n \cdot 3^n,\ n^2 \cdot 3^n,\ \left(\sqrt{6}\right)^n\cos\frac{n\pi}{2},\ n\left(\sqrt{6}\right)^n\cos\frac{n\pi}{2},\ \left(\sqrt{6}\right)^n\sin\frac{n\pi}{2},\ n\left(\sqrt{6}\right)^n\sin\frac{n\pi}{2}$ より，一般解は

$$x_g = A \cdot 3^n + Bn \cdot 3^n + Cn^2 \cdot 3^n + D \cdot \left(\sqrt{6}\right)^n\cos\frac{n\pi}{2} + En \cdot \left(\sqrt{6}\right)^n\cos\frac{n\pi}{2}$$

$$\quad + F \cdot \left(\sqrt{6}\right)^n\sin\frac{n\pi}{2} + Gn \cdot \left(\sqrt{6}\right)^n\sin\frac{n\pi}{2}. \qquad ◆$$

7.2.3　高階非斉次差分方程式

(I) 2階線形差分方程式

関数 $a(n), b(n)$ を変係数，$f(n)$ を非斉次項とする．次の非斉次線形系の初

期値問題（初期時間 $n = \nu \, (\geq 0)$）を**定数変化法**で解く.

$$x(n + 2) + a(n)x(n + 1) + b(n)x(n) = f(n) \tag{7.8}$$

$$x(\nu) = x_0, \qquad x(\nu + 1) = x_1 \tag{7.9}$$

2 関数 $x_i(n) \, (i = 1, 2)$ は，次の斉次式（$f = 0$）の一次独立解とする.

(HM)　　$x_i(n + 2) + a(n)x_i(n + 1) + b(n)x_i(n) = 0 \qquad (i = 1, 2)$

式 (7.8) の解は，次式であると仮定する.

$$x(n) = A(n)x_1(n) + B(n)x_2(n) \tag{7.10}$$

これは，常微分方程式の定数変化法（2.2.6 節）において，斉次式の一般解の係数を関数に置き換えたことに対応している. 仮定 (7.10) から

(a)　　　$x(n + 1) = A(n + 1)x_1(n + 1) + B(n + 1)x_2(n + 1),$

(b)　　　$x(n + 2) = A(n + 2)x_1(n + 2) + B(n + 2)x_2(n + 2).$

式 (a), (b) を式 (7.8) に代入し，

(c)
$$\begin{aligned} f(n) = {}& A(n + 2)x_1(n + 2) + B(n + 2)x_2(n + 2) \\ &+ a(n)\{A(n + 1)x_1(n + 1) + B(n + 1)x_2(n + 1)\} \\ &+ b(n)\{A(n)x_1(n) + B(n)x_2(n)\}. \end{aligned}$$

未知関数 $A(n)$, $B(n)$ を求めるため，差分

$$\Delta A(n) = (E - 1)A(n) = EA(n) - A(n) = A(n + 1) - A(n),$$
$$\Delta B(n) = (E - 1)B(n) = B(n + 1) - B(n)$$

に関する条件を得るために，(c) の 2 行目の項について仮定を課す.

$$a(n)\{\Delta A(n) + A(n)\}x_1(n + 1) + a(n)\{\Delta B(n) + B(n)\}x_2(n + 1)$$
$$= a(n)A(n)x_1(n + 1) + a(n)B(n)x_2(n + 1)$$

となるよう，次の仮定 (A) を課す.

　　仮定 (A)　　$\Delta A(n)x_1(n + 1) + \Delta B(n)x_2(n + 1) = 0$

また，$x_1 \, (i = 1, 2)$ が斉次式の解であることを用いると，

$$\begin{aligned} f = {}& [\Delta A(n + 1) + \Delta A(n) + A(n)]x_1(n + 2) \\ &+ [\Delta B(n + 1) + \Delta B(n) + B(n)]x_2(n + 2) \\ &+ a(n)A(n)x_1(n + 1) + a(n)B(n)x_2(n + 1) \\ &+ b(n)A(n)x_1(n) + b(n)B(n)x_2(n) \\ = {}& \Delta A(n)x_1(n + 2) + \Delta B(n)x_2(n + 2). \end{aligned}$$

なお，仮定（A）より，$\Delta A(n+1)x_1(n+2) + \Delta B(n+1)x_2(n+2) = 0$ を用いた．以上から，次の連立式を得る．

$$\begin{pmatrix} x_1(n+1) & x_2(n+1) \\ x_1(n+2) & x_2(n+2) \end{pmatrix}\begin{pmatrix} \Delta A(n) \\ \Delta B(n) \end{pmatrix} = \begin{pmatrix} 0 \\ f(n) \end{pmatrix}$$

解 x_i $(i = 1, 2)$ は一次独立で，**カゾラティアン**（Casoratian，行列式）は 0 でないとする．

$$w(n+1) = \det W(n+1) = \det\begin{pmatrix} x_1(n+1) & x_2(n+1) \\ x_1(n+2) & x_2(n+2) \end{pmatrix} \neq 0 \qquad (n \geq 0)$$

（例 7.2.22 参照）より，その連立式は一意解をもち，

$$\begin{pmatrix} \Delta A(n) \\ \Delta B(n) \end{pmatrix} = \begin{pmatrix} x_1(n+1) & x_2(n+1) \\ x_1(n+2) & x_2(n+2) \end{pmatrix}^{-1}\begin{pmatrix} 0 \\ f(n) \end{pmatrix}$$

$$= \frac{1}{w(n+1)}\begin{pmatrix} -x_2(n+1)f(n) \\ x_1(n+1)f(n) \end{pmatrix}.$$

$\Delta A(n)$, $\Delta B(n)$ の定義から

$$A(n) = \sum_{j=\nu}^{n-1} \Delta A(j) = \sum_{j=p}^{n-1} \frac{-x_2(j+1)f(j)}{w(j+1)} + A(\nu),$$

$$B(n) = \sum_{j=\nu}^{n-1} \Delta B(j) = \sum_{j=p}^{n-1} \frac{x_1(j+1)f(j)}{w(j+1)} + B(\nu).$$

以上より，特殊解 $x_p(n) = [A(n) + A(\nu)]x_1(n) + [B(n) + B(\nu)]x_2(n)$．$n = \nu$ は，初期時間である．

定理 7.2.15 2階非斉次線形差分方程式（7.8）の斉次式（HM）の一次独立解を $x_i(n)$ $(i = 1, 2)$ で $w(n) \neq 0$ $(n \geq 0)$ を満たすものとし，初期時間を $n = \nu$ とする．以下，$A(\nu), B(\nu)$ は定数である．

(1)（7.8）の任意解は，次式で与えられる．

$$x(n) = A(\nu)x_1(n) + B(\nu)x_2(n)$$
$$+ \sum_{j=\nu}^{n-1} \frac{-x_2(j+1)f(j)}{w(j+1)}x_1(n) + \sum_{j=\nu}^{n-1} \frac{x_1(j+1)f(j)}{w(j+1)}x_2(n)$$

(2) 任意解 $x(n)$ は，斉次式（HM）の一般解

$$x_g(n) = A(\nu)x_1(n) + B(\nu)x_2(n)$$

と，非斉次式（7.8）の特殊解

$$x_p(n) = \left\{\sum_{j=\nu}^{n-1} \frac{-x_2(j+1)f(j)}{w(j+1)}\right\}x_1(n) + \left\{\sum_{j=\nu}^{n-1} \frac{x_1(j+1)f(j)}{w(j+1)}\right\}x_2(n)$$

の和である：$x(n) = x_g(n) + x_p(n)$.

解法 7.2.16 移動作用素の式 $P(E) = (E-a)(E-b)$ に対し，2階非斉次線形差分方程式

$$P(E)x(n) = f(n)$$

の特殊解 x_p の解法を述べる．$a, b, L, \rho \in \boldsymbol{C}$，$\rho \neq 0$，$a \neq 0, 1$，かつ，$b \neq 0$，1 とし，固有方程式を $P(\lambda) = (\lambda - a)(\lambda - b) = 0$ とおく．このとき，次の（I）〜（IV）の公式，解法が得られる．

（I） $P(E)\rho^n = \rho^n P(\rho)$ （任意の $n \in \boldsymbol{Z}_+$）が成り立つ.

（II） 非斉次式 $P(E)x(n) = L\rho^n$ の特殊解 x_p は次の通り.

（i） $P(\rho) \neq 0$ のとき，$x_p(n) = \dfrac{L\rho^n}{P(\rho)}$.

（ii） $P(\rho) = 0$ のとき，$P(\lambda) = (\lambda - \rho)^\ell Q(\lambda)$ （$\ell = 1, 2$，$Q(\rho) \neq 0$）とおける．このとき，$x_p(n) = \dfrac{L\rho^n n^\ell}{Q(\rho)\rho^\ell \ell!}$.

（III） 次の場合（i），（ii）を述べる.

（i） $P(E)x(n) = Ln$ の特殊解 x_p は，次式の通り.

$$x_p = \frac{Ln}{(1-a)(1-b)} - \frac{L(2-(a+b))}{(1-a)^2(1-b)^2}$$

（ii） $P(E)x(n) = Ln^k$ の場合．$y(n) = (E-b)x(n)$ とおき，$y(n+1) - \sum_{j=0}^{k} c_j(n+1)^j = b[y(n) - \sum_{j=0}^{k} c_j n^j]$ として，c_j （$0 \leq j \leq k$）を求める．次に，$x(n+1) - \sum_{j=0}^{k} d_j(n+1)^j = a[x(n+1) - \sum_{j=0}^{k} d_j n^j]$ として，d_j （$0 \leq j \leq k$）を求めるとよい．特殊解は次の通り.

$$x_p = \sum_{j=0}^{k} d_j n^j$$

（IV） $P(E)x(n) = Ln^k\rho^n$ の場合．上記（I）〜（III）に帰着させる.

考察 （I） $P(E)\rho^n = \{E^2 - (a+b)E + ab\}\rho^n = \rho^{n+2} - (a+b)\rho^{n+1} + ab\rho^n$

$= \rho^n P(\rho)$ である.

(II)　(i)　$P(\rho) \neq 0$ から, $x_p(n) = \dfrac{\rho^n}{P(\rho)}$ とおくと,

$$P(E)x_p(n) = P(E)\frac{\rho^n}{P(\rho)}.$$

(I) から, $P(E)x_p(n) = \rho^n$ より, $x_p(n)$ は特殊解である.

(ii)　(a) $\ell = 1$ と (b) $\ell = 2$ に分ける.

(a)　$P(E) = (E - \rho)(E - \mu)$ $(\rho \neq \mu)$ とおける. $x_p = \dfrac{\rho^n n}{(\rho - \mu)\rho}$ とする

と, $P(E)x_p = (E^2 - (\rho + \mu)E + \rho\mu)\dfrac{\rho^{n-1} n}{(\rho - \mu)} = \rho^n$ より, 結論が成り立つ.

(b)　$P(E) = (E - \rho)^2$ であり, $x_p = \dfrac{\rho^n n^2}{\rho^2 \cdot 2!}$ とすると,

$$P(E)x_p = (E - \rho)^2 \frac{\rho^{n-2} n^2}{2} = \rho^n$$

より, 結論が成り立つ.

(III)　(i)　$y(n) = (E - b)x(n)$ とおくと, $(E - a)y(n) = Ln$ である. その

特殊解 y_p は, 解法 7.1.7 (II) より, $y_p(n) = \dfrac{Ln}{A} - \dfrac{L}{A^2}$ $(A = 1 - a)$ で,

また $(E - b)x(n) = \dfrac{Ln}{A} - \dfrac{L}{A^2}$. これは,

$$x_p(n + 1) - \frac{L(n + 1)}{AB} + \frac{L(A + B)}{A^2 B^2} = b\Big[x_p(n) - \frac{Ln}{AB} + \frac{L(A + B)}{A^2 B^2}\Big]$$

に変形できる $(B = 1 - b)$. よって

$$x_p(n + 1) - \frac{L(n + 1)}{AB} + \frac{L(A + B)}{A^2 B^2} = b^{n+1}\Big[x_p(0) + \frac{L(A + B)}{A^2 B^2}\Big]$$

より, $x_p(n) - \dfrac{Ln}{AB} + \dfrac{L(A + B)}{A^2 B^2} = b^n \dfrac{L(A + B)}{A^2 B^2}$. ここで $b^n \dfrac{L(A + B)}{A^2 B^2}$ は

一般解とみなせる. ゆえに特殊解は次式の通り.

$$x_p(n) = \frac{Ln}{AB} - \frac{L(A + B)}{A^2 B^2}$$

(ii) $(E-a)y(n) = Ln^k$ を解くために，次式を満たす c_j $(0 \leq j \leq k)$ を求める．

$$y(n+1) - \sum_{j=0}^{k} c_j(n+1)^j = a\Big[y(n) - \sum_{j=0}^{k} c_j n^j\Big]$$

これより，$y(n+1) - \sum_{j=0}^{k} c_j(n+1)^j = a^{n+1}[y(0)-c_0]$，ただし，$\sum_{j=0}^{k} c_j(n+1)^j$

$- a\sum_{j=0}^{k} c_j n^j = Ln^k$ $(n \geq 0)$，すなわち，$y(n) = \sum_{j=0}^{k} c_j n^j = (E-b)x$ を得る．

次に，次式を満たす d_j $(0 \leq j \leq k)$ を求める．

$$x(n+1) - \sum_{j=0}^{k} d_j(n+1)^j = b\Big[x(n) - \sum_{j=0}^{k} d_j n^j\Big],$$

ただし，$\sum_{j=0}^{k} d_j(n+1)^j - b\sum_{j=0}^{k} d_j n^j = \sum_{j=0}^{k} c_j n^j$ $(n \geq 0)$．ゆえに特殊解 x_p は次式の通り．

$$x_p(n) = \sum_{j=0}^{k} d_j n^j$$

（IV）変換 $y(n) = (E-b)x(n)$ により，$(E-a)y = Ln^k\rho^n$，すなわち，$y(n+1) = ay(n) + Ln^k\rho^n$ を得る．定数変化法（p.103）を用いて，$y(n) = a^n Y(n)$ とおくと，$a^{n+1}Y(n+1) = a^{n+1}Y(n) + Ln^k\rho^n$．よって

$$\Big(\frac{a}{\rho}\Big)^{n+1}Y(n+1) = \Big(\frac{a}{\rho}\Big)^{n+1}Y(n) + \frac{L}{\rho}n^k.$$

さらに $Z(n+1) = \Big(\frac{a}{\rho}\Big)^{n+1}Y(n+1)$ とおくと，$Z(n+1) = \frac{a}{\rho}Z(n) + \frac{L}{\rho}n^k$ を得る．これにより（II）に帰着させられた． ◇

実際の非斉次式の計算には，式（7.11）を解き，未知数を導入するとよい．

例 7.2.17 次式を解け．

(1) $(E-2)(E-3)x(n) = 4^n$

(2) $(E-2)(E-3)x(n) = 2^n$ (3) $(E-2)^2 x(n) = 2^n$

(4) $(E-2)(E-3)x(n) = n^2$　　　　(5) $(E-2)^2 x(n) = n^2$

(6) 複素数値関数 $z(n)$ の $(E-2)(E-3)z(n) = e^{i\frac{\pi}{3}n}$

(7) $(E-2)(E-3)x(n) = \cos\dfrac{n\pi}{3}$

(8) 複素数値関数 $z(n)$ の $(E-2)^2 z(n) = e^{i\frac{\pi}{4}n}$

(9) $(E-2)(E-3)x(n) = n\cdot 4^n$　　　　(10) $(E-2)(E-3)x(n) = n\cdot 2^n$

(11) $(E-2)^2 x(n) = n\cdot 2^n$

(12) $(E-2)(E-3)x(n) = r^n\cos\dfrac{n\pi}{4}$

(13) $(E-2)(E-3)x(n) = n\cos\dfrac{n\pi}{6}$

(14) $(E-2)(E-3)x(n) = nr^n\cos\dfrac{n\pi}{6}$

(15) $(E-2)^2(E-3)^2 x(n) = 0$

(16) 複素数値関数 $z(n)$ の $\left(E - e^{\frac{i\pi}{4}}\right)^2 z(n) = e^{\frac{in\pi}{4}}$

【解法】　A, B, A_1, B_1, c, d は定数.

(1) $x(n) = \left(\dfrac{-2^n}{2} + A\right)2^n + \left(\left(\dfrac{4}{3}\right)^n + B\right)3^n = A\cdot 2^n + B\cdot 3^n + \dfrac{4^n}{2}.$

(2) $x(n) = \left(\dfrac{-n}{2} + c\right)2^n + \left(d - \left(\dfrac{2}{3}\right)^n\right)3^n = A\cdot 2^n + B\cdot 3^n - n\cdot 2^{n-1}.$

(3) $x(n) = \left(\dfrac{-n^2 - n}{8} + A\right)2^n + \left(\dfrac{n}{4} + B\right)n\cdot 2^n$

$\qquad = A\cdot 2^n + \left(B - \dfrac{1}{8}\right)n\cdot 2^n + \dfrac{n^2\cdot 2^n}{8}.$

(4) $x(n) = x_g + x_p = A\cdot 2^n + B\cdot 3^n + \dfrac{1}{2}(n^2 + 3n + 5).$

(5) $x(n) = A\cdot 2^n + Bn\cdot 2^n + n^2 + 4n + 8.$

(6) $x(n) = x_g + x_p = A\cdot 2^2 + B\cdot 3^n + \dfrac{1}{\left(3 - e^{i\frac{\pi}{3}}\right)\left(2 - e^{i\frac{\pi}{3}}\right)}e^{i\frac{\pi}{3}n}.$

(7) $z(n) = A\cdot 2^n + B\cdot 3^n + \dfrac{1}{(2 - e^{ib})(3 - e^{ib})}e^{ibn}$

$$= A \cdot 2^n + B \cdot 3^n + \frac{-3 \cos bn + 2\sqrt{3} \sin bn}{3}$$

$$- i \frac{2\sqrt{3} \cos bn + 3 \sin bn}{3}$$

で, その実部が (7) の任意解である ($b = \pi/3$).

(8) $z(n) = z_g + z_p = A \cdot 2^n + Bn \cdot 2^n + \dfrac{e^{\frac{i\pi n}{4}}}{\left(e^{\frac{i\pi}{4}} - 2\right)^2}.$

(9) $x(n) = x_g + x_p = A \cdot 2^n + B \cdot 3^n + (-3) \cdot 4^n + \dfrac{n}{2} \cdot 4^n.$

(10) $x(n) = x_g + x_p = A \cdot 2^n + B \cdot 3^n + \dfrac{-n^2}{4} \cdot 2^n + \dfrac{-3n}{4} \cdot 2^n.$ ◆

解法 7.2.18 m 階非斉次線形差分方程式 $P(E)x(n) = f(n)$ の特殊解 x_p は, $f(n)$ の形に応じて以下のように求められる. ただし, $P(E)x(n) = \sum_{j=0}^{m} a_j x(n + m - j)$ $(a_0 = 1)$ である.

(I) 非斉次項 $f(n) = L\rho^n$ の場合:

(i) $P(\rho) \neq 0$ のとき, 特殊解は次式の通り.

$$x_p(n) = \frac{L\rho^n}{P(\rho)}$$

(ii) $P(\rho) = 0$ のとき, $P(\lambda) = (\lambda - \rho)^\ell Q(\lambda)$ (整数 $\ell \geq 1$, $Q(\rho) \neq 0$) とおけば, 特殊解は次式の通り (Q は $m - \ell$ 次多項式).

$$x_p(n) = \frac{L\rho^n n^\ell}{Q(\rho)\rho^\ell \ell!}$$

(II) 非斉次項 $f(n) = Ln^k$ の場合:

$P(\lambda) = (\lambda - a)\prod_{j=1}^{m-1}(\lambda - b_j)$ $(a, b_j \in \boldsymbol{C})$ とし, $y(n) = \prod_{j=1}^{m-1}(E - b_j)x(n)$ とおくと, $(E - a)y(n) = Ln^k$. $y(n + 1) = ay(n) + Ln^k$.

$$y(n + 1) - \sum_{j=0}^{k} c_j(n + 1)^j = a\Big[y(n) - \sum_{j=0}^{k} c_j n^j\Big]$$

を仮定すると, $\sum_{j=0}^{k} c_j(n + 1)^j - a\sum_{j=0}^{k} c_j n^j = Ln^k$ を満たす c_j $(0 \leq j \leq k)$ を

求めて，特殊解

$$y_p(n) = \sum_{j=0}^{k} c_j n^j$$

を得る．さらに，$m-1$ 階非斉次線形差分方程式

$$(y(n) =) \prod_{j=1}^{m-1}(E - b_j)x(n) = \sum_{j=0}^{k} c_j n^j$$

を解けばよい．

(III) 非斉次項 $f(n) = L\rho^n n^k$ の場合：

$P(\lambda) = (\lambda - a)\prod_{j=1}^{m-1}(\lambda - b_j)\ (a, b_j \in \boldsymbol{C})$ とし，$y(n) = \prod_{j=1}^{m-1}(E - b_j)x(n)$ とおくと，$(E - a)y(n) = L\rho^n n^k$,

$$y(n + 1) = ay(n) + L\rho^n n^k$$

を得る．定数変化法を用いて，$y(n) = a^n Y(n)$ とおくと，

$$Y(n + 1) = \frac{a}{\rho}Y(n) + \frac{L}{\rho}n^k.$$

これは，$Y(n + 1) - \sum_{j=0}^{k} p_j(n + 1)^j = \dfrac{a}{\rho}\Big[Y(n + 1) - \sum_{j=0}^{k} p_j n^j\Big]$ とおけば解ける．

例 7.2.19 次の式の特殊解を求めよ．

(1) $(E - 2)x = n\cdot 2^n$　　(2) $(E - 2)^2 x = n\cdot 2^n$　　(3) $(E - 2)^3 x = n\cdot 2^n$

【解法】 (1) $x(n + 1) = 2x(n) + n\cdot 2^n$ の両辺を 2^{n+1} で割り，

$$\frac{x(n + 1)}{2^{n+1}} = \frac{x(n)}{2^n} + \frac{n}{2}\qquad (\text{階差数列})$$

を得る．

$$\frac{x(n + 1)}{2^{n+1}} = \frac{x(0)}{2^0} + \sum_{j=0}^{n}\frac{j}{2} = \frac{x(0)}{2^0} + \frac{n(n + 1)}{4}.$$

よって，特殊解は $x_p(n) = \dfrac{2^n}{4}n(n - 1)$ である．

(2) $y = (E - 2)x$ とおくと，$(E - 2)y = n\cdot 2^n$. (1) より $y = \dfrac{2^n}{4}n(n - 1)$

$= (E - 2)x$. よって

$$\frac{x(n+1)}{2^{n+1}} = \frac{x(n)}{2^n} + \frac{n(n-1)}{8} \qquad (\text{階差数列})$$

から $x(n) = 2^n\left[\dfrac{x(0)}{2^0} + \dfrac{1}{24}\displaystyle\sum_{j=0}^{n-1}(j^2-j)\right]$ で, 特殊解 $x_p(n) = \dfrac{2^n}{24}(n-2)(n-1)n$

を得る.

(3) $y = (E-2)x$ とおくと $(E-2)^2 y = n \cdot 2^n$. (2) から,

$$y = \frac{2^n}{24}(n-2)(n-1)n = (E-2)x$$

より,

$$\frac{x(n+1)}{2^{n+1}} = \frac{x(n)}{2^n} + \frac{1}{48}(n-2)(n-1)n = \frac{x(0)}{2^0} + \sum_{j=0}^{n}(j-2)(j-1)j$$

$$= \frac{x(0)}{2^0} + \frac{1}{48}\cdot\frac{1}{4}(n-2)(n-1)n(n+1).$$

特殊解は, $x_p(n) = \dfrac{2^n}{2^6\cdot 3}(n-3)(n-2)(n-1)n.$ ◆

例 7.2.20 次の式の一般解 x_g を求めよ.

(1) $(E-2)^2(E-3)x(n) = 0$

(2) $(E-2)^3(E-3)x(n) = 0$ の一般解 x_g

【解法】 (1) $x_g(n) = A\cdot 2^n + Bn\cdot 2^2 + C\cdot 3^n$

(2) $x_g(n) = A\cdot 2^n + Bn\cdot 2^n + Cn^2\cdot 2^n + D\cdot 3^n$ ◆

例 7.2.21 次の式の特殊解を求めよ.

(1) $(E-2)^2(E-3)x(n) = 4^n$ (2) $(E-2)^2(E-3)x(n) = 2^n$

(3) $(E-2)^2(E-3)x(n) = n$ (4) $(E-2)^2(E-3)x(n) = n\cdot 4^n$

(5) $(E-2)^2(E-3)x(n) = n\cdot 2^n$ (6) $(E-2)^2(E-3)x(n) = \cos\dfrac{n\pi}{3}$

(7) $(E-2)^2(E-3)x(n) = n\cos\dfrac{n\pi}{3}$

(8) $(E-2)^2(E-3)x(n) = n\cdot 4^n\cos\dfrac{n\pi}{3}$

(9) $(E-2)^2(E-3)x(n) = n\cdot 2^n\cos\dfrac{n\pi}{3}$

(10) $(E-2)^3(E-3)x(n) = 2n-5$

【解法】 固有多項式は$P(\lambda) = (\lambda - 2)^2(\lambda - 3)$, また$(E - 2)^2(E - 3) = E^3 - 7E^2 + 16E - 12$である.

(1) $x_p(n) = \dfrac{4^n}{P(4)} = \dfrac{4^n}{4}$

(2) $x_p(n) = \dfrac{2^n \cdot n^\ell}{Q(2) \cdot 2^\ell \cdot \ell!} = -\dfrac{n^2 \cdot 2^n}{8}$

(3) $x_p(n) = -\dfrac{n}{2} - \dfrac{5}{4}$

(4) $x_p(n) = 4^n\left(\dfrac{n}{4} - 1\right)$ ◆

例 7.2.22 関数 $x(n), y(n)$ $(i = 1, 2)$ は, 2階差分斉次式 (HM) の解で, 一次独立とする. すなわち,

(Id) 　　　「$c_1 x(n) + c_2 y(n) = 0$ (任意の $n \geq 0$) であるのは, $c_1 = 0 = c_2$ のときに限る.」

また, $w(n) = \det\begin{pmatrix} x(n) & y(n) \\ x(n+1) & y(n+1) \end{pmatrix}$ とする.

このとき, (1)〜(3) が成り立つ.

(1) $w(n + 1) = b(n)w(n)$ $(n \geq 0)$

(2) $w(n) \neq 0$ $(n \geq 0) \iff b(n) \neq 0$ $(n \geq 0)$

(3) $w(n) \neq 0$ (任意の $n \geq 0$) のとき, 解 $x(n), y(n)$ $(n \geq 0)$ は一次独立である.

考察 (1)

$$\begin{aligned}
w(n + 1) &= x(n + 1)y(n + 2) - x(n + 2)y(n + 1) \\
&= x(n + 1)[-ay(n + 1) - by(n)] - [-ax(n + 1) - bx(n)]y(n + 1) \\
&= b[x(n)y(n + 1) - x(n + 1)y(n)] \\
&= b(n)\det\begin{pmatrix} x(n) & y(n) \\ x(n+1) & y(n+1) \end{pmatrix} \\
&= b(n)w(n) \qquad (n \geq 0)
\end{aligned}$$

(2) (1) より, $w(n) = \prod_{j=0}^{n} b(j)w(0)$ (ただし $b(0) = 1$). よって, $w(n) \neq 0$ $(n \geq 0) \Longleftrightarrow b(n) \neq 0$ $(n \geq 0)$. ◇

! 注意 7.2.23 もし式（HM）において $b(n) = 0$ $(n \geq 0)$ ならば, 差分式 $x(n + 2) + a(n)x(n + 1) = 0$ は, $y(n) = x(n + 1)$ に関し, 1 階差分式 $y(n + 1) + a(n)y(n) = 0$ に帰着される.

例 7.2.24 $w(n) = 0$（ある $n \geq 0$）であっても, 2 階斉次差分式の解 $x(n), y(n)$（初期時間 $n = 0, 1$）は, 一次独立のときがある. 次式で確かめ よ.

$$x(n + 2) = \left(\cos \frac{n\pi}{2}\right)x(n) \qquad (n \geq 0)$$

考察 $w(n) = \prod_{j=0}^{n} w(0) = 0$ $(n \geq 1)$ ◇

(II) m 階非斉次変係数線形差分方程式の解法（正整数 $m \geq 1$）

定理 7.2.25 m 階非斉次変係数線形差分方程式

$$x(n + m) + \sum_{j=0}^{m} a_j(n)x(n + m - j) = f(n) \tag{7.11}$$

の一次独立解を $x_j(n)$ $(j = 1, 2, \cdots, m)$ とおき, $w(n) \neq 0$ $(n \geq 1)$ と仮定 し, 初期時間を $n = \nu$ とする. ただし,

$$w(n + 1) = \det \begin{pmatrix} x_1(n + 1) & x_2(n + 1) & \cdots & x_m(n + 1) \\ x_1(n + 2) & x_2(n + 2) & \cdots & x_m(n + 2) \\ \vdots & \vdots & \ddots & \vdots \\ x_1(n + m) & x_2(n + m) & \cdots & x_m(n + m) \end{pmatrix}$$

である. A_ν $(1 \leq \nu \leq m)$ は定数とする.

(1) (7.11) の任意解は, 次式で与えられる.

$$x(n) = [A_\nu + \sum_{j=\nu+1}^{m} Z_j(n)]x_j(n),$$

$$Z_j(n) = \frac{1}{w(n+1)}\det\begin{pmatrix} x_1(n+1) & \cdots & 0 & \cdots & x_m(n+1) \\ x_1(n+2) & \cdots & 0 & \cdots & x_m(n+2) \\ \vdots & \vdots & \vdots & \vdots & \vdots \\ x_1(n+m) & \cdots & f(n) & \cdots & x_m(n+m) \end{pmatrix}$$

第 j 列
↓

（2）任意解 $x(n)$ は，式（7.11）の斉次式（$f=0$ のとき）の一般解 $x_g(n) = \sum_{j=1}^{m} A_j x_j(n)$ と，非斉次式（7.11）の特殊解 $x_p(n) = \sum_{j=1}^{m} Z_j(n) x_j(n)$ の和である：$x(n) = x_g(n) + x_p(n)$（3.3節参照）.

7.3 差分方程式の階数低下法

7.3.1 斉次式と階数低下法

例 7.3.1 2階斉次線形差分方程式について，次の問いに答えよ.

$$x(n+2) + \frac{n+2}{n+1}x(n+1) - \frac{2(n+2)}{n}x(n) = 0 \qquad (n \geq 1)$$

（1）関数 $x(n) = n$ は，解の1つであることを確かめよ.

（2）もう1つの1次独立解を $y(n)$ として，カゾラティアン $w(n+1) = \det\begin{pmatrix} x(n+1) & y(n+1) \\ x(n+2) & y(n+2) \end{pmatrix}$ は，$w(n+1) = \frac{-2(n+2)}{n}w(n)$ を満たすことを示せ. また $w(n)$ を求めよ（$n \geq 1$）.

（3）（**階数低下法**）別の解を $y(n)$ として，比 $\frac{y(n)}{x(n)}$ の差分 $\Delta\frac{y(n)}{x(n)} = \frac{y(n+1)}{x(n+1)} - \frac{y(n)}{x(n)}$ とおき，$\Delta\frac{y(n)}{x(n)} = \frac{w(n)}{x(n+1)x(n)}$ を満たすことを示せ.

（4）$y(n)$ を求めよ.

【解法】（1）$x = n$ を差分式の左辺に代入して，

$$(左辺) = n + 2 + \frac{n+2}{n+1}(n+1) - 2\frac{(n+2)n}{n} = 0 = (右辺)$$

より，$x = n$ は差分式を満たす．ゆえに解である．

(2) 例 7.2.22 参照．$w(n+1) = (-2)^n \frac{(n+2)(n+1)}{2} w(1)$．

(3) $w(n)$ の定義参照．$\Delta \frac{y(n)}{x(n)} = \frac{w(n)}{x(n+1)x(n)} = (-2)^{n-1} w(1)$．

(4) $\frac{y(n+1)}{x(n+1)} = \frac{y(1)}{x(1)} + \sum_{j=1}^{n} (-2)^{j-1} w(1) = y(1) + \frac{1}{3}\{1 - (-2)^n\} w(1)$ より，

$$y(n) = n\left[y(1) + \frac{1 - (-2)^{n-1}}{3} w(1) \right]. \quad なお，一般解$$

$$x_g = An + Bn\left[y(1) + \frac{1 - (-2)^{n-1}}{3} w(1) \right] = A_1 n + B_1 n \cdot 2^n$$

でよい $\left(A_1 = A + By(1) + \frac{Bw(1)}{3}, \quad B_1 = \frac{B}{6} \right)$． ◆

7.3.2 非斉次式と階数低下法

例 7.3.2 次の 2 階非斉次線形差分方程式に関し，以下の問いに答えよ．

$$x(n+2) + \frac{n+2}{n+1}x(n+1) - \frac{2(n+2)}{n}x(n) = 3n + 6 \quad (n \geq 1)$$

(1) $x(n) = n$ は，斉次式 $x(n+2) + \frac{n+2}{n+1}x(n+1) - \frac{2(n+2)}{n}x(n) = 0$

の解である．

(2) (**階数低下法**) $y(n) = A(n)x(n) = A(n)n$ は，非斉次式を満たすとす
る．このとき，$A(n)$ が満たす差分式を求めよ．また，$A(n)$, $y(n)$, および
非斉次式の任意解を求めよ．

【解法】 (1) 例 7.3.1 を参照．

(2) $A(n+2) + A(n+1) - 2A(n) = 3$ を得る．（a）斉次式 $A(n+2)$
$+ A(n+1) - 2A(n) = 0$ を解く．（b）非斉次式を解く．

（a）固有方程式 $P(\lambda) = \lambda^2 + \lambda - 2 = (\lambda - 1)(\lambda + 2) = 0$ より，$\lambda = -2,$ 1 で，一般解 $A_g(n) = a \cdot (-2)^n + b$（$a, b$ は定数）．

（b）特殊解 $A_p(n)$ を求める．左辺は移動作用素 $(E^2 + E - 2)A$ で，右辺は定数 3 より，A_p は多項式とおける．定数変化法（7.2.3節）から推定して $A_p(n) = pn + q$（p, q は定数）とおき，非斉次式に代入して，$p = 1$，q は任意（$\lambda = 1$ だから）を得る．よって，任意解は $A(n) = A_g(n) + A_p(n) = a \cdot (-2)^n + b + n$ より，$y(n) = (a \cdot (-2)^n + b + n)n$，$x(n) = an \cdot (-2)^n + nb + n^2$ である． ◆

第 8 章

差分方程式の定性解析

8.1 差分方程式の漸近挙動

本章では，次の差分方程式に関し，解の主な性質の定義と，その定性解析の手法を述べる．以下，m を正整数とする．

(I) m 元 1 階連立差分方程式：
$$\boldsymbol{x}(n+1) = \boldsymbol{f}(n, \boldsymbol{x}(n)) \quad (\boldsymbol{f} : \boldsymbol{Z}_+ \times \boldsymbol{R}^m \to \boldsymbol{R}^m)$$

(II) m 元 1 階連立**自励系**：
$$\boldsymbol{x}(n+1) = \boldsymbol{f}(\boldsymbol{x}(n)) \quad (\boldsymbol{f} : \boldsymbol{R}^m \to \boldsymbol{R}^m)$$

(III) 単独 m 階変係数線形差分方程式：
$$x(n+m) + a_1(n)x(n+m-1) + \cdots + a_m(n)x(n) = f(n)$$
$$(f : \boldsymbol{Z}_+ \to \boldsymbol{R})$$

(IV) 単独 m 階定係数線形差分方程式：
$$x(n+m) + a_1 x(n+m-1) + \cdots + a_m x(n) = f(n)$$
$$(f : \boldsymbol{Z}_+ \to \boldsymbol{R})$$

(V) 単独 m 階非線形差分方程式：
$$x(n+1) = f(n, x(n), x(n-1), \cdots, x(n-m+1))$$
$$(f : \boldsymbol{Z}_+ \times \boldsymbol{R}^m \to \boldsymbol{R})$$

主に，連立1階差分方程式（$\boldsymbol{x} \in \boldsymbol{R}^m$）

$$\boldsymbol{x}(n+1) = \boldsymbol{f}(n, \boldsymbol{x}(n)) \quad (n = 0, 1, 2, \cdots), \tag{8.1}$$

および（II）と（IV）に関して扱うが，他の式でも同様に議論できる．式（8.1）の平衡点 $\boldsymbol{x}_e$ とは，$\boldsymbol{f}(n, \boldsymbol{x}_e) = \boldsymbol{x}_e$（任意の $n \in \boldsymbol{Z}_+$）をいう．$\boldsymbol{x}_e$ の近傍にて，解挙動を考える．$r > 0$ である．

$$B_r(\boldsymbol{x}_e) = \{\boldsymbol{x} \in \boldsymbol{R}^m : \|\boldsymbol{x} - \boldsymbol{x}_e\| < r\}$$

また，記号 $\boldsymbol{x}(n) = \boldsymbol{x}(n; n_0, \boldsymbol{x}_0)$ は，式（8.1）の解を表し，初期条件 $\boldsymbol{x}(n_0) = \boldsymbol{x}_0$ を満たすことを意味する．

　式（8.1）の平衡点 $\boldsymbol{x}_e$ が**一様漸近安定**（[UAS]，Uniformly Asymptotically Stable）であるとは，次の（i）一様安定（[US]，Uniformly Stable）と，（ii）一様吸引（[UA]，Uniformly Attractive）であることをいう．

(i) 平衡点 $\boldsymbol{x}_e$ が**一様安定** $\Longleftrightarrow$ 任意の微小 $\varepsilon > 0$ に対し，ある正数 δ（$< \varepsilon$）をとれば，任意の初期時間 $n_0 \in \boldsymbol{Z}_+$ と初期値 $\boldsymbol{x}_0 \in B_\delta(\boldsymbol{x}_e)$ のとき，$\|\boldsymbol{x}(n) - \boldsymbol{x}_e\| < \varepsilon$（任意の $n \geq n_0$）が成り立つ．

(ii) 平衡点 $\boldsymbol{x}_e$ が**一様吸引** $\Longleftrightarrow$ ある微小数 $\eta > 0$ が存在し，任意の微小 $\varepsilon > 0$ に対し，ある十分大の整数 $T \in \boldsymbol{Z}_+$ をとれば，任意の初期時間 $n_0 \in \boldsymbol{Z}_+$ と初期値 $\boldsymbol{x}_0 \in B_\eta(\boldsymbol{x}_e)$ のとき，$\|\boldsymbol{x}(n) - \boldsymbol{x}_e\| < \varepsilon$（任意の $n \geq n_0 + T$）が成り立つ．その内容は，$\lim_{n \to \infty} \boldsymbol{x}(n) = \boldsymbol{x}_e$ で，かつ，その収束性は n_0 と $\boldsymbol{x}_0$ の取り方によらない（影響しない，一様である）ことを意味する．

　なお，（ii）の [UA] において，任意の $\eta > 0$ について [UA] のとき，$\boldsymbol{x}_e$ は**大域的一様吸引的**（[GUA]）という．

例8.1.1 次の差分方程式の漸近挙動を調べよ．

(1) 式 $x(n+1) = ax(n)$（$0 < |a| < 1$）の平衡点 $x_e = 0$ は [UAS]．

(2) 式 $x(n+1) = -x(n)$ の平衡点 $x_e = 0$ は，[US] であるが，[UA] でない．

考察 （1）平衡点 $x_e = 0$ である．解は $x(n) = a^n x(0)$ より，$|x(n) - 0| = |a|^n |x(0)|$. 任意の $\varepsilon > 0$ に対し $\delta < \varepsilon$ とし，$x(0)$ は $|x(0)| < \delta$ のとき，$|x(n)| < |a|^n \delta < \delta < \varepsilon$（任意の $n \geq 0$）から，$x_e = 0$ は [US]．また，$x_e = 0$：[UA] であることは，$x(n) \to 0$（任意の $x(0) \in \boldsymbol{R}$，$n \to \infty$）より成り立つ．よって，$x_e = 0$：[UAS] である．なお，初期時間 $n_0 = 0$ としてよいのは，注意 8.1.3 を参照されたい．

（2）平衡点 $x_e = 0$ で，解 $x(n) = (-1)^{n-1} x(0)$. (i) $x_e = 0$：[US] である．実際，任意の $\varepsilon > 0$ に対し $\delta < \varepsilon$ とし，$x(0)$ は $|x(0)| < \delta$ のとき，$|x(n)| = |x(0)| < \delta < \varepsilon$（任意の $n \geq 0$）から，[US] である．(ii) $x_e = 0$：[UA] でない．実際，$x(0) \neq 0$ のとき，$x(n)$ は $x_e = 0$ に収束しない． ◇

　式（8.1）の平衡点 $\boldsymbol{x}_e$ が**指数漸近安定**（[ExpAS]）であるとは，十分小 $\eta > 0$ と大 $M > 0$，およびある正数 $\rho < 1$ をとれば，任意の初期時間 $n_0 \geq 0$ と任意の初期値 $\boldsymbol{x}_0 : \|\boldsymbol{x}_0 - \boldsymbol{x}_e\| < \eta$ のとき，解は次式を満たすことをいう．

$$\|\boldsymbol{x}(n) - \boldsymbol{x}_e\| \leq M\|\boldsymbol{x}_0 - \boldsymbol{x}_e\|\rho^{n-n_0} \qquad (\text{任意の } n \geq n_0)$$

また，$\boldsymbol{x}_e$ が**大域的指数漸近安定**（[GExpAS]）であるとは，[ExpAS] の定義において，任意の $\eta > 0$ でよいときである．

例 8.1.2 差分方程式 $x(n+1) = ax(n)$ $(0 < |a| < 1)$ の $x_e = 0$ は [GExpAS] であることを示せ．

考察 初期時間 n_0 に対する解は $x(n) = a^{n-n_0} x(n_0)$ より，$|x(n) - 0| \leq x_0 |a|^{n-n_0}$ である．ゆえに，$x_e = 0$：[GExpAS] である． ◇

　差分式（8.1）が**一様有界**（[UB]）であるとは，任意の $\alpha > 0$ に対し十分大の $\beta = \beta(\alpha) > \alpha$ をとれば，任意の初期時間 $n_0 \geq 0$ と初期値 $\boldsymbol{x}_0 \in \boldsymbol{R}^m : \|\boldsymbol{x}_0\| < \alpha$ に対し，$\|\boldsymbol{x}(n)\| < \beta$ $(n \geq n_0)$ が成り立つことである．

　平衡点 $\boldsymbol{x}_e$ が**大域的一様漸近安定**（[GUAS]）であるとは，$\boldsymbol{x}_e$ が [US]，[GUA] かつ式（8.1）が [UB] であることをいう．

平衡点 $\boldsymbol{x}_e$ が**安定**（[S]）であるとは，任意の $\varepsilon > 0$ と任意の初期時間 $n_0 \in \boldsymbol{Z}_+$ に対し，ある正の $\delta = \delta(\varepsilon, n_0)(< \varepsilon)$ をとれば，初期点 $\boldsymbol{x}_0$ が $\|\boldsymbol{x}_0 - \boldsymbol{x}_e\| < \delta$ のとき解 $\boldsymbol{x}(n) = \boldsymbol{x}(n; n_0, \boldsymbol{x}_0)$ は初期条件 $\boldsymbol{x}(n_0) = \boldsymbol{x}_0$ を満たし，$\|\boldsymbol{x}(n) - \boldsymbol{x}_e\| < \varepsilon$（任意の $n \geq n_0, n \in \boldsymbol{Z}_+$）であることをいう．

平衡点 $\boldsymbol{x}_e$ が**吸引的**（[A]）であるとは，ある $\eta > 0$ が存在し，任意の $\eta_0 \geq 0$ と任意の $\boldsymbol{x}_0 : \|\boldsymbol{x}_0 - \boldsymbol{x}_e\| < \eta$ に関し，$\lim_{n \to \infty} \|\boldsymbol{x}(n) - \boldsymbol{x}_e\| = 0$ であることをいう．

差分方程式（8.1）が**有界**（[B]）であるとは，任意の $\alpha > 0$ と任意の $n_0 \geq 0$ に対し，十分大の $\beta = \beta(\alpha, n_0) > 0$ をとれば，$\|\boldsymbol{x}_0\| < \alpha$ のとき解 $\boldsymbol{x}(n)$ は $\|\boldsymbol{x}(n)\| < \beta$（任意の $n \geq n_0$）を満たすことをいう．

式（8.1）が**終局有界**（[UltB]）であるとは，ある $X_0 > 0$ が存在し，任意の $\boldsymbol{x}_0 \in \boldsymbol{R}^m$ と任意 $n_0 \in \boldsymbol{Z}_+$ に対し十分大の $T = T(\boldsymbol{x}_0, n_0) \in \boldsymbol{Z}_+$ をとれば，解 $\boldsymbol{x}(n)$ は $\|\boldsymbol{x}(n)\| < X_0$（任意の $n \geq n_0 + T$）を満たすことをいう．

式（8.1）が**一様終局有界**（[UUltB]）であるとは，ある $X_0 > 0$ が存在し，任意の $\alpha > 0$ に対し十分大の $T = T(\alpha) \in \boldsymbol{Z}_+$ をとれば，任意の $\boldsymbol{x}_0 : \|\boldsymbol{x}_0\| < \alpha$ と任意 $n_0 \in \boldsymbol{Z}_+$ に対し解 $\boldsymbol{x}(n)$ は $\|\boldsymbol{x}(n)\| < X_0$（任意の $n \geq n_0 + T$）を満たすことをいう．

！注意 8.1.3　（1）変係数系（I），（III），（V）では，非一様的な性質である [S], [A], [B], [UltB] と，一様的な性質 [US], [UA], [UB], [UUltB] とは異なる．

（2）定係数系（II），（IV）では，[S] と [US]，[A] と [UA]，[B] と [UB]，[UltB] と [UUltB] の概念はそれぞれ一致する．理由は $x(n; n_0, x_0) = x(n + n_0; 0, x_0)$ の関係より示せる．

（3）差分方程式では，[GUAS] の定義に [UB] を含めない場合がある．

例 8.1.4　次の例は，平衡点 $x_e = 0$ は [GUAS] であるが，[GExpAS] でない差分方程式である．

$$x(n + 1) = a(n)x(n)$$

ただし，$\ell \in \mathbf{Z}_+ : 1 \le \ell \le 9$ で $[\,\cdot\,]$ はガウス記号として

$$a(n) = \begin{cases} 1 & (0 \le n \le 10) \\ \dfrac{n}{n+1} \cdot \dfrac{10k}{1+10k} & \left(n = 10k + \ell \ge 11,\ k = \left[\dfrac{n}{10}\right]\right) \end{cases} \quad (k \ge 1)$$

とする.

考察 （ⅰ）平衡点 $x_e = 0$ は [UAS] である. 実際, 初期条件 $x(q) = x_0$ $(q \in \mathbf{Z}_+)$ を満たす解は $x(n) = \prod_{j=q}^{n-1} a(j) x_0$ で,

$$\prod_{j=q}^{n-1} a(j) = \frac{n-1}{n}\left(\frac{10\left[\dfrac{n-1}{10}\right]}{1+10\left[\dfrac{n-1}{10}\right]}\right)\frac{n-2}{n-1}\left(\frac{10\left[\dfrac{n-2}{10}\right]}{1+10\left[\dfrac{n-2}{10}\right]}\right)$$

$$\cdots \frac{q}{q+1}\left(\frac{10\left[\dfrac{q}{10}\right]}{1+10\left[\dfrac{q}{10}\right]}\right)$$

$$= \frac{q}{n}\prod_{j=q}^{n-1}\frac{10\left[\dfrac{j}{10}\right]}{1+10\left[\dfrac{j}{10}\right]} < \frac{q}{n}\frac{10\left[\dfrac{n-1}{10}\right]}{1+10\left[\dfrac{n-1}{10}\right]} < 1$$

より, $x_e = 0 : $[US] である. また, $\lim_{n\to\infty} x(n) = 0$ より [A] である. 次に, [UA] を示す. そのため [UA] でないと仮定する. すなわち, 次の関係を仮定する.「任意の $\eta > 0$ に対し, ある $\varepsilon_0 = \varepsilon_0(\eta) > 0$ をとれば, 任意の正整数 $t \in \mathbf{Z}_+$ を決めると, ある初期時間 $q_t \in \mathbf{Z}_+$ とある初期値 $x_0(q_t)$（$|x_0(q_t)| < \eta$ とする）から出る解 $x_\eta(\cdot)$ は, ある時間 $n_t \ge t + q_t$ において $|x_\eta(n_t)| \ge \varepsilon_0$ である.」このような解 $x_\eta(\cdot)$ が, [US] と [A] から存在しないことを示す.

[A] のある $\eta_0 > 0$ に対して決まる $\varepsilon_0 = \varepsilon_0(\eta_0)$ を固定し, $\varepsilon = \dfrac{\varepsilon_0}{2}$ に対して, [US] から決まる $\delta < \varepsilon = \dfrac{\varepsilon_0}{2}$, かつ, $\delta < \eta_0$ として, 解 $y(n) = x(n; n_0, y_0)$ が固定され, $|y(n)| < \dfrac{\varepsilon_0}{2}$（任意の $n_0 \ge 0$, 任意の $y_0 : |y_0| < \delta$, 任意の $n \ge n_0$). ここで [A] より決まる $T = t$ とおく. 改めて, 初期時間 $q_t = n_0$,

初期値 $x_0(q_t) = y_0$, $y(n) = x_\eta(n)$ としてよい. この解は $n_t \geq t_1 + q_t$ におい て, $\varepsilon_0 < |y(n_{n_t})| < \dfrac{\varepsilon_0}{2}$ より, 矛盾である. ゆえに, [UA] かつ [US] ならば [UAS] である.

(ii) $x_e = 0$: [ExpAS] でない. 実際, 初期値 x_0 を固定し, x_e が指数漸近 安定である, すなわちある正数 $\theta < 1$ と $M_1 > 0$ が存在し, $\prod\limits_{j=q}^{n-1} a(j) \leq M_1 \|x_0 - x_e\| \theta^{n-q}$ と仮定する. このとき,

$$\left(\frac{1}{\theta}\right)^{n-q} \prod_{j=q}^{n-1} a(j) = \prod_{j=q}^{n-1} \frac{q}{n}\left(\frac{10\left[\dfrac{j}{10}\right]}{1 + 10\left[\dfrac{j}{10}\right]}\right)\left(\frac{1}{\theta}\right)^{n-q} = \quad (*)$$

を得る. ここで $0 < \theta < 1$ に対し, 十分小の正数 $r < 1$ と, ある $M_2 > 0$ を とれば,

$$(*) \geq M_2 \|x_0 - x_e\| \frac{1}{n}\left(\frac{1-r}{\theta}\right)^n = f(n) \to \infty \qquad (n \to \infty).$$

実際, $1 > r + \theta$ として,

$$\log f(n) = n\left[\log \frac{1-r}{\theta} - \frac{\log n}{n}\right] \to \infty \qquad (n \to \infty)$$

である. ゆえに, $x_e = 0$: [ExpAS] でない. ◇

！注意 8.1.5 (1) 連続関数 $f : B_r(x_e) \to B_r(x_e)$ (x_e は $f(x_e) = x_e$ で, $B_r(x_e)$ は近 傍) とし, 差分方程式 $x(n+1) = f(x(n))$ に関し, x_e : [A] ならば, [S] であること が成り立つ. なお f が不連続のとき, [A] であるが [UnS] (不安定) なる差分方程 式の例がある.

詳しくは S. Elaydi : An Introduction to Difference Equations, Springer, 1995 とそ の引用文献を参照.

例 8.1.6 次の差分方程式の平衡点 x_e は, [A] であるが [S] でない.

$$x(n+1) = x(n) + \frac{x(n)^2[y(n) - x(n)] + y(n)^5}{[x(n)^2 + y(n)^2][1 + \{x(n)^2 + y(n)^2\}^2]},$$

$$y(n+1) = y(n) + \frac{y(n)^2[y(n) - 2x(n)] - y(n)^5}{[x(n)^2 + y(n)^2][1 + \{x(n)^2 + y(n)^2\}^2]}.$$

考察
$$f = x + \frac{x^2[y-x]+y^5}{[x^2+y^2][1+\{x^2+y^2)^2\}]} = x + \frac{f_1}{M},$$
$$g = y + \frac{y^2[y-2x]-y^5}{[x^2+y^2][1+\{x^2+y^2)^2\}]} = y + \frac{g_1}{M}$$

とおき，$\boldsymbol{f}(\boldsymbol{x}) = (f(x,y), g(x,y))$ として，与えられた差分方程式を $\boldsymbol{x}(n+1) = \boldsymbol{f}(\boldsymbol{x}(n))$ と表すことにする.

（I）平衡点は $\boldsymbol{x}_e = \boldsymbol{0}$ のみ．実際，$\boldsymbol{f}(\boldsymbol{x}_e) = \boldsymbol{x}_e$ とすると，$f_1 = 0 = g_1$ を得る．$x_e^2(y_e - x_e) + y_e^5 = 0 = y_e^2(y_e - 2x_e) - y_e^5$ から，

$$x_e^2(y_e - x_e) + y_e^2(y_e - 2x_e) = 0 \qquad かつ \qquad y_e - 2x_e = y_e^3.$$

ここで，$x_e = r\cos\theta$，$y_e = r\sin\theta$ とおき $r > 0$（$\cos\theta \neq 0$）と仮定すると，$1 + \sin^2\theta = \tan\theta$ かつ $\tan\theta = 2 + r^2\cos^2\theta$ より，$\tan\theta = 1 + \sin^2\theta = 2 + r^2\cos^2\theta$ で，$1 + r^2\cos^2\theta = \sin^2\theta$ は矛盾である．したがって，$r = 0$ ゆえに $\boldsymbol{x}_e = \boldsymbol{0}$.

（II）例 8.4.2 より，解は [UB]．ある点列 $\boldsymbol{x}(n(k)) \nrightarrow \boldsymbol{0}$（$k \to \infty$，$n(k) \to \infty$）と仮定する．このとき，ある有界閉集合 $B \subset B_r$ は，$\boldsymbol{x}(n_1) \in B$ より，ハイネ-ボレルの定理から，ある $\boldsymbol{a} \in B$ は，$\boldsymbol{x}(n_1(k(\ell))) = \boldsymbol{a}$（$\ell \to \infty$）で $\|\boldsymbol{a}\| > 0$．これは（I）に矛盾．よって $\boldsymbol{x}(\infty) = \boldsymbol{0}$，すなわち [A] である．

（III）不安定性定理を応用する．$V(x,y) = x^2 + y^2$，$E = \{(x,y) : x > 0,\ y > 0,\ y > x,\ g_1 = y^2(y - 2x - y^3) > 0\}$ とおく．このとき，E 上で

$$\Delta V = \left(x + \frac{f_1}{M}\right)^2 + \left(y + \frac{g_1}{M}\right)^2 - (x^2 + y^2)$$
$$= \frac{f_1}{M}\left(2x + \frac{f_1}{M}\right) + \frac{g_1}{M}\left(2y + \frac{g_1}{M}\right) > 0.$$

ゆえに，定理 8.5.2 の条件を満たすから，[UnS] である． ◇

問題 8.1.7 次の差分方程式の平衡点 $\boldsymbol{x}_e = \boldsymbol{0}$ は [A] であるが [S] でないか，調べよ.

$$x(n+1) = x(n) + \frac{x(n)^2[y(n) - x(n)] + y(n)^5}{[x(n)^2 + y(n)^2][1 + \{x(n)^2 + y(n)^2\}^2]},$$

$$y(n+1) = y(n) + \frac{y(n)^2[y(n) - 2x(n)]}{[x(n)^2 + y(n)^2][1 + \{x(n)^2 + y(n)^2\}^2]}.$$

8.2 差分方程式の漸近安定性定理

定係数の1次元斉次線形差分方程式 $x(n+1) = ax(n)$ の平衡点 $x = 0$ に関し，漸近安定の条件は $0 < |a| < 1$ である．その手法を応用し，一般の現象に関し，平衡点 x_e とその周囲に関する漸近挙動について，x_e の周りのテイラー展開により，漸近安定性（[AS]）の十分条件を与えることができる．

8.2.1 差分方程式 $x(n+1) = f(x(n))$ とテイラー展開

例8.2.1 1次元 $f : \boldsymbol{R} \to \boldsymbol{R}$ と x_e は $f(x_e) = x_e$ で，C^1 級で $|f'(x_e)| < 1$ とする．よって導関数 $f'(x)$ は連続．テイラー展開は，次式の通り．

$$f(x) = f(x_e) + f'(c)(x - x_e) \qquad (c = x_e + t(x - x_e),\ 0 < t < 1)$$

ここで，$|x - x_e| < r$（十分小）のとき，$|f'(c)| < |f'(x_e)| + \alpha < 1$（$0 < \alpha < 1$）としてよい．

(1) r が十分小さいとき，$|f(x) - x_e| = |f'(c)||x - x_e| < |x - x_e| < r$. よって，十分小 $r > 0$ について，$f(x(n)) \in B_r(x_e) = \{x : |x - x_e| < r\}$ ($n \geq 0$) が成り立つ．

(2) $\rho = |f'(x_e)| + \alpha$ とおくと $0 < \rho < 1$ ゆえ，次式を得る．

$$|f(x(n)) - x_e| < \rho|x(n) - x_e| < \rho^2|x(n-1) - x_e| < \cdots < \rho^n|x(0) - x_e|$$

(3) x_e は安定 [S] である．実際，$\varepsilon > 0$ に対し，$\delta < \varepsilon$ とする．$|x(0) - x_e| < \delta$ のとき，$|x(n) - x_e| = |f(x(n-1)) - x_e| < \rho^{n-1}\delta < \delta < \varepsilon$ より，x_e は一様安定 [US]，よって [S] である．

(4) x_e は吸引的 [A] である．実際，$\eta < r$ とする．$|x(0) - x_e| < \eta < r$ のとき，$\lim_{n \to \infty}|x(n) - x_e| \leq \lim_{n \to \infty}\rho^n\eta = 0$. よって [A] である．

(5) 平衡点 x_e は漸近安定 [AS]，[UAS] である．

例 8.2.2　2 次元 $\boldsymbol{f} = (f, g)^T : \boldsymbol{R}^2 \to \boldsymbol{R}^2$ は，平衡点 $\boldsymbol{x}_e = (x_e, y_e)^T \in \boldsymbol{R}^2$ をもち，C^1 級とし $\boldsymbol{x} = (x, y)^T$ とおく．ヤコビ行列 $\dfrac{\partial \boldsymbol{f}}{\partial \boldsymbol{x}}(\boldsymbol{x}_e)$ のすべての固有値 (2 個) λ は $|\lambda| < 1$ とする．

(1) $\boldsymbol{f}$ の $\boldsymbol{x}_e$ でのテイラー展開：

$$\boldsymbol{f}(\boldsymbol{x}) = \boldsymbol{f}(\boldsymbol{x}_e) + \frac{\partial \boldsymbol{f}}{\partial \boldsymbol{x}}(\boldsymbol{c})\Delta\boldsymbol{x} \quad (\boldsymbol{c} = \boldsymbol{x}_e + t\Delta\boldsymbol{x}, \ 0 < t < 1).$$

なお，ヤコビ行列

$$\frac{\partial \boldsymbol{f}}{\partial \boldsymbol{x}}(\boldsymbol{x}) = \begin{pmatrix} f_x(\boldsymbol{x}) & f_y(\boldsymbol{x}) \\ g_x(\boldsymbol{x}) & g_y(\boldsymbol{x}) \end{pmatrix},$$

$\Delta\boldsymbol{x} = \boldsymbol{x} - \boldsymbol{x}_e = (x - x_e, y - y_e)^T$．

(2) r が十分小のとき，$\boldsymbol{f}(\boldsymbol{x}) \in B_r(\boldsymbol{x}_e) = \{\boldsymbol{x} : \|\boldsymbol{x} - \boldsymbol{x}_e\| < r\}$．実際，ユークリッド・ノルムと内積の定義から

$$\|\boldsymbol{f}(\boldsymbol{x}) - \boldsymbol{x}_e\|^2 = \left\|\frac{\partial \boldsymbol{f}}{\partial \boldsymbol{x}}(\boldsymbol{c})\Delta\boldsymbol{x}\right\|^2 = \left(\frac{\partial \boldsymbol{f}}{\partial \boldsymbol{x}}(\boldsymbol{c})\Delta\boldsymbol{x}\right) \cdot \left(\frac{\partial \boldsymbol{f}}{\partial \boldsymbol{x}}(\boldsymbol{c})\Delta\boldsymbol{x}\right)$$

$$= \Delta\boldsymbol{x}^T\left(\frac{\partial \boldsymbol{f}}{\partial \boldsymbol{x}}(\boldsymbol{c})\right)^T\frac{\partial \boldsymbol{f}}{\partial \boldsymbol{x}}(\boldsymbol{c})\Delta\boldsymbol{x} \le \Delta\boldsymbol{x}^T(\lambda^2 + \alpha_1)\Delta\boldsymbol{x} \quad (0 < \alpha_1 < 1)$$

を得る．ヤコビ行列 $\dfrac{\partial \boldsymbol{f}}{\partial \boldsymbol{x}}(\boldsymbol{x}_e)$ の固有値 λ は $|\lambda| < 1$，その行列の連続性，および十分小の $0 < r < 1$ より，上式の評価を得る．$r < 1$ が十分小のとき，

$$\|\boldsymbol{f}(\boldsymbol{x}) - \boldsymbol{x}_e\| \le \sqrt{\lambda^2 + \alpha_1}\|\Delta\boldsymbol{x}\| \le (\lambda + \alpha_2)\|\Delta\boldsymbol{x}\| \quad (0 < \lambda + \alpha_2 < 1)$$

である．よって，$n \ge 0$ と $\boldsymbol{x}(0) \in B_r(\boldsymbol{x}_e)$ に関し，次式を得る．$\rho = \lambda + \alpha_2$ (< 1) とおく．

$$\|\boldsymbol{x}(n + 1) - \boldsymbol{x}_e\| = \|\boldsymbol{f}(\boldsymbol{x}(n)) - \boldsymbol{x}_e\| \le \rho^n\|\boldsymbol{x}(0) - \boldsymbol{x}_e\|$$

(3) 前述の例 8.2.1 と同様にして，平衡点 $\boldsymbol{x}_e$ は漸近安定（[AS]）である．

定理 8.2.3　差分方程式

$$\boldsymbol{x}(n + 1) = \boldsymbol{f}(\boldsymbol{x}(n)) \qquad (\boldsymbol{x} \in \boldsymbol{R}^m)$$

の平衡点 $\boldsymbol{x}_e$ に関し，$A = \dfrac{\partial \boldsymbol{f}}{\partial \boldsymbol{x}}(\boldsymbol{x}_e)$ とおく．このとき，A のすべての固有値 λ に対し $|\lambda| < 1$ であることは，次式が成り立つことと同値である．

$$|\mathrm{tr}(A)| < \det(A) + 1 < 2$$

特に, $\boldsymbol{x}_e$ は指数漸近安定 ([ExpAS]), すなわち, ある正数 $\beta > 0$, $\delta > 0$, $0 < \rho < 1$ が存在し, $\|\boldsymbol{x}_0 - \boldsymbol{x}_e\| < \delta$ ならば, $\|\boldsymbol{x}(n) - \boldsymbol{x}_0\| \le \beta\rho^n\|\boldsymbol{x}_0 - \boldsymbol{x}_e\|$ が成り立つ.

考察　差分方程式 $\boldsymbol{x}(n+1) = \boldsymbol{f}(\boldsymbol{x}(n))$ の平衡点 $\boldsymbol{x}_e$ での固有方程式は,

$$P(\lambda) = \det\!\left(I - \frac{\partial \boldsymbol{f}}{\partial \boldsymbol{x}}(\boldsymbol{x}_e)\right) = \lambda^2 - a\lambda + b = 0$$

$$\left(I \text{ は単位行列, } a = \mathrm{tr}\!\left(\frac{\partial \boldsymbol{f}}{\partial \boldsymbol{x}}(\boldsymbol{x}_e)\right),\ b = \det\!\left(\frac{\partial \boldsymbol{f}}{\partial \boldsymbol{x}}(\boldsymbol{x}_e)\right)\right)$$

より, その固有値 λ がすべて $|\lambda| < 1 \Longleftrightarrow$ (a) と (b) が成り立つ.

(a) 実固有値 λ が $|\lambda| < 1$;　　(b) 複素固有値 λ が $|\lambda| < 1$

(a) 固有値 λ が実数のとき, 判別式 $d = a^2 - 4b \ge 0$ かつ, $P(-1) > 0$, $P(1) > 0$, 2次関数 $P(\lambda)$ の軸は $\left|\dfrac{a}{2}\right| < 1$ より, $\dfrac{a^2}{4} + 1 > b + 1 > |a|$.

(b) 固有値 λ が複素数のとき, $d = a^2 - 4b < 0$. また $\lambda = \dfrac{a \pm \sqrt{d}}{2} = \dfrac{a \pm i\sqrt{-d}}{2}$ より, $|\lambda|^2 = \dfrac{a^2 + (-d)}{4} = b < 1$. よって $\dfrac{a^2}{4} < b < 1$.

以上より, $|a| < b + 1 < 2$.　　　　　　　　　　　　　　　　$\Diamond$

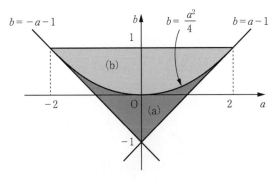

図 17　$|a| < b + 1$ の領域

！注意 8.2.4 差分方程式 $x(n+1) = f(x(n)) = \cos x(n) - 1$ の漸近挙動を考察する．ただし，f は $B = \left\{ |x| < \dfrac{\pi}{2} \right\}$ 上の関数とする．

(1) 平衡点は $x_e = 0$．

(2) $f'(x) = -\sin x$ で，$|f'(0)| = 1$．また $|f'(x)| < 1 \ (x \neq 0)$．

(3) $x > 0$ のとき $f'(x) < 0$．$x < 0$ のとき $f'(x) > 0$ より，[UAS]．実際，$V : B \to \boldsymbol{R}_+$，$V(x) = x^2$ を用いればよい．定理 8.2.11 参照．

8.2.2 非線形系の安定多項式

関数 $f : \boldsymbol{R}^m \to \boldsymbol{R}$ は C^2 級として，m 階差分方程式

$$x(n+1) = f(x(n), x(n-1), \cdots, x(n-m+1)) \tag{8.2}$$

の平衡点 x_e の周りの漸近安定を判定するとき，Jury 判定法や Shur-Cohn 判定法が知られている．**平衡点**は $x_e = f(\boldsymbol{x_e}) = f(x_e, x_e, \cdots, x_e)$ である．$\boldsymbol{x} = (x_1, x_2, \cdots, x_m)^T$，$f(\boldsymbol{x}) = f(x_1, x_2, \cdots, x_m)$ とする．変換

$$
\begin{aligned}
x_1(n) &= x(n), \\
x_2(n) &= x_1(n+1) \ (= x(n+1)), \\
x_3(n) &= x_2(n+1) \ (= x(n+2)), \\
&\ \ \vdots \\
x_m(n) &= x_{m-1}(n+1) \ (= x(n+m-1)),
\end{aligned}
$$

および $\boldsymbol{x}(n) = (x_1(n), x_2(n), \cdots, x_m(n))^T$ とおくことにより，単独（1 元）差分方程式 (8.2) を，ベクトル値（m 元）1 階差分方程式に変換する．

$$\boldsymbol{x}(n+1) = \begin{pmatrix} x_2(n) \\ x_3(n) \\ \vdots \\ x_m(n) \end{pmatrix} = \boldsymbol{f}(\boldsymbol{x}(n)) \tag{8.3}$$

関数 $\boldsymbol{f} : \boldsymbol{R}^m \to \boldsymbol{R}^m$ の，平衡点 $\boldsymbol{x_e} = (x_e, x_e, \cdots, x_e)^T$ の周りのテイラー展開は次式の通り．

$$\boldsymbol{f}(\boldsymbol{x}) = \boldsymbol{f}(\boldsymbol{x_e}) + \frac{\partial \boldsymbol{f}}{\partial \boldsymbol{x}}(\boldsymbol{x}) \Delta \boldsymbol{x} + o(\|\Delta \boldsymbol{x}\|),$$

ただし，$o(\varepsilon)$ はランダウの記号で $\lim_{\varepsilon \to 0} \dfrac{o(\varepsilon)}{\varepsilon} = 0$ が成り立つことを表し，
$\varDelta \boldsymbol{x} = \boldsymbol{x} - \boldsymbol{x}_e = (x_1 - x_e, x_2 - x_e, \cdots, x_m - x_e)^T$.

ここで，(8.3) の解 $\{\boldsymbol{x}(n) : n \geq 0\}$ は，$\boldsymbol{x}_e$ の近傍に存在している（$\|\varDelta \boldsymbol{x}\|$ が十分小としてよい）とする．解 $\{\boldsymbol{x}(n)\}$ の挙動は，$\{\boldsymbol{y}(n) = \boldsymbol{x}(n) - \boldsymbol{x}_e : n \geq 0\}$ と同様であり，線形差分方程式

$$\boldsymbol{y}(n + 1) = \frac{\partial \boldsymbol{f}}{\partial \boldsymbol{x}}(\boldsymbol{x}_e)\boldsymbol{y}(n) \tag{8.4}$$

を定性解析することで，解 $\{\boldsymbol{x}(n)\}$ の定性解析を行うことができる．

特に，平衡点 $\boldsymbol{x}_e$ でのヤコビ行列の固有方程式

$$P(z) = \det\!\left(zI - \frac{\partial \boldsymbol{f}}{\partial \boldsymbol{x}}(\boldsymbol{x}_e)\right)$$

$$= a_m z^m + a_{m-1} z^{m-1} + a_{m-2} z^{m-2} + \cdots + a_1 z + a_0 = 0$$

（$z \in \boldsymbol{C}$，I は単位行列）の解，すなわち固有値の役割は，式 (8.2) や，式 (8.3) の定性解析には重要である．そのすべての固有値 $\lambda \in \boldsymbol{C}$ の絶対値が $|\lambda| < 1$ のとき，$P(z)$ は**安定多項式**であるという．その計算には，次の (I) Jury 判定法，(II) Shur-Cohn 判定法が有用である．

(I) **Jury 判定法**　3 次式 $P(z) = z^3 + az^2 + bz + c$ $(a, b, c \in \boldsymbol{R})$ が安定多項式であるための必要十分条件は，次式であることが知られている．

(A)　　　　$|c| < 1$,　　$|c + a| < |1 + b|$,　　$|b - ca| < 1 - c^2$

（E. I. Jury : Theory and Applications of z-Transform Method, Robert E. Krieger Publ. Company, 1982）

(II) **Shur-Cohn 判定法**　次の Routh-Hurwitz の定理は，常微分方程式の自励系 $\dfrac{d\boldsymbol{x}}{dt}(t) = \boldsymbol{f}(\boldsymbol{x})$ の平衡点 $\boldsymbol{x}_e(= \boldsymbol{f}(\boldsymbol{x}))$ $(\boldsymbol{x}, \boldsymbol{x}_e \in \boldsymbol{R}^m)$ に関して，漸近挙動を調べるとき，重要である（[KL1] V. L. Kocic and G. Ladas : Global

Behavior of Nonlinear Difference Equations of Higher Order with Applications, Kluwer Academic Publ., 1991 を参照).

定理 8.2.5 (Routh-Hurwitz) 連立自励系 $\boldsymbol{x}' = \boldsymbol{f}(\boldsymbol{x})$ と平衡点 $\boldsymbol{x}_e$ に関するヤコビ行列 $\dfrac{\partial \boldsymbol{f}}{\partial \boldsymbol{x}}(\boldsymbol{x}_e)$ として,固有多項式 $P(z) = \det\left(zI - \dfrac{\partial \boldsymbol{f}}{\partial \boldsymbol{x}}(\boldsymbol{x}_e)\right)$ $= c_0 z^m + c_1 z^{m-1} + c_2 z^{m-2} + \cdots + c_m$ ($c_0 = 1$, $c_j \in \boldsymbol{R}$, $1 \leq j \leq m$) に対し,次の行列 D_j を定義する.

$$D_j = \begin{pmatrix} c_1 & c_0 & 0 & 0 & 0 & 0 & \cdots & 0 \\ c_3 & c_2 & c_1 & c_0 & 0 & 0 & \cdots & 0 \\ c_5 & c_4 & c_3 & c_2 & c_0 & 0 & \cdots & 0 \\ c_7 & c_6 & c_5 & c_4 & c_3 & c_2 & \cdots & 0 \\ c_9 & c_8 & c_7 & c_6 & c_5 & c_4 & \cdots & 0 \\ \vdots & \vdots & \vdots & \vdots & \vdots & \vdots & \ddots & \vdots \\ 0 & \cdots & \cdots & \cdots & \cdots & \cdots & c_{j+1} & c_j \end{pmatrix}.$$

その D_j ($1 \leq j \leq m$) の特徴は,次の通り.

(i) 対角成分は,順に右下に $c_1, c_2, \cdots, c_j$ が並ぶ.

(ii) 各行は,列番号が1つ減るとき,係数番号 (c_k の k) は1ずつ増える.

(iii) D_j の (i, j) 成分 d_{ij} につき,$d_{i\ell} = c_m$ のとき,$d_{ij} = 0$ ($j < \ell$) とする.

式 $P(z) = 0$ のすべての解 $z \in \boldsymbol{C}$ の実部 $\mathrm{Re}(z) < 0$ である

$\Longleftrightarrow$ 行列 D_j のすべての行列式 $D_j > 0$ ($1 \leq j \leq m$)

例 8.2.6 $P_m(z) = P(z)$ に関し,次の条件を得る.

(1) $m = 2$ のとき,$c_1 > 0$, $c_1 c_2 - c_3 > 0$

(2) $m = 3$ のとき,$c_1 > 0$, $c_1 c_2 - c_3 > 0$, $c_3(c_1 c_2 - c_3) > 0$

(3) $m = 4$ のとき, $c_1 > 0$, $c_1 c_2 - c_3 > 0$, $c_3(c_1 c_2 - c_3) > 0$, $c_4(c_1 c_2 c_3 - c_3^2 - c_1^2 c_4) > 0$

Routh-Hurwitz の定理（[KL1]（p.144）を参照).

定理 8.2.7（Shur-Cohn）

固有多項式 $P(z) = \det\left(zI - \dfrac{\partial \boldsymbol{f}}{\partial \boldsymbol{x}}(\boldsymbol{x}_e)\right)$ が安定多項式

$\iff$ $(z-1)^m P\left(\dfrac{z+1}{z-1}\right) = c_m z^m + c_{m-1} z^{m-1} + \cdots + c_0 = 0$ の

すべての解 z につき $|z| < 1$

$\iff$ 行列 D_m の主行列式 D_j がすべて正

例 8.2.8 Shur-Cohn 判定法を用いると, 3 次式 $P(z) = z^3 + az^2 + bz + c$ $(a, b, c \in \boldsymbol{R})$ が安定多項式であるための必要十分条件は, 次の通り.

(B) $\quad |c + a| < 1 + b, \qquad |3c - a| < 3 - b, \qquad c^2 + b - ca < 1$

例 8.2.9 2 次式 $x^2 + qx + r = 0$ $(q, r \in \boldsymbol{R})$ が安定多項式である必要十分条件は, $|q| < r + 1 < 2$ である（定理 8.2.3). これを用いると, 3 次関数 $P(x) = x^3 + ax^2 + bx + c = 0$ $(a, b, c \in \boldsymbol{R})$ が安定多項式であるとき, 次式を得る.

(C) $\qquad |a + c| - 1 < b < 1 + ac - c^2 \quad (|c| < 1)$

以下, これを導く.

(i) $|x| < 1$ より

$P(-1) < 0 < P(1)$

$\iff -1 + a - b + c < 0 < 1 + a + b + c$

$\iff (-1 + a - b + c)(1 + a + b + c) < 0, \ 1 + b > 0$

$\iff (a + c)^2 < (1 + b)^2, \ 1 + b > 0$

$\iff |a + c| < 1 + b.$

(ii) 代数学の基本定理から, すべての $P(x) = 0$ の解の絶対値が 1 未満であれば, $P(x) = (x - p)(x^2 + qx + r) = 0$（ただし $p \in \boldsymbol{R}$）と書くと,

$|p| < 1$, $|q| < r + 1 < 2$ のはず. これより, $|r| < 1$, $-(r + 1) < q < r + 1$. また $a = q - p$, $b = r - pq$, $c = -pr$ を得る. このとき, $ac - c^2 - b + 1 > 0$ が成り立つ. 実際,

$$ac - c^2 - b + 1 = -pr(q - p + pr) - r + pq + 1$$
$$= (1 - r)(pq + p^2 r + 1).$$

ここで $1 + p(q + pr) \leq 0$ と仮定して矛盾を示せばよい.

問題 8.2.10 (A) $\Longleftrightarrow$ (B) $\Longleftrightarrow$ (C) を調べよ.

8.2.3 非自励系の漸近安定性定理

ここでは, 次の**非自励系差分方程式**に関する漸近安定性定理を述べる.

$$\boldsymbol{x}(n + 1) = \boldsymbol{f}(n, \boldsymbol{x}(n)), \qquad n = 0, 1, 2, \cdots, \qquad \boldsymbol{x} \in \boldsymbol{R}^m \qquad (8.5)$$

ただし, 式 (8.5) は平衡点 $\boldsymbol{x}_e$ をもつ, すなわち, $\boldsymbol{f}(n, \boldsymbol{x}_e) = \boldsymbol{x}_e$ (任意の $n \geq 0$).

定理 8.2.11 平衡点 $\boldsymbol{x}_e \in \boldsymbol{R}^m$ に関し, 関数 $a, b, c \in CIP$ と $V : \boldsymbol{Z}_+ \times B_r \to \boldsymbol{R}_+$ が存在し, 次の条件 (i), (ii) が成り立つと仮定する. ただし, $d(\boldsymbol{x}) = \|\boldsymbol{x} - \boldsymbol{x}_e\|$ で, $B_r = \{\boldsymbol{x} \in \boldsymbol{R}^m : d(\boldsymbol{x}) < r\}$ $(r > 0)$, $\Delta V(n, \boldsymbol{x}) = V(n + 1, \boldsymbol{f}(n, \boldsymbol{x})) - V(n, \boldsymbol{x})$ とする.

(i) $a(d(\boldsymbol{x})) \leq V(n, \boldsymbol{x}) \leq b(d(\boldsymbol{x}))$ ($\boldsymbol{Z}_+ \times B_r$ 上).

(ii) $\Delta V(n, \boldsymbol{x}) \leq -c(d(\boldsymbol{x}))$ ($\boldsymbol{Z}_+ \times B_r$ 上).

このとき, $\boldsymbol{x}_e$ は一様漸近安定 ([UAS]).

文献 A. Halanay and V. Răsvan : Stability and Stable Oscillations in Discrete Time Systems, Gordon and Breach Sci. Publ., 2000.

!注意 8.2.12 定理 8.2.11 の条件 (i), (ii) などを満たすとき, V を**リアプノフ関数**という. その条件は種々ある. 詳しくは, 次節の V を参照されたい.

定理 8.2.13 正方行列 A の固有値 λ はすべて $|\lambda| < 1$ とする. このとき,

任意の正定値対称行列 $Q > 0$ に対し，次の結論 (I)〜(III) が成り立つ.

(I) $P = \sum\limits_{k=0}^{\infty} (A^k)^T Q A^k$ は収束する（行列ノルムは例 4.1.7 (2) 参照）.

(II) P は $A^T P A - P = -Q$ を満たす.

(III) ある定数 $c \leq 1$ が存在し，$\|P\| \leq c\|Q\|$.

考察　(I) 例えば，2 次正方行列の場合，$\|A\| < |\lambda|$ のとき，7.2.1 節において (I)〜(III) の場合がある. このとき，ある定数 $c > 0$ が存在し，任意の $k \in \mathbf{Z}_+$ に対し，$\|A^k\| \leq ck|\lambda|^{k-1}$ である（読者は確認されたい）. 例 7.1.6 (9) から，

$$\sum_{k=0}^{n} \|(A^k)^T Q A^k\| \leq \|Q\| + \frac{c^2\|Q\|}{|\lambda|^2} \sum_k k^2(|\lambda|^2)^k$$

$$\leq \|Q\| + \frac{c^2\|Q\|}{|\lambda|^2} \cdot \frac{n(n+1)(|\lambda|^2)^{n+1}}{1 - |\lambda|^2}$$

を得る. ここで $g(n) = n(n+1)(|\lambda|^2)^{n+1}$ とおくと，

$$\log g(n) = (n+1)\left(\log|\lambda|^2 + \frac{\log n + \log(n+1)}{n+1}\right) \to -\infty \qquad (n \to \infty)$$

より，$g(\infty) = 0$. よって，ワイエルシュトラスの優級数定理から，$P = \sum\limits_{k=0}^{n} (A^k)^T Q A^k$ は収束する. 一般の P の収束には，ジョルダン標準形の定理を応用する.

(II) $A^T P A - P = A^T\left[\sum\limits_{k=0}^{n} (A^k)^T Q A^k\right] A - \sum\limits_{k=0}^{n} (A^k)^T Q A^k = -Q$ である.　◇

例 8.2.14　式 $\boldsymbol{x}(n+1) = A\boldsymbol{x}(n) + \boldsymbol{f}(n, \boldsymbol{x}(n))$ に関し，条件 (i)〜(iii) が成り立つとする. ただし，$n \in \mathbf{Z}_+$, $\boldsymbol{x} \in \mathbf{R}^m$ とする.

(i) 正方行列 A の固有値 λ はすべて $|\lambda| < 1$ を満たすとする. 任意の正定値対称行列 $Q = qI$（$q > 0$, I は単位行列），$P = q\sum\limits_{k=0}^{\infty} (A^k)^T A^k$, $B_r = \{\|\boldsymbol{x}\| < r\}$ とする.

(ii) ある定数 $m > 0$ と $r > 0$ が存在し，任意の $n \in \mathbf{Z}_+$, $\boldsymbol{x} \in B_r$ に対し，

$\|\boldsymbol{f}(n, \boldsymbol{x})\| \le m\|\boldsymbol{x}\|$ が成り立つ.

(iii) $\|P\| - q + 2m\|P\||\lambda| + m^2\|P\| = -\alpha < 0$.

このとき, $\boldsymbol{x}_e = \boldsymbol{0}$ は [AS].

考察 $V(\boldsymbol{x}) = \boldsymbol{x}^T P \boldsymbol{x}$ とおく.

$$\begin{aligned}
\Delta V &= (A\boldsymbol{x} + \boldsymbol{f})^T P(A\boldsymbol{x} + \boldsymbol{f}) \\
&= \boldsymbol{x}^T A^T P A \boldsymbol{x} + 2\boldsymbol{f}^T P A \boldsymbol{x} + \boldsymbol{f}^T P \boldsymbol{f} \\
&= \boldsymbol{x}^T (P - qI)\boldsymbol{x} + 2\boldsymbol{f}^T P A \boldsymbol{x} + \boldsymbol{f}^T P \boldsymbol{f} \\
&\le \|\boldsymbol{x}\|^2 (\|P\| - q + 2m\|P\||\lambda| + m^2\|P\|) \le -\alpha\|\boldsymbol{x}\|^2
\end{aligned}$$

を得る. 定理 8.2.11 から, $\boldsymbol{x}_e = \boldsymbol{0}$: [UAS].　　　　　　◇

8.3 差分方程式の大域的漸近安定性

　自励系連立差分方程式 $\boldsymbol{x}(n + 1) = \boldsymbol{f}(\boldsymbol{x}(n))$ の平衡点 $\boldsymbol{x}_e$ $(= \boldsymbol{f}(\boldsymbol{x}_e))$ の局所的な漸近安定性は, 前節の固有値計算により判定できる.

　大域的漸近安定性の判定には, 補助関数 (**リアプノフ関数**) $V : \boldsymbol{R}^m \to \boldsymbol{R}_+$ $= [0, \infty)$ を方程式ごとに用いて, 次の差分が重要な役割を果たす.

$$\Delta V_{(f)}(\boldsymbol{x}) = V(\boldsymbol{f}(\boldsymbol{x})) - V(\boldsymbol{x})$$

この式に, 解 $\boldsymbol{x} = \boldsymbol{x}(n)$ を代入すると,

$$\Delta V_{(f)}(\boldsymbol{x}(n)) = V(\boldsymbol{x}(n + 1)) - V(\boldsymbol{x}(n))$$

であり,

(i) $\Delta V_{(f)}(\boldsymbol{x}) < 0$ のとき $V(\boldsymbol{x}(n + 1)) < V(\boldsymbol{x}(n))$ より, $V(\boldsymbol{x}(n))$ は狭義単調減少であり;

(ii) $\Delta V_{(f)}(\boldsymbol{x}) > 0$ のとき $V(\boldsymbol{x}(n + 1)) > V(\boldsymbol{x}(n))$ より, $V(\boldsymbol{x}(n))$ は狭義単調増加である.

　次の定理により, 平衡点 $\boldsymbol{x}_e$ の大域的漸近安定性を判定することができる.

定理 8.3.1 連立差分方程式 $\boldsymbol{x}(n + 1) = \boldsymbol{f}(\boldsymbol{x}(n))$ に関し, 次の条件 (i)〜

（iii）を満たす非負連続関数 $V : \boldsymbol{R}^m \to \boldsymbol{R}_+$ が存在すれば，平衡点 $\boldsymbol{x}_e \in \boldsymbol{R}^m$ は大域的一様漸近安定（[GUAS]）である．

（i）$V(\boldsymbol{x})$ は $\boldsymbol{x}_e$ に関し正定値，すなわち，$V(\boldsymbol{x}_e) = 0$ で，$V(\boldsymbol{x}) > 0$ $(\boldsymbol{x} \neq \boldsymbol{x}_e)$．

（ii）$\Delta V_{(f)}(\boldsymbol{x}) < 0 \ (\boldsymbol{x} \in \boldsymbol{R}^m)$．

（iii）$\displaystyle \lim_{\|\boldsymbol{x}\| \to \infty} V(\boldsymbol{x}) = \infty$．

考察　条件から，ある $a, b, c \in CIP$ が存在して，次式が成り立つ．ただし $d(\boldsymbol{x}) = \|\boldsymbol{x} - \boldsymbol{x}_e\|$ とする．

$$a(d(\boldsymbol{x})) \leq V(\boldsymbol{x}) \leq b(d(\boldsymbol{x})) \ (\boldsymbol{x} \in \boldsymbol{R}^m), \quad a(\infty) = \infty,$$
$$\Delta V_{(f)}(\boldsymbol{x}) \leq -c(d(\boldsymbol{x})) \ (\boldsymbol{x} \in \boldsymbol{R}^m).$$

よって，$\boldsymbol{x}_e :$ [US]，[GUA]，[UB] より，[GUAS] である．　　　　◇

例 8.3.2　例 8.2.14(ii) に替えて，次の（ii）′ を仮定する．

（ii）′ ある定数 $m > 0$ が存在し，任意の $n \in \boldsymbol{Z}_+$，$\boldsymbol{x} \in \boldsymbol{R}^m$ に対し，$\|\boldsymbol{f}(n, \boldsymbol{x})\| \leq m\|\boldsymbol{x}\|$ が成り立つ．

このとき，$\boldsymbol{x}_e = \boldsymbol{0}$ は大域的一様漸近安定（[GUAS]）である．

！注意 8.3.3　定理 8.3.1 は，常微分方程式の平衡点 $\boldsymbol{x}_e$ に関する大域的一様漸近安定性の定理と，表示は異なるように見える．実際は，次のことから内容としては変わらない．

（1）定理 8.3.1 (i) $\Longleftrightarrow$ ある $a, b \in CIP$ が存在して，
$$a(d(\boldsymbol{x}, \boldsymbol{x}_e)) \leq V(\boldsymbol{x}) \leq b(d(\boldsymbol{x}, \boldsymbol{x}_e)) \quad (\boldsymbol{x} \in \boldsymbol{R}^m).$$

（2）定理 8.3.1 (ii) $\Longleftrightarrow$ ある $c \in CIP$ が存在して，
$$\Delta V_{(f)}(\boldsymbol{x}) \leq -c(d(\boldsymbol{x}, \boldsymbol{x}_e)) \quad (\boldsymbol{x} \in \boldsymbol{R}^m).$$

問題 8.3.4　1 個体群 $x(n + 1) = \dfrac{cx(n)}{(1 + ax(n))^b}$ $(c > 1,\ a > 0,\ b > 0)$ の漸近挙動を解析する．このとき，次の結論が得られる．

（1）平衡点は $x_e = \dfrac{c^{\frac{1}{b}} - 1}{a}$ である．

(2) x_e は次の条件を満たすとき，[AS] である.

$$-1 < bc^{\frac{1}{b}} - (b - 1) < 1$$

(3) x_e は次の条件を満たすとき，[GUAS] である.

$$b + 1 + c(1 - b) > 0 \qquad (V(x) = (x - x_e)^2 \text{ とする})$$

(4) x_e は次の条件を満たすとき，[GUAS] である.

$$b < 2 \qquad \left(V(x) = \left[\log\left(\frac{x}{x_e}\right)\right]^2 \text{ とする} \right)$$

考察　(1) $f = \dfrac{cx}{(1 + ax)^b}$ として $f(x_e) = x_e$ を解けばよい.

(2) 定理 8.2.3 参照. (3), (4) $\Delta V_{(f)} < 0$ を導く. ◇

8.4　差分方程式の有界性定理

次の**自励系**（autonomous sysytem）を考える.

(Au) $\qquad\qquad \boldsymbol{x}(n + 1) = \boldsymbol{f}(\boldsymbol{x}(n))$

関数 $\boldsymbol{f} : \boldsymbol{R}^m \to \boldsymbol{R}^m$ は連続とする.

定理 8.4.1　自励系差分方程式（Au）に対し，連続関数 $V : C_H \to \boldsymbol{R}_+$ （$C_H = \{\|\boldsymbol{x}\| \geq H\}$, $H > 0$）と $a, b \in CI$ は，次の条件 (i), (ii) を満たす.

(i) $a(\|\boldsymbol{x}\|) \leq V(\boldsymbol{x}) \leq b(\|\boldsymbol{x}\|)$ $(\boldsymbol{x} \in C_H)$ で，$a(\infty) = \infty$.

(ii) $\Delta V_{(f)}(n, \boldsymbol{x}) \leq 0$ （任意の $(n, \boldsymbol{x}) \in \boldsymbol{Z}_+ \times C_H$）.

このとき，（Au）の解は一様有界（[UB]）.

考察　背理法で示す. [UB] でないと仮定する. すなわち，ある $\alpha_0 > 0$ が存在し，任意の $\beta > \alpha_0$ をとれば，ある初期時間 $n_0 \in \boldsymbol{Z}_+$ とある初期値 $\boldsymbol{x}_0$ は $\|\boldsymbol{x}_0\| < \alpha$ を選ぶ. このとき，解 $\boldsymbol{x}(n)$ はある $n(\beta) \geq n_0$ につき $\|\boldsymbol{x}(n(\beta))\| \geq \beta$ である. 十分大の $\beta > \alpha_0$ は，$a(\beta) > b(\alpha_0 + H)$ とする. (ii) から $V(\boldsymbol{x}(n + 1)) \leq V(\boldsymbol{x}(n))$ $(n \geq n_0)$ より，

$$V(\boldsymbol{x}(n(\beta))) \leq V(\boldsymbol{x}(n(\beta)-1)) \leq V(\boldsymbol{x}_0) \leq b(\alpha_0) \leq b(\alpha_0 + H)$$

であり，また $V(\boldsymbol{x}(n(\beta))) \geq a(\|\boldsymbol{x}(n(\beta))\|) \geq a(\beta)$ より，$a(\beta) \leq b(\alpha_0 + H)$ となり，これは β の選び方に矛盾するから，[UB] といえる． ◇

例 8.4.2 例 8.1.6 の差分方程式は一様有界（[UB]）である．実際，$V(x, y) = x^2 + y^2 = \|\boldsymbol{x}\|^2$ とする．$a(r) = r^2$ とおくと，$a(\|\boldsymbol{x}\|) = V(\boldsymbol{x})$ で，$a(\infty) = \infty$ である．また，

$$\Delta V_{(f)} = \left(x + \frac{f_1}{M}\right)^2 + \left(y + \frac{g_1}{M}\right)^2 - x^2 - y^2$$

$$= \frac{2(xf_1 + yg_1)}{M} + \left(\frac{f_1}{M}\right)^2 + \left(\frac{g_1}{M}\right)^2.$$

ここで，$x = r\cos\theta = rc$，$y = r\sin\theta = rs$ とおけば，

$$\left(\frac{f_1}{M}\right)^2 + \left(\frac{g_1}{M}\right)^2 = \left(\frac{r^3(s-c) + r^5c^5}{r^2(1+r^4)}\right)^2 + \left(\frac{r^3(s-2c) - r^5c^5}{r^2(1+r^4)}\right)^2$$

$$= \left(\frac{\dfrac{s-c}{r^2} + c^5}{\dfrac{1}{r^3} + r}\right)^2 + \left(\frac{\dfrac{s-2c}{r^2} - c^5}{\dfrac{1}{r^3} + r}\right)^2$$

$$\leq \left(\frac{3}{r}\right)^2 + \left(\frac{4}{r}\right)^2 = \frac{25}{r^2} \to 0 \qquad (r \to \infty)$$

より，十分大 $r_1 > 0$ につき，$\|\boldsymbol{x}\| = \|(x, y)\| < r_1$ のとき $\left(\dfrac{f_1}{M}\right)^2 + \left(\dfrac{g_1}{M}\right)^2 < c_1$ なる定数 $c_1 > 0$ が存在する．さらに，

$$\frac{1}{M}(xf_1 + yg_1) = \frac{1}{M}\left[-x^4 + y^6\left(\frac{x^3}{y^5} + \frac{x}{y} + \frac{1}{y^2}\frac{2x}{y^3} - 1\right)\right]$$

$$\leq \frac{1}{r^6}\left[-x^4 + y^6\left(\frac{x^3}{y^5} + \frac{x}{y} + \frac{1}{y^2}\frac{2x}{y^3} - 1\right)\right]$$

より，$|x|$ を十分大で固定するごとに，$|y| \to \infty$ のとき，$\dfrac{2(xf_1 + yg_1)}{M} \to -\infty$．これより，十分大の r_2（$> r_1$）を固定するごとに，$\Delta V_{(f)}(\boldsymbol{x}) < 0$（$\|\boldsymbol{x}\| > r_2$）．よって，定理 8.4.1 から，[UB] といえる．

！注意 8.4.3　自励系（Au）において，一様終局有界（[UUltB]）ならば終局有界（[UltB]）である．逆に，自励系（Au）が [UltB] とする．このとき，初期条件に対する解について，$\boldsymbol{x}(n;n_0,\boldsymbol{x}_0) = \boldsymbol{x}(n+n_0;0,\boldsymbol{x}_0)$ である．また，$\alpha > 0$ につき $\|\boldsymbol{x}_0\| \leq \alpha$ として，$T(\alpha) = \sup\{T(0,\boldsymbol{x}_0):\|\boldsymbol{x}_0\| \leq \alpha\}$ とすれば，[UUltB] であることが示せる．

次の定理は，自励系（Au）が一様終局有界（[UUltB]），終局有界（[UltB]）となるための条件を与えている．

定理 8.4.4　自励系差分方程式（Au）に対し，連続関数 $V:C_H \to \boldsymbol{R}_+$（$C_H = \{\|\boldsymbol{x}\| \geq H\}$，$H > 0$）と $a,b,c \in CI$ は，次の条件（i），（ii）を満たす．

  (i)　$a(\|\boldsymbol{x}\|) \leq V(\boldsymbol{x}) \leq b(\|\boldsymbol{x}\|)$（$\boldsymbol{x} \in C_H$）で，$a(\infty) = \infty$.

  (ii)　$\Delta V_{(f)}(n,\boldsymbol{x}) \leq -c(\|\boldsymbol{x}\|)$（任意の $(n,\boldsymbol{x}) \in \boldsymbol{Z}_+ \times C_H$）

このとき，（Au）は一様有界（[UB]）で，一様終局有界（[UUltB]）．

考察　条件（ii）は，定理 8.4.1（ii）を満たすので，解は [UB] である．よって，任意の $\alpha > 0$ に対し，十分大の $\beta(\alpha)$（$> \alpha$）が存在し，任意の初期条件 $(n_0,\boldsymbol{x}_0)$（$n_0 \in \boldsymbol{Z}_+$，$\|\boldsymbol{x}_0\| < \alpha$）に対する解 $\boldsymbol{x}(n)$ は，十分大の整数 $T \in \boldsymbol{Z}_+$ をとれば，任意の $n \geq T + n_0$ のとき，$\|\boldsymbol{x}(n)\| < \beta(\alpha)$．次に [UUltB] でない，すなわち [UltB] でないと仮定する．このとき，任意の $X > H$ に対し，ある初期時間 $n_0 \in \boldsymbol{Z}_+$ とある初期値 $\boldsymbol{x}_0 \in \boldsymbol{R}^m$ から出る解 $\boldsymbol{x}(n) = \boldsymbol{x}(n;n_0,\boldsymbol{x}_0)$ が存在し，任意の整数 $T \in \boldsymbol{Z}_+$ に関し，ある時間 $\overline{n_T} \geq n_0 + T$ において，$\|\boldsymbol{x}(\overline{n_T})\| \geq X$ となる．

定数 $\alpha > 0$ を固定すると $\beta(\alpha) > 0$ が 1 つとれる．十分大の $X > 0$ を，$b(\beta(\alpha)) < a(X) + c(X)$ となるようにとる．ある解 $\boldsymbol{x}(n) = \boldsymbol{x}(n;n_0,\boldsymbol{x}_0)$ を固定する．このとき，点列 $\{\boldsymbol{x}(n(p)):p \in \boldsymbol{Z}_+, p \to \infty\}$ が存在し，$\Delta V_{(f)}(\boldsymbol{x}(n(p))) \leq -c(\|\boldsymbol{x}(n(p))\|)$ である．いま，解は [UB] より，ある有界閉集合 B が存在し，$B \ni \boldsymbol{x}(n(p))$（$p \in \boldsymbol{Z}_+$）である．ハイネ-ボレルの被覆定理から，ある部分点列 $\{\boldsymbol{x}(n(p_1)):p_1 \to \infty\} \subset \{\boldsymbol{x}(n(p)):p \in \boldsymbol{Z}_+\}$ に関し，$V(\boldsymbol{x}(n(p_1)+1)) \leq$

$V(\boldsymbol{x}(n(p_1))) - c(\|\boldsymbol{x}(n(p_1))\|)$. したがって, ある $\boldsymbol{a}_0, \boldsymbol{a}_1 \in B$ が存在し, $p_1 \to \infty$ のとき, $\boldsymbol{x}(n(p_1)) \to \boldsymbol{a}_0$, $\boldsymbol{x}(n(p_1 + 1)) \to \boldsymbol{a}_1$. よって, $V(\boldsymbol{a}_1) \le V(\boldsymbol{a}_0) - c(\|\boldsymbol{a}_0\|)$ より, $a(\|\boldsymbol{a}_1\|) \le b(\|\boldsymbol{a}_0\|) - c(X) \le b(\beta(\alpha)) - c(X)$. これより $a(X) \le b(\beta(\alpha)) - c(X)$ で, $a(X) < a(X)$ となり矛盾である. よって, 解は [UUltB] である.

◇

8.5 差分方程式の不安定性定理

例 8.5.1 （赤血球密度モデル） 赤血球は血液循環により, 人体各位に酸素の供給と二酸化炭素を排出する. 貧血状態では, 赤血球密度は 3.0×10^6 個$/m^3$ 程度以下で健康状態を冒す. また多血症では, 密度は 6.0（~8.0）$\times 10^6$ 個$/m^3$ で血管がつまりやすくなる. Geahart and Martelli（1990）, M. Martelli：離散動的システムとカオス（浪花智英, 有本卓 共訳）, 森北出版 （1999）では, 次の赤血球密度モデルを考察した.

$$x(n + 1) = x(n) - d(n) + p(n)$$

$x(n)$ は時間 $n \in \boldsymbol{Z}_+$ での赤血球密度, $d(n) = ax(n)$ は赤血球密の破壊の密度, $p(n) = bx(n)^r e^{-sx(n)}$ は放出される赤血球密度を表す. ただし, $0 < a \le 1$, $b > 0$, $r > 0$, $s > 0$ は定数である（A. Lasota：Ergodic problems in biology, Société Mathématique de France, Astérique, 50, 1979, 239-250 から）. このとき, 次式を得る.

$$x(n + 1) = (1 - a)x(n) + bx(n)^r e^{-sx(n)} \tag{8.6}$$
$$F(x\,;a) = (1 - a)x + bx^r e^{-sx}$$
$$F' = 1 - a + (r - sx)bx^{r-1}e^{-sx}$$

考察 （1）$|F'(0\,;a)| = |1 - a| < 0$（赤血球密度の破壊係数 $a < 1$）. これは, 初期の赤血球密度が非常に低いとき, 密度 $x(n) \to 0$ $(n \to \infty)$, すなわち, 赤血球密度がある水準を下回ると, その密度は回復できないことを意味

する.

(2) (8.6) の平衡点は, $0 < a < 1$ のとき他のパラメータ r, s, b を固定すると, 3点 $x_1 = 0 < x_2 < x_3$ が存在する.

(3) X は $F(X) = \max F(x)$ として, $\dfrac{r}{s} < X < \dfrac{r}{s} + \dfrac{1+a}{a}$.

(4) $a = 0.78$ のとき, 不安定的. 詳細は, M. Martelli：離散動的システムとカオス (浪花智英, 有本卓 共訳), 森北出版 (1999) を参照.　　　◇

> **定理 8.5.2**　自励系
> $$\boldsymbol{x}(n+1) = \boldsymbol{f}(\boldsymbol{x}(n)) \tag{8.7}$$
> は平衡点 $\boldsymbol{x}_e$ $(\boldsymbol{f}(\boldsymbol{x}_e) = \boldsymbol{x}_e)$ をもち, その近傍 $B_r = \{\boldsymbol{x} \in \boldsymbol{R}^m : \|\boldsymbol{x} - \boldsymbol{x}_e\| < r\}$ $(r > 0)$ 上で, 関数 $\boldsymbol{f} : B_r \to \boldsymbol{R}^m$ は連続とする. 開集合 $E \subset B_r$, 連続関数 $V : B_r \to \boldsymbol{R}_+$ と, $a \in CIP$ が存在し, 次の条件 (i)〜(iii) が満たされる. 点 $\boldsymbol{x}$ と平衡点 $\boldsymbol{x}_e$ との距離を $d(\boldsymbol{x}) = \|\boldsymbol{x} - \boldsymbol{x}_e\|$, また $\Delta V_{(f)} = V(\boldsymbol{f}(\boldsymbol{x})) - V(\boldsymbol{x})$ とおく.
>
> (i) 平衡点は $\boldsymbol{x}_e \in B_r$ のみ.
>
> (ii) $V(\boldsymbol{x}) \geq a(d(\boldsymbol{x}))$ $(\boldsymbol{x} \in B_r)$, $V(\boldsymbol{x}_e) = 0$.
>
> (iii) $\boldsymbol{x}_e \in \partial E$ (E の境界集合) で, $\Delta V_{(f)}(\boldsymbol{x}) > 0$ $(\boldsymbol{x} \in E)$.
>
> このとき, $\boldsymbol{x}_e$ は不安定 ([UnS]) である.

考察　背理法で示す. $\boldsymbol{x}_e$ は一様安定と仮定する. すなわち,「任意の $\varepsilon > 0$ にある正数 δ $(< \varepsilon)$ が存在し, 任意の $\boldsymbol{x} \in B_r(\boldsymbol{x}_e)$ が $\|\boldsymbol{x}_0 - \boldsymbol{x}_e\| < \delta$ ならば, $\|\boldsymbol{x}(n) - \boldsymbol{x}_e\| < \varepsilon$ $(n \geq 0)$. 解は $\boldsymbol{x}(n) = \boldsymbol{x}(n ; 0, \boldsymbol{x}_0)$ とする.」 $V(\boldsymbol{x}_0) > 0$ より, $\boldsymbol{x}_0 \in E$. ある有界閉集合 $B \subset B_r$ が存在し, 解 $\boldsymbol{x}(n) \in B$ $(n \in \boldsymbol{Z}_+)$. ゆえに, ある部分列 $\{\boldsymbol{x}(n(k)) : k \in \boldsymbol{Z}_+\} \subset \{\boldsymbol{x}(n)\} \cap B$. 条件 (ii), (iii) から実数 $p > 0$, $q > 0$ が存在し, $V(\boldsymbol{x}(n(k))) \leq p$, $\Delta V(\boldsymbol{x}(n(k))) = V(\boldsymbol{x}(n(k)) + 1) - V(\boldsymbol{x}(n(k))) \geq q > 0$, すなわち, $p \geq V(\boldsymbol{x}(n(k)) + 1) \geq V(\boldsymbol{x}(n(k))) + q$. 次の場合 (a), (b) を議論する.

(a) $\boldsymbol{x}(n(k)) \notin E$；

(b) ある部分列 $\{\boldsymbol{x}(n(k_1)) : k_1 \in \boldsymbol{Z}_+\}$ $(\subset \{\boldsymbol{x}(n(k))\})$ は $\{\boldsymbol{x}(n(k_1))\} \subset E$.

（a）のとき，ハイネ-ボレルの被覆定理から，$\boldsymbol{a}_1, \boldsymbol{a}_0 \in B$ が存在し $k_1 \to \infty$ のとき $\boldsymbol{x}(n(k_1 + 1)) \to \boldsymbol{a}_1$ で，$\boldsymbol{x}(n(k_1)) \to \boldsymbol{a}_0$ より，$p \geq V(\boldsymbol{a}_1) \geq V(\boldsymbol{a}_0) + p$ で，また（i）から $\boldsymbol{a}_1 = \boldsymbol{a}_0 = \boldsymbol{x}_e$ であり，$p \geq 0 \geq 0 + q > 0$ となり，矛盾である．

（b）のとき，$p \geq V(\boldsymbol{x}(n(k_1 + 1))) \geq V(\boldsymbol{x}(n(k_1))) + q = V(\boldsymbol{x}(n(k_1 - 1))) + q \geq V(\boldsymbol{x}(n(k_1 - 1) - 1)) + 2q \geq \cdots \geq V((\boldsymbol{x}(n(k_1 - \ell) - 1)) + (\ell + 1)q$. これより，$\ell \in \boldsymbol{Z}_+$ が十分大のとき，$p < \ell q$ を得て矛盾である．

よって，仮定の安定であることは矛盾で，式（8.7）の平衡点 $\boldsymbol{x}_e$ は不安定である． ◇

8.6　差分方程式の振動性定理

定義 8.6.1　（1）点列 $\{x(n) : n \geq 0\}$ が，**最終的正値**（eventually positive）とは，ある整数 $N_1 \geq 0$ が存在し，$x(n) > 0$ $(n \geq N_1)$ であることをいう．点列 $\{x(n) : n \geq 0\}$ が，**最終的負値**（eventually negative）とは，ある整数 $N_2 \geq 0$ が存在し，$x(n) < 0$ $(n \geq N_2)$ であることをいう．

（2）点列 $\{x(n) : n \geq 0\}$ が**振動**している（振動的）とは，その点列が eventually positive でも eventually negative でもないことをいう．すなわち，任意の整数 $n \geq 0$ に対し，ある $n_1 \geq n$ につき $x(n_1) \leq 0$，かつ，ある $n_2 \geq n$ につき $x(n_2) \geq 0$ であることをいう．特に，$x(n) \equiv 0$（恒等的に 0）も，振動的といえる．

ニューラルネットワークは神経軸索モデルの1つであるが，次の定理は，[KL2] V. Kocic and G. Ladas：Linearized oscillations for difference equations, Hiroshima Math. J. 22(1992), 95-102 による．

定理 8.6.2　（Kocic-Ladas）　差分方程式の初期値問題

$$x(n + 1) - x(n) + f(x(n), x(n - 1), \cdots, x(n - m + 1)) = 0$$
$$（初期条件：x(j) = \xi_j, \quad -m + 1 \leq j \leq 0）$$

$$(8.8)$$

は，次の条件 (i)〜(iii) を満たす．$f(\boldsymbol{u}) = f(u_1, u_2, \cdots, u_m)$ は，$\boldsymbol{R}^m$ 上の C^1 級の実数値連続関数とする．

(i) $\begin{cases} f(u_1, u_2, \cdots, u_m) \geq 0 \quad \text{for} \quad u_j \geq 0 \ (1 \leq j \leq m) \\ f(u_1, u_2, \cdots, u_m) \leq 0 \quad \text{for} \quad u_j \leq 0 \ (1 \leq j \leq m) \\ f(u, u, \cdots, u) = 0 \Longleftrightarrow u = 0 \end{cases}$

(ii) 偏導関数につき $\dfrac{\partial f}{\partial x_j}(\boldsymbol{0}) = p_j > 0 \ (1 \leq j \leq m)$

(iii) ある $\delta > 0$ が存在し，次式が成り立つ．

  (a) $f(u_1, u_2, \cdots, u_m) \leq \sum\limits_{j=1}^{m} p_j u_j \ (u_j \in [0, \delta], \ 1 \leq j \leq m)$

  (b) $f(u_1, u_2, \cdots, u_m) \geq \sum\limits_{j=1}^{m} p_j u_j \ (u_j \in [-\delta, 0], \ 1 \leq j \leq m)$

このとき，非線形式 (8.8) のすべての解が振動的であることは，次の線形式のすべての解が振動的であることと同値である．

$$y(n+1) - y(n) + \sum_{j=1}^{m} p_j y(n-j) = 0 \tag{8.9}$$

考察 （I）補題 1（Györi-Ladas）[*1] 偏導関数 $q_j(n) \geq p_j > 0 \ (1 \leq j \leq m)$ に関し，次の差分不等式のある解は eventually positive とする．

$$x(n+1) - x(n) + \sum_{j=1}^{m} q_j(n)x(n) \leq 0 \quad (n \geq 0)$$

このとき，線形式 (8.9) のある解も，eventually positive である．

（II）補題 2（Györi-Ladas） 正数 $p_i > 0$ とし，次の条件 (i)〜(ii) を仮定する．

  (i) 線形式 (8.9) の固有方程式 $P(\lambda) = \lambda - 1 + \sum\limits_{j=1}^{m} p_j \lambda^{-j} = 0$ は，正根 $\lambda_0 > 0$ をもつ．

  (ii) 整数 $N_1 \geq 1$ と $\theta > 0$ を固定し，次の線形差分不等式の初期値問題の解を $\{C_n : 0 \leq n \leq N_1 - 1\}$ とする．

[*1] Györi-Ladas の参考文献：Osillation Theory of Delay Differential Equations with Applications, Oxford Mathematical Monographs, Clarendon Press, 1991.

$$C(n + 1) - C(n) + \sum_{j=1}^{m} p_j C(n - j) \geq 0 \quad (C_j = \theta\lambda_0{}^j, \ -m \leq j \leq 0)$$

このとき，$1 \leq n \leq N_1$ につき，$C_n \geq \theta\lambda_0{}^n$.

　(III) 非線形式 (8.8) の解がすべて振動的のときでも，線形式 (8.9) の全解は振動的とは限らないと仮定する，すなわち，(8.9) のある解は eventually positive，あるいは eventually negative とする．まず，(8.9) のある解は eventually positive とする．

　条件 (iii)(a) を仮定する．ここで次の定理を用いる：「線形式 (8.9) の全解は振動的とは限らない $\Longleftrightarrow P(\lambda) = 0$ は正根をもつ.」その根を $\lambda_0 > 0$ とする．$p_j > 0$ より，$0 < \lambda_0 < 1$ である．

　非線形式 (8.8) の解を，初期条件 $x(j) = \theta\lambda_0{}^n > 0 \ (-m \leq j \leq 0)$ 下で考える．ここで，ある $N_2 \geq 1$ が存在し，次が成り立つと仮定する．

(H) $\qquad\qquad x(n) > 0 \quad (1 \leq n \leq N_2 - 1), \qquad x(N_2) \leq 0$

条件 (i) より，$x(n + 1) < x(n) \ (0 \leq n \leq N_2 - 1)$．条件 (iii)(a) から，$x(n) - x(n + 1) = f \leq \sum_{j=1}^{m} p_j x(n - j)$，すなわち，

$$x(n + 1) - x(n) + \sum_{j=1}^{m} p_j x(n - j) \geq 0 \quad (0 \leq n \leq N_2 - 1).$$

補題 2 から，$x(N_2) \geq \theta\lambda_0{}^{N_2} > 0$ であるが，仮定 (H) に矛盾する．よって，このような N_2 は存在しないから，非線形式 (8.8) のある解は振動しない．これは，(III) の最初の仮定に反する．従って，線形式 (8.9) の全解は振動的である．

　(IV) (III) と同様に，非線形式 (8.8) の全解が振動的であるが，線形式 (8.9) のある解は eventually positive と仮定すると，条件 (iii)(b) の場合も同様に矛盾が生じ，線形式 (8.9) の全解は振動的である．

　(V) 非線形式 (8.8) が全解が振動的であるが，線形式 (8.9) のある解は eventually negative と仮定し，条件 (iii)(a)（または (b)）が成り立つ場合を考えると，同様に矛盾が生じ，線形式 (8.9) の全解は振動的である．

　(VI) 線形式 (8.9) の全解は振動的とし，非線形式 (8.8) の全解は振動

的とは限らないとする. その eventually positive なる解を $\{x(n) : n \geq 0\}$ と
する. 条件 (iii) (a) が成立するとする. $x(n) - x(n+1) = f > 0$ から,
$x(n) > x(n+1)$. よって, $\lim_{n\to\infty} x(n) = \beta \geq 0$. $\beta > 0$ のとき, 条件 (i) $f(\boldsymbol{u})$
$= 0 \Longleftrightarrow \boldsymbol{u} = \boldsymbol{0}$ に矛盾するから $\beta = 0$ のはず. 平均値の定理から,

$$f(x(n), x(n-1), \cdots, x(n-m+1))$$
$$= f(x(n), x(n-1), \cdots, x(n-m+1)) - f(\boldsymbol{0})$$
$$= \sum_{j=1}^{m} \frac{\partial f}{\partial x_j} (tx(n), tx(n-1)), \cdots, tx(n-m+1)) \quad (0 < t < 1)$$

で,

$$q_j(n) = \frac{\partial f}{\partial x_j} (tx(n), tx(n-1), \cdots, tx(n-m+1))$$

とおくと, $\lim_{n\to\infty} q_j(n) = p_j$ $(1 \leq j \leq m)$. よって非線形式 (8.8) は, 次式と
みなせる.

$$x(n+1) - x(n) = \sum_{j=1}^{m} q_j(n) x(n-j) = 0$$

このとき, 補題1から, 線形式 (8.9) は, eventually positive の解をもつ.
これは, (VI) の最初の仮定に反する. ゆえに, 非線形式 (8.8) の全解は
振動的である.

(VII) (VI) と同様に, 線形式 (8.9) が全解が振動的であるが, 非線形
式 (8.8) のある解は eventually positive と仮定すると, 条件 (iii) (b) の場
合も同様に矛盾が生じ, 非線形式 (8.8) の全解は振動的である.

(VIII) 線形式 (8.9) が全解が振動的であるが, 非線形式 (8.8) のある
解は eventually negative と仮定し, 条件 (iii) (a) (または (b)) が成り立
つ場合を考えると, 同様に矛盾が生じ, 非線形式 (8.8) の全解は振動的で
ある.

ゆえに, 非線形式 (8.8) と線形式 (8.9) の全解の振動性は一致する. ◇

上記の定理は, 次のように, $x(n+1) - x(n)$ を $x(n+1) - \alpha x(n)$ $(\alpha > 0)$
に置き換えた場合に拡張される.

定理 8.6.3 $\alpha > 0$ とする．差分方程式の初期値問題

$$x(n + 1) - \alpha x(n) + f(x(n), x(n - 1), \cdots, x(n - m)) = 0$$
$$\text{（初期条件：} x(j) = \xi_j, \quad -m \leq j \leq 0\text{）} \tag{8.10}$$

は，次の条件（i）〜（iii）を満たす．$f(\boldsymbol{v}) = f(v_0, v_1, \cdots, v_m)$ は，$\boldsymbol{R}^{m+1}$ 上の C^1 級の実数値連続関数とする．

(i) $\begin{cases} F(\boldsymbol{v}) = f(v_0, v_1, \cdots, v_m) - (\alpha - 1)v_m \geq 0 \\ \qquad\qquad \text{for} \quad v_j \geq 0 \ (0 \leq j \leq m) \\ F(\boldsymbol{v}) = f(v_0, v_1, \cdots, v_m) - (\alpha - 1)v_m \leq 0 \\ \qquad\qquad \text{for} \quad v_j \leq 0 \ (0 \leq j \leq m) \\ F(v, v, \cdots, v) = f(v, v, \cdots, v) = 0 \Longleftrightarrow v = 0 \end{cases}$

(ii) 偏導関数につき $\dfrac{\partial f}{\partial x_j}(\boldsymbol{0}) = p_j > 0 \ (0 \leq j \leq m), \ p_0 \neq \alpha$.

(iii) ある $\delta > 0$ が存在し，次式が成り立つ．

　(a) $f(v_0, v_1, \cdots, u_m) \leq \displaystyle\sum_{j=0}^{m} p_j v_j \ (v_j \in [0, \delta], \ 0 \leq j \leq m)$

　(b) $f(v_0, v_1, \cdots, u_m) \geq \displaystyle\sum_{j=0}^{m} p_j v_j \ (v_j \in [-\delta, 0], \ 0 \leq j \leq m)$

このとき，非線形式（8.10）のすべての解が振動的であることは，次の線形式のすべての解が振動的であることと同値である．

$$y(n + 1) - \alpha y(n) + \sum_{j=0}^{m} p_j y(n - j) = 0 \tag{8.11}$$

上記の定理 8.6.3 の内容に関しては，伊藤-齋藤：差分方程式に関する Kocic-Ladas の振動性定理の拡張，同志社大学ハリス理化学研究報告 57, 283-287（2017），ID24700 を参照されたい．

次の 2 定理は，線形差分方程式が振動解をもつ，あるいは全解が振動的であるための（十分，必要十分）条件を与えている．

定理 8.6.4 定係数線形差分方程式

$$x(n + m) + p_1 x(n + m - 1) + \cdots + p_m x(n) = 0$$

に関し固有方程式 $Q(\lambda) = \lambda^m + p_1 \lambda^{m-1} + \cdots + p_m = 0$ が複素数解 $\alpha + i\beta$

▌$(\alpha, \beta \in \mathbf{R}, \ \beta \neq 0)$ をもつならば，振動解が存在する．

考察 (1) 固有多項式 $Q(\lambda)$ の係数は実数より，

$$Q(\lambda) = (\lambda - (\alpha + i\beta))(\lambda - (\alpha - i\beta))Q_1(\lambda)$$

$$(Q_1(\alpha \pm i\beta) \neq 0, \ Q_1 は m - 2 次多項式)$$

のはずである．差分式の一般解の一部には，次の解 $x_{os}(n)$ を含む（A, B は定数）．

$$
\begin{aligned}
x_{os}(n) &= A(\alpha + i\beta)^n + B(\alpha - i\beta)^n \\
&= A\left\{\sqrt{\alpha^2 + \beta^2}\left(\frac{\alpha}{R} + i\frac{\beta}{R}\right)\right\}^n + B\left\{\sqrt{\alpha^2 + \beta^2}\left(\frac{\alpha}{R} - i\frac{\beta}{R}\right)\right\}^n \\
&= AR^n(\cos n\theta + i\sin n\theta) + BR^n(\cos n\theta - i\sin n\theta) \\
&= R^n(A + B)\cos n\theta + iR^n(A - B)\sin n\theta
\end{aligned}
$$

$$\left(R = \sqrt{\alpha^2 + \beta^2}, \ \tan\theta = \frac{\alpha}{\beta}\right).$$

これは振動解の1つである． ◇

▌**定理 8.6.5** 次の結論を得る．

（I）線形式（8.11）の全解は振動的とは限らない $\Longleftrightarrow P(\lambda) = \lambda - \alpha + \sum_{j=1}^{m} p_j\lambda^{-1} = 0$ は正根 λ_0 をもつ（$0 < \lambda_0 < \alpha$）．

（II）正根 λ_0（$0 < \lambda_0 < \alpha$）が存在しない $\Longleftrightarrow$ 線形式（8.11）は，全解が振動的．

（III）線形式（8.11）に関し，$\sum_{j=1}^{m} jp_j\left(\frac{j+1}{j\alpha}\right)^j > 1$ のとき，線形式（8.11）の全解が振動的である．

考察 (I)「$P(\lambda) = 0 \Longleftrightarrow \sum_{j=1}^{m} \frac{p_j}{\lambda^j} = \alpha - \lambda$」よって，「正根 λ_0（$0 < \lambda_0 < \alpha$）が存在 $\Longleftrightarrow$ 線形式（8.11）は振動でない解をもつ」．

(II) 正根 λ_0（$0 < \lambda_0 < \alpha$）が存在しない $\Longleftrightarrow$ 線形式（8.11）は，全解が振動的．

（III）$f(\lambda) = \dfrac{1}{(\alpha - \lambda)\lambda^j}$ とおくと，$f'(\lambda) = \dfrac{k\alpha}{\lambda^j(\alpha - \lambda)^2}\left(\dfrac{k + 1}{k\alpha} - \dfrac{1}{\lambda}\right)$. こ

れは $\displaystyle\min_{0 \le \lambda < \alpha} f(\lambda) = f\left(\dfrac{j\alpha}{j + 1}\right) = \left(\dfrac{j + 1}{j\alpha}\right)^{j+1} j$ より，$\displaystyle\sum_{j=1}^{m} p_{ij}\left(\dfrac{j + 1}{j\alpha}\right)^j > 1$ ならよ

い． ◇

！注意 8.6.6　定理 8.6.5（III）において，$P(\lambda)$ のグラフを数値計算すれば，正根
$\lambda > 0$ の有無は容易に判定できる．

さらに次の定理も得られる．

定理 8.6.7　整数 $m \ge 1$，$\alpha > 0$ とする．変係数線形式と変係数非線形式

（L）$$x(n + 1) - \alpha x(n) + \sum_{j=1}^{m} p_j(n)x(n - j) = 0$$

（N）$$x(n + 1) - \alpha x(n) + f(n, x(n), x(n - 1), \cdots, x(n - m)) = 0$$

に関し，次の条件（i）〜（vi）が成り立つ．

（i）関数 $f : \boldsymbol{Z}_+ \times \boldsymbol{R}^{m+1} \to \boldsymbol{R}$ は，C^1 級で，次式が成り立つ．

$$\lim_{n \to \infty} \frac{\partial f}{\partial x_j}(n, \boldsymbol{0}) = P_j \qquad (0 \le j < m)$$

（ii）次の方程式は，正の根をもたない．

$$\lambda - \alpha + \sum_{j=0}^{m} \frac{P_j}{\lambda_j} = 0$$

（iii）$P_j \ge 0 \ (1 \le j < m)$.

（iv）
$$
\begin{cases}
\text{(a)} \ \displaystyle\lim_{n \to \infty}\left(\inf_{v_j > 0,\, 1 \le j \le m} f(n, v_1, v_2, \cdots, v_m)\right) \ge (\alpha - 1)v_0 \quad (v_0 \ge 0) \\[2mm]
\text{(b)} \ \displaystyle\lim_{n \to \infty}\left(\sup_{v_j > 0,\, 1 \le j \le m} f(n, v_1, v_2, \cdots, v_m)\right) \le (\alpha - 1)v_0 \quad (v_0 \le 0) \\[2mm]
\text{(c)} \ \displaystyle\lim_{n \to \infty} f(n, 0, 0, \cdots, 0) = 0 \\[2mm]
\text{(d)} \ \displaystyle\lim_{n \to \infty} f(n, v, v, \cdots, v) = (\text{定数}) \ ならば \ v = 0
\end{cases}
$$

（v）ある $\delta > 0$ が存在し，次の 2 条件が成り立つ．

$$
\begin{cases}
\text{(a) } \limsup_{n\to\infty} f(n, v_0, v_1, \cdots, v_m) \leq \sum_{j=0}^{m} P_j v_j \quad (v_j \in [0, \delta], \ 0 \leq j \leq m) \\
\text{(b) } \liminf_{n\to\infty} f(n, v_0, v_1, \cdots, v_m) \geq \sum_{j=0}^{m} P_j v_j \quad (v_j \in [-\delta, 0], \ 0 \leq j \leq m)
\end{cases}
$$

(vi) $\displaystyle \lim_{n\to\infty}\left(\sup_{v_j>0,\, 1\leq j\leq m} \left| f(n, x_0, \cdots, x_m) - \sum_{j=0}^{m} Q_j x_j \right| \right) = 0$

このとき,次の結論(I),(II)を得る.

(I) 線形式(L)のすべての解は振動的.

(II) 非線形式(N)のすべての解は振動的.

8.7 差分方程式の逆定理

ここでは,次の非自励系差分方程式(8.12)に関し,平衡点 $\boldsymbol{x}_e$(任意の $n \in \boldsymbol{Z}_+$ に対して $\boldsymbol{f}(n, \boldsymbol{x}_e) = \boldsymbol{x}_e$)が安定で,解が $\boldsymbol{x}_e$ に収束する場合(一様漸近安定,[UAS], Uniformly Asymptotically Stable)に,リアプノフ関数が存在する定理とその応用に関する最近得られた結果を紹介する.

$$\boldsymbol{x}(n+1) = \boldsymbol{f}(n, \boldsymbol{x}(n)), \qquad n = 0, 1, 2, \cdots \tag{8.12}$$

次に,非自励系(8.12)に関し,平衡点 $\boldsymbol{x}_e$ が有界で,解がある集合に最終的に吸収される場合(一様漸近有界,[UAB], Uniformly Asymptotically Bounded)に,リアプノフ関数が存在する定理とその応用を述べる.それらの定理は,同志社大学ハリス理工学研究所に発表準備中.

定理 8.7.1 非自励系(8.12)の平衡点 $\boldsymbol{x}_e$ は,一様漸近安定([UAS])とし,任意に $\gamma > 0$ を固定する.このとき,次の結論(I)〜(III)を得る. $d(\boldsymbol{x}) = \|\boldsymbol{x} - \boldsymbol{x}_e\|$ とする.

(I) ある関数 $a \in CIP$ と開集合 $B_r = \{\boldsymbol{x} \in \boldsymbol{R}^m : \|\boldsymbol{x} - \boldsymbol{x}_e\| < r\}$ $(r > 0)$ が存在し,任意の $n \in \boldsymbol{Z}_+$ と任意の $\ell \in \boldsymbol{Z}_+$ に対し,ℓ 回合成 $\boldsymbol{f}^{\ell}(n, \boldsymbol{x}) \neq \boldsymbol{0}$(任意の $\boldsymbol{x} \in B_r$)の限り,

$$a(d(\boldsymbol{x})) \leq V(n, \boldsymbol{x}) \quad (\boldsymbol{Z}_+ \times B_r \text{上}).$$

（II）ある関数 $b \in CIP$ が存在し，

$$V(n, \boldsymbol{x}) \leq b(d(\boldsymbol{x})) \quad (\boldsymbol{Z}_+ \times B_r \text{上}).$$

（III）$\varDelta V(n, \boldsymbol{x}) = V(n + 1, \boldsymbol{f}(n, \boldsymbol{x})) - V(n, \boldsymbol{x})$ に関し，次式が成り立つ．

$$\varDelta V(n, \boldsymbol{x}) = -(1 - e^{-\gamma})V(n, \boldsymbol{x}) \quad (\boldsymbol{Z}_+ \times B_r \text{上}).$$

例 8.7.2　非自励系（8.12）の平衡点 $\boldsymbol{x}_e$ は一様漸近安定とする．よって，すべての解は $\|\boldsymbol{x}(n) - \boldsymbol{x}_e\| < \varepsilon_1$ $(\varepsilon_1 > 0)$ としてよい．次の条件（i）〜（iii）が成り立つとする．

（ i ）正数 $\rho < \varepsilon_1$ が存在し，$B_\rho = \{\boldsymbol{x} \in B_r : \|\boldsymbol{x} - \boldsymbol{x}_e\| < \rho\}$ とおくと，$\varepsilon_1 e^c \rho > 1$ なる $c > 0$ に関し，次式のリプシッツ条件が成り立つ．

$$\|\boldsymbol{f}(n, \boldsymbol{x}) - \boldsymbol{f}(n, \boldsymbol{y})\| \leq e^{-c}\|\boldsymbol{x} - \boldsymbol{y}\| \quad (\text{任意の } n \in \boldsymbol{Z}_+,\ \boldsymbol{x}, \boldsymbol{y} \in B_\rho)$$

（ii）関数 $\boldsymbol{h}_1 : \boldsymbol{Z}_+ \times B_r \to \boldsymbol{R}^m$ に関し，$\|\boldsymbol{h}_1(n, x)\| = o(d(\boldsymbol{x}))$ $(d(\boldsymbol{x}) \to 0$, ランダウの記号)，すなわち，次式が成り立つ．

$$\lim_{d(\boldsymbol{x}) \to 0} \frac{\|\boldsymbol{h}_1(n, \boldsymbol{x})\|}{d(\boldsymbol{x})} = 0$$

（iii）関数 $\boldsymbol{h}_2 : \boldsymbol{Z}_+ \times B_r \to \boldsymbol{R}^m$ に関し，ある $b > 0$ が存在し，次式が成り立つ．

$$\|\boldsymbol{h}_2(n, \boldsymbol{x})\| \leq b\|\boldsymbol{x} - \boldsymbol{x}_e\|$$

このとき，次の摂動系の平衡点 $\boldsymbol{x}_e$ は一様漸近安定（[UAS]）である．

$$\boldsymbol{x}(n + 1) = \boldsymbol{f}(n, \boldsymbol{x}(n)) + \boldsymbol{h}_1(n, \boldsymbol{x}(n)) + \boldsymbol{h}_2(n, \boldsymbol{x}(n))$$

定理 8.7.3　非自励系（8.12）は一様有界（[UB]）かつ一様終局有界（[UUltB]）とする．このとき，ある集合 $C_H = \{\boldsymbol{x} \in \boldsymbol{R}^m : \|\boldsymbol{x}\| > H\}$ $(H > 0)$，関数 $a, b \in CI$ と，C_H 上で連続な $V : \boldsymbol{Z}_+ \times C_H \to \boldsymbol{R}_+$ が存在し，次の結論（I）〜（II）が成り立つ．$d(\boldsymbol{x}) = \|\boldsymbol{x}\|$ とする．任意に $\gamma > 0$ を固定する．

（ I ）$a(d(\boldsymbol{x})) \leq V(n, \boldsymbol{x}) \leq b(d(\boldsymbol{x}))$ $(\boldsymbol{Z}_+ \times C_H \text{上})$．

(II) $\Delta V(n, \boldsymbol{x}) \leq -(1 - e^{-\gamma})V(n, \boldsymbol{x})$ $(\boldsymbol{Z}_+ \times C_H \text{ 上})$.

例 8.7.4 非自励系 (8.12) は [UB] かつ [UUltB] とする. 次の条件 (i), (ii) が成り立つとする.

(i) 正数 $c > 0$ が存在し, $\boldsymbol{f}$ は次のリプシッツ条件を満たす.

$$\|\boldsymbol{f}(n, \boldsymbol{x}) - \boldsymbol{f}(n, \boldsymbol{y})\| \leq e^{-c}\|\boldsymbol{x} - \boldsymbol{y}\| \qquad (\boldsymbol{Z}_+ \times C_H \text{ 上}).$$

(ii) 関数 $\boldsymbol{h} : \boldsymbol{Z}_+ \times C_H \to \boldsymbol{R}^m$ と正数 $b > 0$ は次式を満たす.

$$\liminf_{r \to \infty} \sup_{\|\boldsymbol{x}\| \leq r} \frac{1}{r}\|\boldsymbol{h}(n, \boldsymbol{x})\| < b < 1 - e^{-c} \qquad (\text{任意の } n \in \boldsymbol{Z}_+).$$

このとき, 次の摂動系は [UB] かつ [UUltB] である.

$$\boldsymbol{x}(n + 1) = \boldsymbol{f}(n, \boldsymbol{x}(n)) + \boldsymbol{h}(n, \boldsymbol{x}(n))$$

！注意 8.7.5 例 8.7.4 (i) に関し, $\boldsymbol{f}$ のリプシッツ定数 $e^{-c} < 1$ は改良すべきである. あるいはノルムだけの解析ではなく, 非自励系の各成分 $x_j(n)$ $(1 \leq j \leq m)$ につき, 符号条件を用いて解析する必要がある. 例 8.7.4 (ii) でも同様.

第 9 章

数理生物学のモデリング II

9.1　2種個体群モデリング

　本章では，宿主（host）と捕食寄生（parasitoid）に関する差分方程式を定式化し，その解の漸近挙動について述べる．モデルは2種の昆虫からなり，捕食寄生の昆虫は，他の種類の宿主の幼虫やサナギに卵を生みつけ，宿主は食される．捕食寄生は成長して次世代の成虫になる．

　非負整数 $n = 0, 1, 2, \cdots \in \mathbf{Z}_+$ を世代数とし，$x(n)$ を宿主の密度，$y(n)$ を捕食寄生数の密度，$f(x, y)$ を2種昆虫が遭遇する割合，$b > 0$ を宿主の出生率，$c > 0$ を経験的数として，次のモデルを考える．

$$\begin{cases} x(n + 1) = bx(n)f(x(n), y(n)), \\ y(n + 1) = cx(n)[1 - f(x(n), y(n))] \end{cases} \tag{9.1}$$

$1 - f$ は，寄生される宿主の割合を表す．割合 f には，ポアソン分布や，負の2項分布を仮定することにより，異なるモデルを得る．詳しくは，[I] 巌佐庸：数理生物学入門 — 生物社会のダイナミックスを探る，共立出版（1998）を参照されたい．

9.2 修正ニコルソン・ベイリーモデル

式 (9.1) において, 宿主密度 $N(n) = x(n)$, 捕食寄生の密度 $P(n) = y(n)$ とおき, ニコルソン (Nichlson) とベイリー (Bailey) は, 2種の昆虫の遭遇に関し, 次の仮定を課してモデルを構成した (**ニコルソン・ベイリーモデル**, NB モデル).

(i) 遭遇する割合 f はポアソン分布に従う.

(ii) 遭遇に関し, 1回のみ有効で2回以上は考慮しない.

ポアソン分布の仮定の下, 宿主1当たりが捕食寄生に遭遇する平均を μ とし, n 回遭遇する確率は $p(n) = \dfrac{\mu^n e^{-\mu}}{n!}$ より, 0回遭遇, すなわち遭遇しない確率は $p(0) = e^{-\mu}$. 平均は $\mu =$ (定数 a) × (捕食寄生の密度) $= aP(n)$ として, $f(N(n), P(n)) = e^{-\mu} = e^{-aP(n)}$ を得る. よって最初の NB モデルは次式の通り.

(E1) $\quad N(n+1) = bN(n)e^{-aP(n)}, \qquad P(n+1) = cN(n)[1 - e^{-aP(n)}]$

以下, $\boldsymbol{x} = (N, P)^T$, $\boldsymbol{f}(\boldsymbol{x}) = (bNe^{-aP}, cN[1 - e^{-aP}])^T$ とおく.

問題 9.2.1 上記 (E1) に関し, 次の問いに答えよ.

(1) 平衡点 $\boldsymbol{x}_e = (N_e, P_e)^T$ は $\boldsymbol{x}_e = \boldsymbol{f}(\boldsymbol{x}_e)$ を満たす. $\boldsymbol{x}_e$ を求めよ. また, $b > 1$ を示せ.

(2) ヤコビ行列 $A = \dfrac{\partial \boldsymbol{f}}{\partial \boldsymbol{x}}(\boldsymbol{x}_e)$ を求めよ.

(3) 平衡点 $\boldsymbol{x}_e$ が安定であるには, 次式を満たすことが十分である.

($*$) $\qquad |\mathrm{tr}(A)| < \det(A) + 1 < 2$ （定理 8.2.3 参照）

これは $b > 1$ に矛盾することを示せ.

考察 (1) $N_e = bN_e e^{-aP_e}$, $P_e = cN_e[1 - e^{-aP}]$ となるので, $1 = be^{-aP_e}$, $c(1 - e^{-aP_e}) = \dfrac{P_e}{N_e}$. したがって $P_e = \dfrac{\log b}{a}$, $N_e = \dfrac{b \log b}{ac(b-1)}$. $P_e > 0$ より, $b > 1$ を得る.

(2) $\dfrac{\partial \boldsymbol{f}}{\partial \boldsymbol{x}}(\boldsymbol{x}_e) = \begin{pmatrix} bN_e e^{-aP_e} & -abN_e e^{-aP_e} \\ c(1 - e^{-aP_e}) & acN_e e^{-aP_e} \end{pmatrix} = \begin{pmatrix} 1 & -aN_e \\ \dfrac{P_e}{N_e} & \dfrac{acN_e}{b} \end{pmatrix}$.

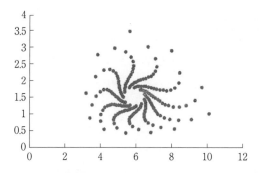

図 18　平衡点の漸近安定性（$a = 0.2$, $r = 0.5$, $K = 14.17$）

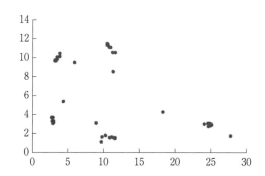

図 19　周期解の安定性（$a = 0.2$, $r = 2.2$, $K = 22.51$）

（3）$N = N_e$, $P = P_e$ とおく.

$$(\ast)\ \iff\ 1 + \frac{acN}{b} < \frac{acN}{b} + aP + 1 < 2$$

から, $1 > \dfrac{acN}{b} + aP = \dfrac{\log b}{b - 1} + \log b$.

$$1 > \frac{\log b}{b - 1} + \log b\ \iff\ 0 > b \log b - b + 1.$$

ここで $B(b) = b \log b - b + 1$ とおく. $B'(b) = \log b + b \cdot \dfrac{1}{b} - 1 > 0$ で, $B(1 + 0) = 0$ から $B(b) > 0$ より矛盾する.　　　　　　　　　　◇

　以上問題 9.2.1 から, 平衡点 $\boldsymbol{x}_e$ の安定性を議論するには, 式（E1）は不

適切といえる. 式 (E1) に対し, 宿主の密度は, 捕食寄生が存在しないとき, ある限界までしか増加しないと仮定し, $K > 0$ を環境定数, $b = e^r\left(1 - \dfrac{N}{K}\right)$, $r > 0$, $c = 1$ として, 次式の修正 NB モデルを得る.

$$N(n+1) = N(n)e^{r\left(1-\frac{N(n)}{K}\right)-aP(n)}, \qquad P(n+1) = N(n)[1 - e^{-aP(n)}]$$

$$(9.2)$$

9.2.1 修正 NB モデルの平衡点の漸近安定性

次の修正ニコルソン・ベイリーモデル

(NB)
$$N(n+1) = N(n)e^{r\left(1-\frac{N(n)}{K}\right)-aP(n)},$$
$$P(n+1) = N(n)\{1 - e^{-aP(n)}\} \quad (N(n) > 0, \ P(n) > 0)$$

に関し, 平衡点 $\boldsymbol{x}_e$ の条件と, その漸近安定性, 大域的漸近安定性, 周期解の存在, 周期解の局所漸近安定性, 周期解の大域的漸近安定性について述べる.

平衡点 $\boldsymbol{x}_e = (N_e, P_e) \Longleftrightarrow N_e = \left(1 - \dfrac{aP_e}{r}\right)K = \dfrac{P_e}{1 - e^{-aP_e}}$. $\boldsymbol{x} = (N, P)$,

$\boldsymbol{f}(\boldsymbol{x}) = \left(Ne^{r\left(1-\frac{N}{K}\right)-aP}, N[1 - e^{-aP}]\right)$ とおく. ヤコビ行列は,

$$\frac{\partial \boldsymbol{f}}{\partial \boldsymbol{x}}(\boldsymbol{x}) = \begin{pmatrix} \left(1 - \dfrac{rN}{K}\right)e^{r\left(1-\frac{N}{k}\right)-aP} & -aNe^{r\left(1-\frac{N}{k}\right)-aP} \\ 1 - e^{-aP} & aNe^{-aP} \end{pmatrix}.$$

$\boldsymbol{x}_e$ でのヤコビ行列は, 次式の通り.

$$A = \frac{\partial \boldsymbol{f}}{\partial \boldsymbol{x}}(\boldsymbol{x}_e) = \begin{pmatrix} 1 - \dfrac{rN_e}{K} & -aN_e \\ 1 - e^{-aP_e} & a(N_e - P_e) \end{pmatrix}$$

$$= \begin{pmatrix} 1 - \dfrac{rN_e}{K} & -aN_e \\ \dfrac{P_e}{N_e} & aN_e e^{-aP_e} \end{pmatrix} \left(= \begin{pmatrix} \alpha & \beta \\ \delta & \gamma \end{pmatrix} \ とおく. \right)$$

A の固有方程式は, $0 = \det\left(\lambda I - \dfrac{\partial \boldsymbol{f}}{\partial \boldsymbol{x}}(\boldsymbol{x}_e)\right) = \lambda^2 - (\alpha + \gamma)\lambda + \alpha\gamma - \beta\delta = $

$\lambda^2 - \mathrm{tr}(A)\lambda + \det(A)$. 定理 8.2.3 より，次の漸近安定性の判定法を得る.

問題 9.2.2　式（NB）の平衡点 $\boldsymbol{x}_e = (N_e, P_e)$ は，次式を満たす.

(1)　$r\left(1 - \dfrac{N_e}{K}\right) = aP_e$　　　(2)　$N_e = \left(1 - \dfrac{aP_e}{r}\right)K = \dfrac{P_e}{1 - e^{-aP_e}}$

(3)　$aN_e = \dfrac{aP_e}{1 - e^{-aP_e}} > 1$　　　(4)　$aK > 1$

(5)　$P(n+1) < N(n)$ $(n \geq 0)$　　　(6)　$P_e < N_e < K$

(7)　平衡点 (N_e, P_e) は，任意の $a, K, r > 0$ に対し一意的に存在する.

考察　(1)，(2) は $\boldsymbol{x}_e = \boldsymbol{f}(\boldsymbol{x}_e)$ から明らか.

(3)　$x = aP_e$, $aN_e = \dfrac{x}{1 - e^{-x}} = C(x)$ $(x > 0)$ とおく. ロピタルの定理

から，$\displaystyle\lim_{x \to +0} C(x) = \dfrac{x}{1 - e^{-x}} = \dfrac{1}{e^{-x}} = 1$. また $C'(x) = \dfrac{e^{-x} - 1 + x}{(1 - e^{-x})^2} > 0$ よ

り，$C(x)$ は狭義単調増加. よって，$C(x) = aN_e > 1$ $(x > 0)$.

(4)　$aN_e > 1$ と $K > N_e$ より.

(5)　$P(n+1) = N(n)[1 - e^{-aP(n)}] < N(n)$ である.

(6)　$P_e = N_e[1 - e^{-aP_e}] < N_e$. また $r\left(1 - \dfrac{N_e}{K}\right) = aP_e > 0$ より，$P_e < N_e < K$.

◇

問題 9.2.3　式（NB）に関し，$n \geq 1$ のとき，$\max[N(n), P(n)] \leq \dfrac{Ke^{r-1}}{r}$

$(n \geq 2)$，すなわち一様終局有界（[UUltB]）である.

考察　問題 9.2.2 (1) から，

$$N(n+1) = N(n)e^{r\left(1 - \frac{rN(n)}{K}\right) - aP(n)} \left(\leq N(n)e^{r\left(1 - \frac{N(n)}{K}\right)}\right)$$

の挙動を調べるとよい. そのために，関数 $B(N) = Ne^{r - \frac{rN}{K}}$ の増減を調べる.

$B'(N) = \left(\dfrac{K}{r} - N\right)\dfrac{r}{K}e^{r - \frac{rN}{K}}$ から，$\max B(N) = B\left(\dfrac{K}{r}\right) = \dfrac{Ke^{r-1}}{r}$. よって，

$P(n+1) < N(n) \leq \dfrac{Ke^{r-1}}{r}$ $(n \geq 1)$.
◇

定理 9.2.4 式（NB）の平衡点 $x_e = (N_e, P_e)$ が（局所）漸近安定であるためには，次の条件（1）が十分条件である．また条件（1）は（2）と同値である．

(1) 固有方程式 $\lambda^2 - \text{tr}(A)\lambda + \det(A) = 0$ の解 λ_j $(j = 1, 2)$ はすべて，
$$|\lambda_j| < 1.$$

(2) $|\text{tr}(A)| < \det(A) + 1 < 2.$

定理 8.2.3 を参照のこと．

！注意 9.2.5 (1) 条件 $0 < r < 1$ は，漸近安定（[AS]）であるための十分条件の1つである．それを示すパラメータ図が得られている．（[El] S. Elaydi：An Introduction to Difference Equations, Springer（1996），および [Ed] L. Edelstein-Keshet：Math-ematical Models in Biology, Random Hause（1988）を参照）

定理 9.2.6 $0 < r < 1$ とし，定理 9.2.4 の条件（1），または（2）が成り立つ，すなわち平衡点 x_e は一様漸近安定（[UAS]）とする．
このとき，x_e は大域的一様吸引的（[GUA]）である．

考察 (I) 任意の初期点 $x_0 = (N(0), P(0))$ は，
$$x_0 \notin U_\varepsilon(x_e) = \{(N, P) : \|x - x_e\| \leq \varepsilon\},$$
$r - \left\{\dfrac{rN(0)}{K} + aP(0)\right\} > 0$ と する．点列 $\left\{n(k) \in \boldsymbol{Z}_+ : \lim\limits_{k \to \infty} n(k) = \infty\right\}$ が存在して，解 $x(n(k) \,;\, 0, x_0) = (N(n(k) \,;\, 0, x_0), P(n(k) \,;\, 0, x_0)) = (N(n(k)), P(n(k)))$ につき，
$$r - \left\{\frac{rN(n(k))}{K} + aP(n(k))\right\} \leq 0$$
を得る．

実際，ある $T \in \boldsymbol{Z}_+$ が存在し，任意の整数 $n \geq T$ につき，
$$r - \left\{\frac{rN(n(k))}{K} + aP(n(k))\right\} > 0$$
と仮定する．このとき，$N(n + 1) = N(n)e^{r - \left\{\frac{rN(n(k))}{K} + aP(n(k))\right\}} > N(n)$ より，点

列 $\{N(n) : n \geq T\}$ は，狭義単調増加で，終局有界性より $N(n) \leq B_0$ から，平衡点の式 $N_e = \lim_{n \to \infty} N(n)$ が成立する．よって，

$$aP(n) \leq r - \frac{rN_e}{K} = \frac{r(K - N_e)}{K} = \beta \qquad (0 < \beta < 1)$$

から，$1 - e^{-aP(n)} \leq 1 - e^{-\beta} < 1$ を得る．

$$P(n + 1) = N(n)(1 - e^{-aP(n)}) < N(n)(1 - e^{-\beta}),$$

また，

$$P(n + 2) = N(n + 1)(1 - e^{-\beta}) < N(n)(1 - e^{-\beta})^2$$

から，$P(n) < N(0)(1 - e^{-\beta})^n \to 0 \ (n \to \infty)$．これは，平衡点 (N_e, P_e) の条件 $P_e > 0$ に反する．よって，任意の $k \in \mathbf{Z}_+$ に対し，整数 $n(k) \geq k$ が存在し，

$$r - \left\{ \frac{rN(n(k))}{K} + aP(n(k)) \right\} \leq 0$$

である．

（Ⅱ）点列 $\{n(k) \in \mathbf{Z}_+\}$ に関し，式 $r - \left\{ \frac{rN(n(k))}{K} + aP(n(k)) \right\} \leq 0$ の下，次の場合分け（a），（b）が成り立つ：

（a）ある正整数 $T \geq 1$ が存在して，任意の整数 $n(k) \geq T$ につき，

$$N(n(k))\{1 - e^{-aP(n(k))}\} < P(n(k))$$

が成り立つとき，点列 $\{(N(n(k)), P(n(k)))\}$ のある部分列 $\{(N(n(p)), P(n(p)))\}$ は，次式を満たす．

$$\lim_{p \to \infty}(N(n(p)), P(n(p))) = (N_e, P_e)$$

（b）部分列 $\{n(\ell)\} \subset \{n(k)\}$ が存在して，

$$N(n(\ell))\{1 - e^{-aP(n(\ell))}\} \geq P(n(\ell))$$

が成り立つとき，点列 $\{(N(n(k)), P(n(k)))\}$ のある部分列 $\{(N(n(p)), P(n(p)))\}$ は，

$$\lim_{p \to \infty}(N(n(p)), P(n(p))) = (N_e, P_e)$$

実際，（a）：$P(n(k) + 1) = N(n(k))\{1 - e^{-aP(n(k))}\} < P(n(k))$ より，$\{P(n)\}$ の

ある部分列 $\left\{ P(n(p)) : \lim_{p\to\infty} n(p) = \infty \right\}$ は，$P(n(p+1)) < P(n(p))$．$\{P(n(p))\}$ は下に有界より，極限 $\lim_{p\to\infty} P(n(p))$ が存在し，$\lim_{p\to\infty} P(n(p)) = P_e$．ここでは，平衡点 (N_e, P_e) の一意性を用いる．よって，$P_e = \lim_{p\to\infty} N(n(p))(1 - e^{-aP_e})$ を得て，$N_e = \lim_{p\to\infty} N(n(p))$．

（b）：$P(n(k)+1) = N(n(k))\{1 - e^{-aP(n(k))}\} \geq P(n(k))$ より，$\{P(n)\}$ のある部分列 $\left\{ P(n(p)) : \lim_{p\to\infty} n(p) = \infty \right\}$ は，$P(n(p+1)) \geq P(n(p))$．$\{P(n(p))\}$ は上に有界より，極限 $\lim_{p\to\infty} P(n(p))$ が存在し，$\lim_{p\to\infty} P(n(p)) = P_e$．ここでは，平衡点 (N_e, P_e) の一意性を用いる．よって，$P_e = \lim_{p\to\infty} N(n(p))(1 - e^{-aP_e})$ を得て，$N_e = \lim_{p\to\infty} N(n(p))$．

（III）初期値 $\boldsymbol{x}_0 = (N(0), P(0))$ は，

$$\boldsymbol{x}_0 \notin U_\varepsilon(\boldsymbol{x}_e) = \{(N, P) : \|\boldsymbol{x} - \boldsymbol{x}_e\| \leq \varepsilon\},$$

$r - \left\{ \dfrac{rN(0)}{K} + aP(0) \right\} \leq 0$ とする．このとき，

$$\lim_{n\to\infty}(N(n), P(n)) = (N_e, P_e).$$

実際，ある $M \in \boldsymbol{Z}_+$ に対し，$(N(M), P(M))$ では

$$r - \left(\frac{rN(M)}{K} + aP(M) \right) > 0$$

となる．そうではないと仮定する．すなわち，任意の $n \geq 0$ で，$r - \left(\dfrac{rN(n)}{K} + aP(n) \right) \leq 0$ とする．$N(n+1) = N(n)e^{r - \left(\frac{rN(n)}{K} + aP(n) \right)} \leq N(n)$ より，$N(n)$ は $n \geq 0$ で単調減少，また $N(n)$ は下に有界より，$\lim_{n\to\infty} N(n) = N_e$ のはず．このとき，

$$-aP(n) \leq -r + \frac{rN_e}{K} = \frac{r(-K + N_e)}{K} < 0 \qquad (N_e < K \text{より})$$

$$\Longleftrightarrow \quad e^{-aP(n)} < e^{\frac{r(-K + N_e)}{K}} = \rho_1 < 1$$

$$\Longleftrightarrow \quad 1 - e^{-aP(n)} > 1 - \rho_1 > 0$$

よって，$P(n+1) = N(n)(1 - e^{-aP(n)}) > N(n)$．また，

$$N(n + 1) = N(n)e^{r-\left(\frac{rN(n)}{K}+aP(n)\right)}$$

より, $N_e = N_e e^{r-\left(\frac{rN_e}{K}+aP(\infty)\right)}$ だから, 極限 $P(\infty)$ は, $r - \left(\dfrac{rN_e}{K} + aP(\infty)\right) = 0$ を満たし存在する. すると, $P(\infty) = P_e \geq N_e$ であるが, $P_e < N_e$ に矛盾する.

(IV) 背理法より, $\boldsymbol{x}_e$: [GA], すなわち [GAS] である.　　　　　　　◇

9.2.2　修正 NB モデルの周期解の漸近安定性

$M \geq 1$ を整数とする. 式 (NB) の M **周期解**とは, 次の条件を満たす集合 P_M である.

$$P_M = \{\boldsymbol{x}_j \in \boldsymbol{R}^2 : \boldsymbol{x}_{j+1} = \boldsymbol{f}(\boldsymbol{x}_j)\ (0 \leq j \leq M - 1),$$
$$\boldsymbol{x}_p \neq \boldsymbol{x}_q\ (0 \leq p < q \leq M - 1), \boldsymbol{x}_M = \boldsymbol{x}_0\}$$

すなわち, 点 $\boldsymbol{x}_0$ から出発し, 変換 $\boldsymbol{f}$ により相異なる $\boldsymbol{x}_1, \boldsymbol{x}_2, \cdots, \boldsymbol{x}_{M-1}$ と変換され, $\boldsymbol{x}_M = \boldsymbol{x}_0$ である. 次の条件が成り立つ.

$$\boldsymbol{a} \in P_M \iff \boldsymbol{a} = \boldsymbol{f}^M(\boldsymbol{a}),\ かつ,\ \boldsymbol{a} \neq \boldsymbol{f}^n(\boldsymbol{a})\quad (1 \leq n \neq M)$$

なお, 合成 $\boldsymbol{f}^M(\boldsymbol{a}) = \boldsymbol{f}(\boldsymbol{f}^{M-1}(\boldsymbol{a}))$, $\boldsymbol{f}^0(\boldsymbol{a}) = \boldsymbol{a}$ である.

M 周期解 P_M が**一様漸近安定** ([UAS]) であるとは, 次の条件 (i), (ii) を満たすことをいう.

(i) P_M : 一様安定 ([US]) $\iff$ 任意の $\boldsymbol{a} \in P_M$ と任意の微小 $\varepsilon > 0$ に対し, ある正数 $\delta\ (<\varepsilon)$ をとれば, 任意の初期時間 $n_0 \geq 0$ と初期値 $\boldsymbol{x}_0$: $\|\boldsymbol{x}_0 - \boldsymbol{a}\| < \delta$ に関し, 任意の $k \in \boldsymbol{Z}_+$ において, 解 $\boldsymbol{x}(kM + n_0) = \boldsymbol{f}^{kM}(\boldsymbol{x}_0)$ は次式を満たす.

$$\|\boldsymbol{f}^{kM}(\boldsymbol{x}_0) - \boldsymbol{a}\| < \varepsilon$$

(ii) P_M : 一様吸引的 ([UA]) $\iff$ 微小 $\eta > 0$ が存在し, 任意の微小 $\varepsilon > 0$ に対し, ある十分大の整数 $T \in \boldsymbol{Z}_+$ をとれば, 任意の初期時間 $n_0 \geq 0$ と初期値 $\boldsymbol{x}_0$: $\|\boldsymbol{x}_0 - \boldsymbol{a}\| < \eta$ に関し, 整数 k は $kM \geq T$ のとき, 解 $\boldsymbol{x}(kM + n_0)$ $= \boldsymbol{f}^{kM}(\boldsymbol{x}_0)$ は $\|\boldsymbol{f}^{kM}(\boldsymbol{x}_0) - \boldsymbol{a}\| < \varepsilon$ を満たす.

すなわち, M 周期解 P_M が存在し, P_M : [UAS] であるとは, 各 $\boldsymbol{a} \in P_M$

に関し，点列 $\{\boldsymbol{f}^{kM}(\boldsymbol{a}) : k \in \boldsymbol{Z}_+\}$ が [UAS] を意味する．

定理 9.2.7（周期解 P_M の存在と漸近安定性） M 回合成 $\boldsymbol{f}^M = \boldsymbol{G}$ とおく．点 $\boldsymbol{x}_0 = (N_0, P_0) \in \boldsymbol{R}^2$，正数 $d > 0$ と $0 < r_1 < 1$ が存在し，次の条件（i）〜（iii）が満たされるとする．$B_d = \{\boldsymbol{x} \in \boldsymbol{R}_+^2 : \|\boldsymbol{x} - \boldsymbol{x}_e\| < d\}$，$\|\boldsymbol{x}\|^2 = \boldsymbol{x}^T \boldsymbol{x}$ とする．

(i) ヤコビ行列 $\dfrac{\partial \boldsymbol{G}}{\partial \boldsymbol{x}}(\boldsymbol{x}_0)$ に関し，すべての固有値 λ は，$|\lambda| < 1$ とする．

(ii) $\max\left\{\left\|\dfrac{\partial \boldsymbol{G}}{\partial \boldsymbol{x}}(\boldsymbol{y})(\boldsymbol{x} - \boldsymbol{y})\right\|^2 : \boldsymbol{x}, \boldsymbol{y} \in B_d\right\} \le (\|\boldsymbol{x} - \boldsymbol{y}\| r_1)^2$ $(\boldsymbol{x}, \boldsymbol{y} \in B_d)$ で，

$|\lambda| < r_1$ とする．

(iii) $c = \|\boldsymbol{G}(\boldsymbol{x}_0) - \boldsymbol{x}_0\|$ として，$d \ge c + dr_1$．

このとき，結論（I），（II）を得る．

(I) 周期解の存在：周期解
$$P_M = \{\boldsymbol{a}_j \in \boldsymbol{R}_+^2 : 0 \le j \le M - 1, \boldsymbol{a}_0 \in B_d\}$$
が存在する．$\boldsymbol{a}_{j+1} = \boldsymbol{G}(\boldsymbol{a}_j)$ $(0 \le j \le M - 1)$，$\boldsymbol{a}_M = \boldsymbol{a}_0$．

(II) 周期解の漸近安定性：P_M は一様漸近安定（[UAS]）である．

考察 （I）下記のブラウワーの不動点定理を，連続変換 $\boldsymbol{G} : B_d \to B_d$ に用いる（$B_d (\subset \boldsymbol{R}^2)$ は凸有界閉集合である）．不動点 $\boldsymbol{a}_0 = \boldsymbol{G}(\boldsymbol{a}_0) = \boldsymbol{f}^M(\boldsymbol{a}_0)$ は，M 周期解の 1 点で，$\boldsymbol{a}_0 \in P_M$．なお，テイラーの定理の 1 次近似から，

$$\|\boldsymbol{G}(\boldsymbol{x}) - \boldsymbol{G}(\boldsymbol{x}_0)\|^2$$
$$= \left\|\frac{\partial \boldsymbol{G}}{\partial \boldsymbol{x}}(\boldsymbol{c})(\boldsymbol{x} - \boldsymbol{x}_0)\right\|^2 \qquad (\boldsymbol{c} = x_0 + t(\boldsymbol{x} - \boldsymbol{x}_0), \ 0 < t < 1)$$
$$\le \max\left\{\left\|\frac{\partial \boldsymbol{G}}{\partial \boldsymbol{x}}(\boldsymbol{y})(\boldsymbol{x} - \boldsymbol{x}_0)\right\|^2 : \boldsymbol{x}, \boldsymbol{y} \in B_d\right\}$$
$$\le (\|\boldsymbol{x} - \boldsymbol{x}_0\| r_1)^2 \le (dr_1)^2$$

より，$\|\boldsymbol{G}(\boldsymbol{x}) - \boldsymbol{x}_0\| \le \|\boldsymbol{G}(\boldsymbol{x}) - \boldsymbol{G}(\boldsymbol{x}_0)\| + \|\boldsymbol{G}(\boldsymbol{x}_0) - \boldsymbol{x}_0\| \le dr_1 + c \le d$．よって，

$$\boldsymbol{G}(B_d(\boldsymbol{x}_0)) \subset B_d.$$

(II) 定理 9.2.4 参照. ◇

ブラウワー (Brouwer) の不動定理　線形空間 R^m の凸の有界閉集合 B 上の連続写像 $F : B \to B$ は，少なくとも 1 つの不動点 $x_0 \in B$，すなわち $x_0 = F(x_0)$ をもつ．（例えば，N. Dunford & J. T. Schwartz：Linear Operators, Part I：General Theory, Wiley Classics Library (1988) を参照）

9.2.3　May モデル

式 (9.1) において，宿主と捕食寄生とが遭遇せず見逃される割合 f を負の 2 項分布（参考文献 [I]，p.166）

$$f = \left(1 + \frac{ay}{b}\right)^{-b} \quad (a > 0, \ b > 0)$$

に置き換えるのが May（メイ）モデルである．ポアソン分布の仮定では，2 度以上の遭遇は考慮しない．負の 2 項分布では，集中度指数を $\frac{1}{b}$，捕食寄生に発見される回数が集中分布しているとする．$\lambda > 1$ とする．

$$\begin{cases} x(n+1) = \lambda x(n)\left(1 + \dfrac{ay(n)}{b}\right)^{-b}, \\ y(n+1) = x(n)\left\{1 - \left(1 + \dfrac{ay(n)}{b}\right)^{-b}\right\} \end{cases} \tag{9.3}$$

問題 9.2.8　式 (9.3) の平衡点 $x_e = (x_e, y_e)$ は次式を満たすか調べよ．

$$x_e = \left(\frac{\lambda}{\lambda - 1} y_e, y_e\right), \qquad y_e = \frac{b\left(\lambda^{\frac{1}{b}} - 1\right)}{a}$$

問題 9.2.9　式 (9.3) の平衡点 $x_e = (x_e, y_e)$ に関し，定理 9.2.4 条件 (2) は，次式を満たすか調べよ．

$$0 < b\lambda\left(1 - \lambda^{\frac{-1}{b}}\right) < \lambda - 1 \quad \text{（一様漸近安定（[UAS]）の十分条件）}$$

問題 9.2.10　(1) $m = ay$（一定）の下，$\displaystyle\lim_{b \to \infty}\left(1 + \frac{ay}{b}\right)^b = e^{ay}$ を示せ．

(2) 2 項分布 $B(p, \ell) = {}_nC_\ell p^\ell(1-p)^{n-\ell}$ から，形式的に負の 2 項分布を導け．

(i) $n = -b$，$-p = q$ とおくと，次式を得る（これを**負の 2 項分布**という）．

$$B(-q, \ell) = \frac{(-b)(-b-1)\cdots(-b-\ell+1)}{\ell(\ell-1)\cdots 1}(-p)^\ell(1+q)^{-b-\ell}$$

$$= \frac{b(b+1)\cdots(b+\ell-1)}{\ell!}p^\ell(1+q)^{-b-\ell}$$

(ii) $\ell = 0$，$q = \dfrac{ay}{k}$ とおくと，

$$B\left(\frac{ay}{k}, 0\right) = \left(1 + \frac{ay}{k}\right)^{-b}$$

を得る．なお $\dfrac{b(b-1)}{0!} = 1$ である．

9.3 LPA モデル

1 種個体群の（幼虫-さなぎ-成虫）共食いモデル，**カニバリズムモデル**を扱う（[El]，p.171）．ある穀物害虫は，成虫（adult, adults）とサナギ（pupae, pupa）と卵（egg, eggs）間で共食いする．幼虫（larvae, larval）は卵を食べるが，幼虫は成虫を食べず，成虫同士も食べない．幼虫同士も食べない．成虫の幼虫食いと幼虫のサナギ食いは無視できる．離散時間 $n = 0, 1, 2, \cdots$ に対し，$L(n)$ を幼虫（L）の個体数，$P(n)$ をサナギ（P）の個体数，$A(n)$ を成虫（A）の個体数とし，**LPA モデル**は次式の通りである．

(LPA)
$$\begin{cases} L(n+1) = bA(n)e^{-c_{ea}A(n)-c_{e\ell}L(n)}, \\ P(n+1) = (1-\mu_\ell)L(n), \\ A(n+1) = P(n)e^{-c_{pa}A(n)} + (1-\mu_a)A(n) \end{cases}$$

初期条件は $L(0) \geq 0$，$P(0) \geq 0$，$A(0) \geq 0$ である．$b > 0$ は出生率，$1 \geq \mu_\ell$

≥ 0 と $1 \geq \mu_a \geq 0$ はそれぞれ幼虫と成虫の死亡率である. $c_{ea} \geq 0$, $c_{el} \geq 0$, $c_{pa} \geq 0$ を**カニバリズム係数**という. 成虫は幼虫の死により共食いする. 項 $e^{-c_{ea}A(n)}$ は成虫が卵を食べない確率で, $e^{-c_{el}L(n)}$ は幼虫が卵を食べない確率である. $e^{-c_{pa}A(n)}$ は成虫がサナギを食べない確率を表す. 式 (LPA) には, 2つの平衡点 $\boldsymbol{x}_0 = \boldsymbol{0}$ と $\boldsymbol{x}^* = (L^*, P^*, A^*)$ (すべて正) が存在する. 以下, $c_{ea} = c_1$, $c_{el} = c_2$, $c_{pa} = c_3$ とおく.

平衡点 $\boldsymbol{x}^* = (L, P, A)$ が満たす式を求める. その定義から

$$L = bAe^{-c_1A-c_2L}, \qquad P = (1 - \mu_\ell)L, \qquad A = Pe^{-c_2A} + (1 - \mu_a)A.$$

これより, 次の3式を得る.

$$P = (1 - \mu_\ell)L, \qquad (1 - \mu_\ell)L = \mu_a Ae^{c_3A}, \qquad Le^{c_2L} = bAe^{-c_1A}$$

2, 3式より, $e^{c_2L} = \dfrac{b(1 - \mu_\ell)}{\mu_a}e^{-(c_1+c_3)A}$ を得る. 次式は, 式 (LPA) の定性解析をする際に重要となる.

$$N = \frac{b(1 - \mu_\ell)}{\mu_a}$$

もし $N < 1$ ならば, $e^{c_2L} < 1$ より, $\boldsymbol{x}_e$ は存在しえない.

問題 9.3.1 $N > 1$ のとき, 平衡点 $\boldsymbol{x}^*$ は唯一である.

考察 平面 (A, L) において, 曲線 $(1 - \mu_\ell)L = \mu_a Ae^{c_3A}$ と, 直線 $c_2L = \log N - (c_1 + c_3)A$ は1点で交わる. ◇

例 9.3.2 ($\boldsymbol{x}_0$ の定性解析) 式 (LPA) を $\boldsymbol{x}(n + 1) = \boldsymbol{f}(\boldsymbol{x}(n))$ とおく. $\boldsymbol{f}$ のヤコビ行列は次の通り.

$$\frac{\partial \boldsymbol{f}}{\partial \boldsymbol{x}}(\boldsymbol{x}) = \begin{pmatrix} -c_2 bAe^{-c_1A-c_2L} & 0 & b(1 - c_1)e^{-c_1A-c_2L} \\ 1 - \mu_\ell & 0 & 0 \\ 0 & e^{-c_3A} & -Pc_3e^{-c_3A} + 1 - \mu_a \end{pmatrix}$$

$\boldsymbol{x}_0 = \boldsymbol{0}$ でのヤコビ行列は,

$$\frac{\partial \boldsymbol{f}}{\partial \boldsymbol{x}}(\boldsymbol{0}) = \begin{pmatrix} 0 & 0 & b \\ 1 - \mu_\ell & 0 & 0 \\ 0 & 1 & 1 - \mu_a \end{pmatrix}$$

より，固有方程式は $P(\lambda) = \lambda^3 + (\mu_a - 1)\lambda^2 + b(1 - \mu_\ell) = 0$. Schur–Cohn の判定法（定理 8.2.7）から，固有値 λ がすべて絶対値 $|\lambda| < 1 \Longleftrightarrow \boldsymbol{x}_0$：[UAS].

9.4 DLPG モデル

次式で表される，密度に依存する 1 種個体群モデル（DLPG, Density-Limited Population Growth Model）は，Hassel［1975］により研究された（[Ed]，p.171）．

$$x(n + 1) = \frac{\lambda x(n)}{(1 + ax(n))^b} \qquad (\lambda > 1,\ a > 0,\ b > 0)$$

問題 9.4.1　(1) DLPG に関し平衡点 $x_e \neq 0$ は次式で与えられる．

$$x_e = \frac{\lambda^{\frac{1}{b}} - 1}{a}$$

(2) DLPG に関し $-1 < b\lambda^{-\frac{1}{b}} - (b - 1) < 1$ のとき，平衡点 x_e は一様漸近安定（[UAS]）か調べよ．

問題 9.4.2　DLPG の平衡点 $x_e = 0$ に関して調べよ．

(1) $b + 1 + \lambda(b - 1) > 0$ のとき，$V(x) = |x - x_e|^2$ は定理 8.3.1 を満たすか調べよ．このとき，平衡点 x_e は [GUAS] である．

(2) $b < 2$ のとき，$V(x) = \left(\log \dfrac{x}{x_e}\right)^2$ は定理 8.3.1 を満たすか調べよ．

9.5 SGSM

May［1983］により，次の遺伝子選択モデル（SGSM, Simple Genotype Selection Model）が研究された．

$$y(n+1) = \frac{y(n)e^{\beta(1-2y(n-k))}}{1-y(n)+y(n)e^{\beta(1-2y(n-k))}}, \qquad \beta > 0, \ k \in \mathbf{Z}_+ \text{ は定数.}$$

定理 9.5.1 SGSM に関し，次の結論 (1)〜(6) が成り立つ.

(1) 平衡点 $x = 0, \dfrac{1}{2}$.

(2) 初期条件 $0 < y(j) < 1 \ (-k \leq j \leq 0)$ のとき, $0 < y(n) < 1 \ (n \geq 1)$.

(3) $x(n) = \dfrac{y(n)}{1-y(n)}$ とおくことで，次式を得る.

$$x(n+1) = x(n)e^{\frac{\beta(1-x(n-k))}{1+x(n+k)}}, \quad x(j) \in (0, \infty) \qquad (-k \leq j \leq 0)$$

(4) $k = 0$ のとき，(3) の解 $x(n)$ に関し，$x(n) - \dfrac{1}{2}$ がすべて振動的 $\Longleftrightarrow \beta > 2$.

(5) $k \geq 1$ のとき，(3) の解 $x(n)$ に関し，$x(n) - \dfrac{1}{2}$ がすべて振動的 $\Longleftrightarrow \beta > \dfrac{2k^k}{(k+1)^{k+1}}$.

(6) $\beta < 4\cos\dfrac{k\pi}{2k+1}$ のとき，$y = \dfrac{1}{2}$ は [UAS].

参考文献 V. Kocic and G. Ladas : Global Behavior of Nonlinear Difference Equations of Higher Order with Applications, Springer, 1993.

！注意 9.5.2 Sacker［2011, (s)］により，次のように研究されている．SGSM の平衡点 $y = \dfrac{1}{2}$ に関しては，$\beta < \dfrac{3k+4}{(k+1)^2}$ のとき大域的に安定である．さらに，$\beta < 4\cos\dfrac{k\pi}{2k+1}$ のときも大域的一様漸近安定（[GUAS]）と予想されている.

参考文献 (s) S. H. Sacker : On the Global Stability Conjecture of the Genotype Selection Model, Acta, Math. Scientia 2011, 31B (2) : 512-528.

第 10 章

◆━━━━━━━━━━━◆

2 階線形偏微分方程式の型

◆━━━━━━━━━━━◆

10.1　2 階線形偏微分方程式の型

　未知関数 $u = u(x, y)$ に関し，2 階線形偏微分方程式

(Ph1)　　　　　$u_{xx} + a u_{xy} + b u_{yy} + c u_x + d u_y + e u = 0$

を分類する $(a, b, c, d, e$ は定数$)$．変換 $X = px + qy$，$Y = rx + sy$ に関し，$ps - qr \neq 0$ のとき，次式を得る．p, q, r, s は (10.1) を満たすとする．

$$\begin{pmatrix} x \\ y \end{pmatrix} = \begin{pmatrix} p & q \\ r & s \end{pmatrix}^{-1} \begin{pmatrix} X \\ Y \end{pmatrix} \left(= \begin{pmatrix} x(X, Y) \\ y(X, Y) \end{pmatrix} \right)$$

また，

$$u(x, y) = u(x(X, Y), y(X, Y)) = U(X, Y)$$

とおいて偏微分する．

$$u_x(x, y) = \frac{\partial U}{\partial x}(X, Y) = U_X \frac{\partial X}{\partial x} + U_Y \frac{\partial Y}{\partial x} = p U_X + r U_Y,$$

$$u_y(x, y) = q U_X + s U_Y,$$

$$u_{xx}(x, y) = (p U_X + r U_Y)_x = p^2 U_{XX} + 2pr U_{XY} + r^2 U_{YY},$$

$$u_{xy}(x, y) = (p U_X + r U_Y)_y = pq U_{XX} + (ps + rq) U_{XY} + rs U_{YY},$$

$$u_{yy}(x, y) = (q U_X + s U_Y)_y = q^2 U_{XX} + 2qs U_{XY} + s^2 U_{YY}$$

を得る．これらにより，偏微分式 (Ph1) は，$u(x, y)$ $(= U(X, Y))$ につき

(Ph2)　　$A_0 U_{XX} + A U_{XY} + B U_{YY} + C U_X + D U_Y + E U(X, Y) = 0$

に帰着される．ただし，次の関係を得る．

$$\begin{pmatrix} A_0 & \dfrac{A}{2} \\ \dfrac{A}{2} & B \end{pmatrix} = \begin{pmatrix} p & q \\ r & s \end{pmatrix} \begin{pmatrix} 1 & \dfrac{a}{2} \\ \dfrac{a}{2} & b \end{pmatrix} \begin{pmatrix} p & r \\ q & s \end{pmatrix}$$

$$C = cp + dq, \quad D = cr + ds, \quad E = e$$

行列

$$M = \begin{pmatrix} 1 & \dfrac{a}{2} \\ \dfrac{a}{2} & b \end{pmatrix}$$

は，成分実数の対称行列より，その固有値 λ_1, λ_2 は実数である．それらの固有ベクトルを $(p \ r)^T$, $(q \ s)^T$（ただし T は転置）として，

$$\begin{pmatrix} p & q \\ r & s \end{pmatrix} \begin{pmatrix} p & r \\ q & s \end{pmatrix} = I \tag{10.1}$$

（I は単位行列）を仮定して考察する．また，任意の $\lambda \in \boldsymbol{C}$ につき，次の 3 式が成り立つはずである．

$$\det\left(\lambda I - \begin{pmatrix} 1 & \dfrac{a}{2} \\ \dfrac{a}{2} & b \end{pmatrix} \right) = \det\left(\lambda I - \begin{pmatrix} A_0 & \dfrac{A}{2} \\ \dfrac{A}{2} & B \end{pmatrix} \right),$$

$$a^2 - 4b = A^2 - 4A_0 B, \quad 1 + b = A_0 + B$$

偏微分式（Ph1）は，$a^2 - 4b \,(= A^2 - 4A_0 B)$ の符号により，2 次形式

(Q)　　$x^2 + axy + by^2 + cx + dy = \begin{pmatrix} x \\ y \end{pmatrix}^T \begin{pmatrix} 1 & \dfrac{a}{2} \\ \dfrac{a}{2} & b \end{pmatrix} \begin{pmatrix} x \\ y \end{pmatrix} + cx + dy = 1$

と対応させ，3 タイプに分類できる．実定数 c_1, c_2, c_3, c_4, k とする．以下では式 $g(X, Y) = (U, U_X, U_Y$ の一次結合$)$ であるが，解法のとき置き換え等で消去できることがある．

定理 10.1.1　変換 $X = px + qy$, $Y = rx + sy$ に関し（10.1）の下，(Ph1) は (Ph2) に帰着される．(Ph1) は，$a^2 - 4b$ の符号により，3タイプ (a)〜(c) に分類される．

　(a) **双曲型**：$a^2 - 4b > 0$ のとき，式 (Ph2) は

$$U_{XX} = c_1 U_{YY} + g$$

($c_1 > 0$) に帰着され，これを双曲型という．式 (Q) は $y^2 = c_1 x^2 + k$.

　(b) **放物型**：$a^2 - 4b = 0$ のとき，式 (Ph2) は

$$U_X = c_2 U_{YY} + g$$

($c_2 > 0$) に帰着され，これを放物型という．式 (Q) は $y = c_2 x^2 + k$.

　(c) **楕円型**：$a^2 - 4b < 0$ のとき，式 (Ph2) は

$$U_{XX} + U_{YY} + g = 0$$

に帰着され，これを楕円型という．式 (Q) は $\dfrac{x^2}{c_3^2} + \dfrac{y^2}{c_4^2} = 1$.

考察　上記 (a)〜(c) を考察する．2次形式 (Q) は $1 = \boldsymbol{x}^T M \boldsymbol{x} + (c\ d)\boldsymbol{x}$（ただし $\boldsymbol{x} = (x\ y)^T$）である．

　(a) 双曲型：$a^2 - 4b > 0$ のとき，$\det M = b - \dfrac{a^2}{4} < 0$ であり，2次正方行列 M の固有方程式

(Ch) $\qquad\qquad\qquad \lambda^2 - (1 + b)\lambda + \det M = 0$

の解 p, q は，$-p < 0 < q$. 2次関数 $f(\lambda) = \lambda^2 - (1 + b)\lambda + \det M$ のグラフを考えるとよい．よって，$MP = P\begin{pmatrix} -p & 0 \\ 0 & q \end{pmatrix}$, P は固有ベクトルからなる行列．2次形式 (Q) は

$$1 = \boldsymbol{x}^T P \begin{pmatrix} -p & 0 \\ 0 & q \end{pmatrix} P^{-1}\boldsymbol{x} + (c\ d)^T P(P^{-1}\boldsymbol{x})$$

$$= (P^T\boldsymbol{x})^T \begin{pmatrix} -p & 0 \\ 0 & q \end{pmatrix} P^T\boldsymbol{x} + (c_1\ d_1)(\overline{x}, \overline{y})^T$$

$$= -p\overline{x}^2 + q\overline{y}^2 + c_1\overline{x} + d_1\overline{y}.$$

ただし, $p > 0$, $q > 0$, $P^{-1} = P^T$, すなわちシュミットの正規直交化法より $PP^T = I$（単位行列）としてよい. $P^T \boldsymbol{x} = (\bar{x}\,\bar{y})^T$, $(c_1\,d_1) = (c\,d)^T P$ とおいている. このとき, $p\bar{x}^2 - c_1\bar{x} = q\bar{y}^2 + d_1\bar{y} - 1$ は, 双曲線である. また (Ph2) は, 次式に帰着される.

$$pU_{XX} - c_1 U_X = qU_{YY} + d_1 U_Y + EU(X, Y)$$

(b) 放物型：$a^2 - 4b = 0$ $(b \geq 0)$ のとき, 2 次形式は

$$(\text{Q}) \iff \left(x + \frac{ay}{2}\right)^2 + cx + dy = 1$$

$$\iff z^2 + c\left(z - \frac{ay}{2}\right) + dy = 1, \ z = x + \frac{ay}{2}$$

これは, 放物曲線である. 行列 M の固有値は $p = 1 + b \geq 1$, $q = 0$ で, (Ph2) は, 次式に帰着される.

$$pU_{XX} - c_1 U_X = d_1 U_Y + EU(X, Y) = 0$$

(c) 楕円型：$a^2 - 4b < 0$ $(b > 0)$ のとき, $\det M = \frac{1}{4}(4b - a^2) > 0$ で, (Ch) の判別式 $D_c = (1 + b)^2 - 4\det M = (1 - b)^2 + a^2 \geq 0$. （Ch）の実数解 p, q は, (i) $p \neq q$, または (ii) $p = q$ の場合に分けられる.

(i) $p \neq q$ のとき. $\det M > 0$ から, $\lambda = \dfrac{(1 + b) \pm \sqrt{(1 + b)^2 - 4\det M}}{2} = p, q$ $(p < q)$ より, 相異なる 2 実解は, $1 + b > 0$ より $q > p > 0$. よって, 2 次形式 $p\bar{x}^2 + q\bar{y}^2 + c_1\bar{x} + d_1\bar{y} = 1$ は楕円曲線であり, 偏微分式 (Ph2) は, 次式となる.

$$pU_{XX} + qU_{YY} + c_1 U_X + d_1 U_Y + EU(X, Y) = 0$$

(ii) $p = q$ のとき.

$$a = 0, \ b = 1 \iff p = q = 1.$$

固有値 1 の固有ベクトルは $(1\,0)^T$, $(0\,1)^T$ とすればよい. このとき式 (Q) は $\bar{x}^2 + \bar{y}^2 + c\bar{x} + d\bar{y} = 1$, 偏微分式 (Ph1) は次の通り.

$$u_{xx} + u_{yy} + cu_x + du_y + eu(x, y) = 0 \qquad \diamondsuit$$

第 10〜13 章に関して，次の文献を参照されたい.

　［K］加藤義夫：偏微分方程式，サイエンス社（1975）

　［ST］清水辰次郎：応用数学，朝倉書店（1961）

　［SM］杉浦光夫：解析入門 II，東京大学出版会（1985）

　［U］ベ・エス・ウラジミロフ（飯井理一，堤正義，岡沢登，石井仁司 訳）：応用偏微分方程式 1・2，文一総合出版（1977）

　［LS］L. シュワルツ（吉田耕作，渡辺二郎 訳）：物理数学の方法，岩波書店（1966）

次章以降の偏微分方程式の解法では，形式解を求めることを主とした. 求めた関数が厳密解であることの確認は，上記の文献を参照されたい.

第 **11** 章

拡散現象

11.1 熱方程式と条件

11.1.1 熱方程式

線分状の針金（$0 < x < \pi$）に関し，時間 $t > 0$ と位置座標 $x \in (0, \pi)$ における温度分布（これが未知関数）$u(t, x)$ の満たす熱方程式を，近似的に導出する．

針金の微小区間 $\delta I = [x, x + \delta x]$ に関し，微小時間 δt に，長さ δx に流れ込む熱量の総和 Q は，微小区間の温度変化 δu に比例する（熱量の保存則）．針金の線密度を ρ，比熱を σ とすると，$Q = \sigma\rho(\delta x)(\delta_t u)$ と時間的変化 $\delta_t u = u(t + \delta t, x) - u(t, x)$ を得る．

また，区間 δI に流れ込む熱量の総和 Q は，針金の熱伝導率を k とすると，
$$Q = k\{(x + \delta x \text{での熱変化}) - (x\text{での熱変化})\}$$
$$= k\left\{\frac{\partial u}{\partial x}(t, x + \delta x) - \frac{\partial u}{\partial x}(t, x)\right\}\delta t.$$

よって，
$$Q = \sigma\rho(\delta x)(\delta_t u) = k\left(\frac{\partial u}{\partial x}(t, x + \delta x) - \frac{\partial u}{\partial x}(t, x)\right)\delta t$$

より，

$$\frac{\delta_t u}{\delta t} = \frac{k}{\sigma\rho}\frac{1}{\delta x}\left(\frac{\partial u}{\partial x}(t, x + \delta x) - \frac{\partial u}{\partial x}(t, x)\right)$$

ここで，$\delta t \to 0$, $\delta x \to 0$ のとき，次の熱方程式を得る．

$$u_t(t, x) = c u_{xx} \qquad \left(c = \frac{k}{\sigma\rho}, \ t > 0, \ 0 < x < \pi\right)$$

11.1.2 熱方程式の条件

次の熱方程式（Heat Equation）に対し，初期条件（Initial Condition, IC），境界条件（DC）または（NC）を与えて，**混合問題**を扱う．

(H) $\qquad\qquad u_t = \Delta u_{xx} \qquad (t > 0, \ 0 < x < L)$

(IC) $\qquad\qquad u(0, x) = f(x) \qquad (0 < x < L)$

条件（IC）では，初期時間 $t = 0$ での温度分布 u に関し $u(0, x) = f(x)$ を与えている．境界条件には，**ディリクレ条件**（Dirichlet, DC）と**ノイマン条件**（Neumann, NC）がある．

(DC) $\qquad\qquad u(t, 0) = 0 = u(t, L)$

(NC) $\qquad\qquad u_x(t, 0) = 0 = u_x(t, L)$

条件（DC）とは，境界 $x = 0, L$ での定温 $u = 0$ を与える．条件（NC）とは，境界 $x = 0, L$ での断熱効果 $\dfrac{\partial u}{\partial x} = 0$ を与える．すなわち，$x = 0, L$ では，熱量の移動はないことを意味する．

関数 $u(t, \boldsymbol{x})$（$\boldsymbol{x} \in D \subset \boldsymbol{R}^m, \ m \geq 2$）に関し，条件（NC）は，次の形で与えられる．

(NC) $\qquad\qquad \dfrac{\partial u}{\partial n}(t, \boldsymbol{x}) = f(\boldsymbol{x}) \qquad (\boldsymbol{x} \in \partial D, \ D \ \text{の境界})$

$f : \partial D \to \boldsymbol{R}$ は既知の関数，$\dfrac{\partial u}{\partial n} = \text{grad}(u) \cdot \boldsymbol{n}$ は ∂D 上の外向き（を正向きとする）**法線微分**，$\boldsymbol{n}$ は外向きの単位法線ベクトルである．

11.2 一般の拡散方程式

熱方程式の一般形として，熱伝導や，物体の行動過程 $u = u(t, \boldsymbol{x})$ （$t \geq 0$, $\boldsymbol{x} \in \boldsymbol{R}^3$）を記述する**拡散方程式**

$$\rho u_t = \operatorname{div}(p \operatorname{grad}(u)) - qu + f(t, \boldsymbol{x}) \tag{11.1}$$

を扱う．ここに，密度 ρ，熱伝導係数 p，熱源（の強さ）f，媒質の吸収係数 q とするモデルや，輸送方程式（拡散方程式より厳密に，微小物体の挙動を記述している），流体方程式（理想流体，すなわち粘性のない流体の運動記述）などがある．なお，**勾配ベクトル**は

$$\operatorname{grad}(u(t, \boldsymbol{x})) = (u_x(t, x, y, z), u_y(t, x, y, z), u_z(t, x, y, z))^T \; (= \nabla u)$$

で（T は転置），この発散は $\operatorname{div}(\operatorname{grad}(u)) = u_{xx} + u_{yy} + u_{zz}$ （$= \Delta u$）となる．Δ を**ラプラシアン**といい，1つの微分作用素である．また細胞，バクテリア，化学物質や，富などの特定単位としての集団において，不規則な運動の結果，全体に広がってゆくことも拡散現象とみることができる．

11.3 熱方程式問題の解法

例 11.3.1 次の有限長針金の熱分布問題を解け（$c > 0$）．

(H) $u_t(t, x) = c u_{xx}$ （$t > 0$, $0 < x < \pi$）

(DC) $u(t, 0) = 0 = u(t, \pi)$ （$t > 0$, ディリクレ境界条件）

(IC) $u(0, x) = f(x)$ （$0 < x < \pi$, なお $f(0) = 0 = f(\pi)$）

【解法】 **変数分離法** $u(t, x) = T(t)X(x)$ とフーリエ級数展開を用いる．偏微分して $T'X = cTX''$．ここで，$TX \equiv 0$（恒等的にゼロ）以外の解を求める．$\dfrac{X''(x)}{X(x)} = \dfrac{T'(t)}{cT(t)}$ において，左辺は x の式，右辺は t の式で，t, x は任意に変化するとすると，両辺は定数 $\lambda \in \boldsymbol{R}$ のはず．

$$\frac{X''}{X} = \frac{T''}{cT} = \lambda \iff \lceil (a)\ X'' = \lambda X, \quad (b)\ T'' = c\lambda T \rfloor$$

(a) から, 場合 (a-1) $\lambda > 0$, (a-2) $\lambda = 0$, (a-3) $\lambda < 0$ がある. (a-1) のとき $X(x) = Ae^{\sqrt{\lambda}x} + Be^{-\sqrt{\lambda}x}$. また条件 (DC) から, $T(t)X(0) = 0 = T(t)X(\pi)$ を得,

(∗) $$X(0) = 0 = X(\pi)$$

より, $A = 0 = B$. (a-2) のとき (∗) より, $X(x) = A + Bx$ で, このときも $A = 0 = B$. (a-3) のとき (∗) より, $X(x) = A\cos\sqrt{-\lambda}\,x + B\sin\sqrt{-\lambda}\,x$. このとき, $A = 0 = B\sin\sqrt{-\lambda}\pi$ より, $B \neq 0$, $\sqrt{-\lambda}\pi = n\pi$ ($n \in \boldsymbol{N}$) より, $\lambda = -n^2$. 解 $X(x) = B\sin nx$ より, $X_n(x) = B_n\sin nx$ ($n \in \boldsymbol{N}$) とおく.

(b) $T' = -cn^2T$ から, $T_n = b_ne^{-cn^2t}$ より,

$$X_nT_n = B_nb_ne^{-cn^2t}\sin nx = C_ne^{-cn^2t}\sin nx$$

とおく. 式 (H) は線形より, $C_ne^{-cn^2t}\sin nx$ ($n \in \boldsymbol{Z}_+$) はすべて解になり得るから, $u(t,x) = \sum_{n=1}^{\infty}C_ne^{-cn^2t}\sin nx$ とおき, C_n の条件を求める.

解 $u(t,x)$ は $x > 0$ に関し正弦関数の型より, f も正弦関数, すなわち $(-\pi, \pi)$ で周期 2π の奇関数に拡張し,

$$C_n = \frac{1}{\pi}\int_{-\pi}^{\pi}f(y)\sin ny\,dy = \frac{2}{\pi}\int_{0}^{\pi}f(y)\sin ny\,dy \qquad (\text{フーリエ正弦級数})$$

を得る. よって形式解は次式の通り.

(Sol) $$u(t,x) = \sum_{n=1}^{\infty}\left\{\frac{2}{\pi}\int_{0}^{\pi}f(y)\sin ny\,dy\right\}e^{-cn^2t}\sin nx \qquad ◆$$

!注意 11.3.2 (1) 関数 f を $(-\infty, \infty)$ の周期 2π に拡張することにより, フーリエ級数の種々の定理が応用可能となる.

(2) 形式解 (Sol) は, 検算することによって厳密解といえる. すなわち, $u(t,x)$ は, 種々の絶対収束, t, x に関し各項偏微分可能, (H), (DC), (IC) を満たすことを示せばよい.

$\boxed{\textbf{例 11.3.3}}$ 次の初期値境界値問題を解け ($A > 0$, $f(0) = 0 = f(\pi)$).

$$u_t(t, x) = u_{xx} \qquad (t > 0, \ 0 < x < \pi)$$

$$u(t, 0) = 0, \ u(t, \pi) = A \qquad (t > 0, \ 境界条件)$$

$$u(0, x) = f(x) \qquad (0 < x < \pi, \ 初期条件)$$

【解法】 $v(t, x) = u(t, x) - \dfrac{Ax}{\pi}$ とおくと，次の問題を得る．

$$v_t = cv_{xx}, \qquad v(t, 0) = 0 = v(t, \pi), \qquad v(0, x) = f(x) - \frac{Ax}{\pi}$$

前述の例の同様に，

$$v(t, x) = \frac{2}{\pi} \sum_{n=1}^{\infty} \left\{ \int_0^{\pi} \left(f(y) - \frac{Ay}{\pi} \right) \sin ny \, dy \right\} e^{-cn^2 t} \sin nx$$

よって，次式を得る．

$$u = \frac{Ax}{\pi} + \frac{2}{\pi} \sum_{n=1}^{\infty} \left[\frac{(-1)^n A}{n} + \int_0^{\pi} f(y) \sin ny \, dy \right] e^{-cn^2 t} \sin nx \qquad ◆$$

問題 11.3.4　（有限長針金の熱分布の**ノイマン問題** 1)

$$u_t(t, x) = cu_{xx} \qquad (t > 0, \ 0 < x < \pi)$$

$$u_x(t, 0) = 0 = u_x(t, \pi), \ u(0, x) = f(x) \qquad (0 < x < \pi)$$

【解法】 $u(t, x) = \dfrac{a_0}{2} + \displaystyle\sum_{n=1}^{\infty} a_n e^{-cn^2 t} \cos nx \ \left(a_n = \dfrac{2}{\pi} \displaystyle\int_0^{\pi} f(y) \cos ny \, dy \right).$ ◆

問題 11.3.5　（有限長針金の熱分布のノイマン問題 2)

$$u_t(t, x) = u_{xx} \qquad (t > 0, \ 0 < x < \pi)$$

$$u_x(t, 0) = 0, \ u_x(t, \pi) = A \qquad (t > 0, \ 定数 A > 0)$$

$$u(0, x) = f(x) \qquad (0 < x < \pi)$$

【解法】 $v(t, x) = u(t, x) - \dfrac{Ax}{\pi}$ とおけばよい． ◆

　以下は，無限長の針金の熱分布に関する**ディリクレ問題**である．

例 11.3.6　初期値問題

$$u_t(t, x) = u_{xx} \ (t > 0, \ x \in \boldsymbol{R}), \qquad u(0, x) = f(x)$$

を解け. なお $f \in C(\boldsymbol{R})$ は**コンパクトサポート**をもつ*1.

考察　解 $u(t,x)$ は x に関し $\boldsymbol{R}$ 上で絶対可積分, すなわち $\int_{-\infty}^{\infty}|u(t,x)|dx < \infty$ と仮定し, フーリエ変換する. $u(t,x)$ のフーリエ変換を

$$U(t,\xi) = \mathcal{F}[u(t,x)](\xi) = \frac{1}{\sqrt{2\pi}}\int_{-\infty}^{\infty}u(t,x)e^{-ix\xi}d\xi$$

と定義し書く. 式をフーリエ変換し, 公式 $\mathcal{F}\left[\dfrac{d^2}{dx^2}u(t,x)\right] = (i\xi)^2 U(t,x)$ を用いて,

$$\frac{1}{\sqrt{2\pi}}\int_{-\infty}^{\infty}\frac{\partial}{\partial t}u(t,x)e^{-ix\xi}dx = -\xi^2 U(t,\xi) \iff \frac{dU}{dt}(t,\xi) = -\xi^2 U(t,\xi).$$

この式を t の常微分方程式とみなし解くと, $U(t,\xi) = U(0,\xi)e^{-\xi^2 t}$ を得る. また, 初期条件をフーリエ変換し, $U(0,\xi) = \mathcal{F}[f(x)](\xi) = F(\xi)$ とおく. よって $U(t,\xi) = F(\xi)e^{-\xi^2 t}$. さらに**フーリエ逆変換**

$$\mathcal{F}^{-1}[F(\xi)](x) = \frac{1}{\sqrt{2\pi}}\int_{-\infty}^{\infty}F(\xi)e^{i\xi x}d\xi$$

より, $\mathcal{F}^{-1}[U](x) = u(t,x) = \mathcal{F}^{-1}[FG](x)$. ただし $G(\xi) = e^{-\xi^2 t} = \mathcal{F}\left[\dfrac{1}{\sqrt{2t}}e^{\frac{-\xi^2}{4t}}\right]$. 公式 $[FG](x) = \dfrac{1}{\sqrt{2\pi}}\mathcal{F}[f*g]$ より, 次の解を得る.

(Sol) $$u(t,x) = \frac{1}{2\sqrt{t\pi}}\int_{-\infty}^{\infty}f(y)e^{\frac{-(x-y)^2}{4t}}dy \qquad\qquad \diamondsuit$$

!注意 11.3.7　上記の解（Sol）は, 一意的である. そして, 任意の $\varepsilon > 0$ に対し十分大の $R > 0$ をとれば, 任意の $t \geq R$ に関し一様に $|u(t,x)| < \varepsilon$ である. 第10章の文献 [ST] を参照されたい.

例 11.3.8　関数 f は連続な 2π 周期, $t > 0$, $x \in \boldsymbol{R}$ として, $u_t(t,x) = cu_{xx}$, $u(0,x) = f(x)$ を解け.

考察　(i) $u(t,x) = T(t)X(x)$ とおき, $X'' = \lambda X$ と $T' = c\lambda T$ を導く. λ は

*1　関数 $f: \boldsymbol{R} \to \boldsymbol{R}$ がコンパクトサポートをもつとは, 十分大の $T > 0$ をとれば, $f(x) = 0$ $(|x| > T)$ が成り立つことである.

定数.

(ii) $X'' = \lambda X$ に関し，$\lambda > 0$，$\lambda = 0$，$\lambda < 0$ の場合に分け，条件 $X(0) = X(2\pi)$，$X'(0) = X'(2\pi)$ を用いて解く．$\lambda < 0$ のとき，$\sqrt{-\lambda} = \nu$ とおき，$X(x) = A\cos\nu x + B\sin\nu x$ から $\nu\pi = n\pi$，すなわち $\sqrt{-\lambda} = n \in \mathbf{Z}_+$ を得る．

(iii) $T_n(t) = e^{-cn^2 t}$，$X_n(x) = A_n\cos nx + B_n\sin nx$ $(n = 0, 1, 2, \cdots)$ とおくと，$u(t, x) = T_n X_n = \alpha_0 + \sum_{n=1}^{\infty} e^{-cn^2 t}(\alpha_n\cos nx + \beta_n\sin nx)$ と書ける．条件 $u(0, x) = f(x)$ の右辺をフーリエ級数展開し，$f(x) = \dfrac{a_0}{2} + \sum_{n=1}^{\infty}(a_n\cos nx + b_n\sin nx)$．ただし，$a_n = \dfrac{1}{\pi}\displaystyle\int_{-\pi}^{\pi} f(y)\cos ny\,dy$，$b_n = \dfrac{1}{\pi}\displaystyle\int_{-\pi}^{\pi} f(y)\sin ny\,dy$ はいずれもフーリエ係数．これらの式から，次式を得る．

$$u(t, x) = \frac{a_0}{2} + \sum_{n=1}^{\infty} e^{-cn^2 t} \int_{-\pi}^{\pi} f(y)\cos(n(x - y))dy \qquad \diamondsuit$$

平面上の熱伝導 $u = u(t, x, y)$ では，ラプラシアンを $\Delta = \dfrac{\partial^2}{\partial x^2} + \dfrac{\partial^2}{\partial y^2}$ として，熱方程式は $u_t = c\Delta u$ となる．

$\boxed{\text{例 11.3.9}}$ （長方形板の熱伝導） 次の方程式を解け．定義域は $t > 0$ で，$\boldsymbol{x} = (x, y) \in S = (0, \pi) \times (0, \pi)$，$\partial S$ を S の境界とする．

$$u_t(t, \boldsymbol{x}) = c\Delta u(t, \boldsymbol{x}), \qquad u(0, \boldsymbol{x}) = f(\boldsymbol{x}), \qquad u = 0 \quad (\boldsymbol{x} \in \partial S)$$

$\boxed{\text{考察}}$ 変数分離法 $u(t, \boldsymbol{x}) = T(t)X(x)Y(y)$ による．

$$\frac{T'}{cT} = \frac{X''(x)}{X} + \frac{Y''(y)}{Y} = (\text{定数})$$

のはずで，$T' = c(\alpha + \beta)T$，$X''(x) = \alpha X$，$Y''(y) = \beta Y$ を得る．∂S 上の条件から，$X(0) = 0 = X(\pi)$，$Y(0) = 0 = Y(\pi)$．例 11.3.1 と同様にして，$\sqrt{-\alpha} = k \in \mathbf{Z}_+$ で $X_k(x) = a_k\sin kx$，$\sqrt{-\beta} = \ell \in \mathbf{Z}_+$ で $Y_\ell(y) = b_\ell\sin \ell y$ を得る．$T(t) = e^{-c(k^2 + \ell^2)t}$ より，

$$u_{k,\ell}(t, \boldsymbol{x}) = A_{k,\ell}e^{-c(k^2 + \ell^2)t}\sin kx \sin \ell y.$$

解は次式の通り.

$$u(t, x, y) = \sum_{k=1}^{\infty}\sum_{\ell=1}^{\infty}A_{k,\ell}e^{-c(k^2 + \ell^2)t}\sin kx \sin \ell y,$$

ただし $f(-x, y) = -f(x, y),\ f(x, -y) = -f(x, -y)$ と仮定し,

$$A_{k,\ell} = \frac{4}{\pi^2}\int_0^{\pi}\int_0^{\pi}f(x, y)\sin kx \sin \ell y\, dxdy. \qquad \diamondsuit$$

問題 11.3.10 (熱量が奪われる場合) 常温の中になる長さ 1 の針金から, 熱量 $b(u - u_0)$ が失われる次の問題を解け. $b > 0$.

$$u_t = u_{xx} - b(u - u_0) \qquad (t > 0,\ 0 < x < 1)$$

$$u(t, 0) = u(t, 1) = u_0, \qquad u(0, x) = f(x) + u_0$$

【解法】 変換 $v(t, x) = u(t, x) - u_0$ により, $v_t = v_{xx} - bv,\ v(t, 0) = v(t, 1) = 0,\ v(0, x) = f(x)$ を導く. 変数分離法により, $v(t, x) = T(t)X(x)$ とおくと, $X'' = \lambda X,\ T' = (\lambda - b)T$ を得る. 解は次式の通り.

$$u(t, x) = u_0 + \sum_{n=1}^{\infty}C_n e^{-(n^2\pi^2 + b)t}\sin n\pi x \qquad \left(C_n = 2\int_0^1 f(y)\sin n\pi y\, dy\right) \quad \blacklozenge$$

11.4 有限区間 $0 < x < L$ の混合問題の一意性

次のディリクレ問題を考える.

$$u_t(t, x) = cu_{xx} \qquad (t > 0,\ 0 < x < \pi) \tag{11.2}$$

$$u(t, 0) = 0 = u(t, \pi) \qquad (t > 0) \tag{11.3}$$

$$u(0, x) = f(x) \qquad (0 < x < \pi,\ f(0) = 0 = f(\pi)) \tag{11.4}$$

式 (11.2), (11.3), (11.4) の解が存在するとき, その一意性を示す. ただし, $f \in C^1[0, \pi]$, C^1 級, すなわち導関数 f' は連続とする. 式 (11.2) が境界条件 (11.3) と初期条件 (11.4) とをもつとき, **混合問題 (初期値境界値問題)** という. u, v が混合問題 (11.2), (11.3), (11.4) の解のとき, $w = u - v$ は, 次式を満たす.

$$w_t = \Delta w, \qquad w(0,x) = 0, \qquad w(t,0) = 0 = w(t,\pi)$$

式 $w_t = w_{xx}$ に w をかけて, $0 \le x \le \pi$ で積分すると,

$$\int_0^\pi w_t w \, dx = \int_0^\pi w_{xx} w \, dx \implies \int_0^\pi \frac{1}{2} \frac{\partial w^2}{\partial t} dx = \int_0^\pi w_{xx} w \, dx$$

$$\implies \frac{\partial}{\partial t}\left(\frac{1}{2}\int_0^\pi w^2 dx\right) = \int_0^\pi w_{xx} w \, dx.$$

右辺を部分積分法により, (右辺) $= [w_x w]_{x=0}^{x=\pi} - \int_0^\pi w_x^2 \, dx$ から

$$\frac{\partial}{\partial t}\left(\int_0^\pi \frac{1}{2} w^2 dx\right) = w_x(t,\pi)w(t,\pi) - w_x(t,0)w(t,0) - \int_0^\pi w_x^2 \, dx$$

ここで, 条件 (11.3) より $E(t) = \int_0^\pi \frac{1}{2} w^2 dx \ge 0$ に関し

$$\frac{dE(t)}{dt} = \frac{\partial}{\partial t}\left(\int_0^\pi \frac{1}{2} w^2 dx\right) = -\int_0^\pi w_x^2 \, dx \le 0$$

から, $E(t)$ は t につき非単調増加で, $E(0) = \int_0^\pi \frac{1}{2} w(0,x)^2 dx = 0$. よって $E(t) = 0$ を得, $w(t,x)^2 = 0$ $(t \ge 0)$ から, $u = v$ で, 一意性が示される.

問題 11.4.1 ノイマン問題 $[(11.2), (11.4), (\mathrm{NC})]$ (これも混合問題) の解は存在すれば, 一意的である. 条件はディリクレ問題と同様.

考察 解 $u(t,x), v(t,x)$ は, ノイマン問題を満たし, $w = u - v$ とすると, 上の議論と同様にして, 次の3式を得る.

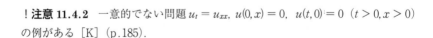
$$w_t = cw_{xx}, \qquad w_x(t,0) = 0 = w_x(t,\pi), \qquad w(0,x) = 0.$$
$E(t) = \int_0^\pi w(t,x)^2 dx \ge 0$ に関し, $\dfrac{dE}{dt}(t) \le 0$, $E(0) = 0$ より一意性を得る.

◇

! 注意 11.4.2 一意的でない問題 $u_t = u_{xx}$, $u(0,x) = 0$, $u(t,0) = 0$ $(t > 0, x > 0)$ の例がある $[\mathrm{K}]$ (p.185).

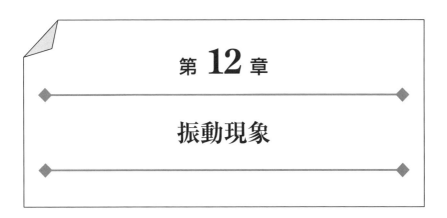

第 12 章

振動現象

12.1 針金の振動方程式

直線状の針金 $(0 < x < \pi)$ は，線密度 ρ で，十分大の張力 T で両端で固定されている．針金の微小振動 $u = u(t, x)$ $(t > 0)$ を記述する運動方程式を導出する．

位置座標 $x, x + \delta x$ での張力をそれぞれ T_1, T_2 とし，T_1, T_2 それぞれが水平方向となす角を α, β とする．微小区間 $\delta I = [x, x + \delta x]$ に働く鉛直方向の力 F は $F = T_2 \sin \beta - T_1 \sin \alpha$ で，水平方向は釣り合っているとして，

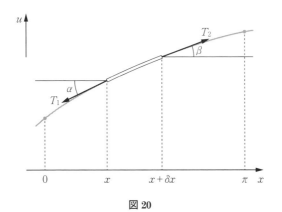

図 20

$T_2 \cos \beta = T_1 \cos \alpha = T$ （一定）である．微小区間の運動方程式は，$T_2 \sin \beta - T_1 \sin \alpha = F = (質量) \times (加速度) = \rho(\delta x) u_{tt}$ である．$T \delta x$ で割ると，

$$\frac{\rho}{T} u_{tt} = (\tan \beta - \tan \alpha)\frac{1}{\delta x} = \frac{u_x(t, x + \delta x) - u_x(t, x)}{\delta x}.$$

$\delta x \to 0$ のとき，次式を得る．

$$u_{tt} = c u_{xx} \qquad \left(c = \frac{T}{\rho}, \ t > 0, \ 0 < x < \pi \right)$$

張力 $T(t, x)$ と密度 $\rho(t, x)$ を定数として近似した場合である．一般式は次の通りである．

$$\rho u_{tt} = \mathrm{div}(p \, \mathrm{grad} \, u) - qu + F(t, \boldsymbol{x}) \tag{12.1}$$

● **応用**（波の伝播，振動方程式という）

時間 $t > 0$ と点 $\boldsymbol{x} \in \boldsymbol{R}^i$ （$1 \leq i \leq 3$）とする．例として，張られた針金 $u(t, x)$ の横振動，固体棒 $u(t, x)$ の縦振動，液体や気体の柱 $u(t, x)$ の縦振動，一つの固定端（$x = 0$）や，二つの固定端（$x = 0, \pi$）をもつ弦 $u(t, x)$ の振動，音管，閉管，膜の振動現象 $u(t, x, y)$，空間 $(x, y, z)^T$ のホイヘンスの原理の解析では，振動方程式が必須である．

例 12.1.1 （弦の横振動）振動の変位を $u = u(t, x)$，ヤング率を E，曲げモーメントを I，線密度を ρ，断面積を A とすると，横振動（たわみ）の偏微分方程式は次の通り．

$$EI \frac{\partial^4 u}{\partial x^4} + \rho A \frac{\partial u}{\partial t^2} = 0$$

変数分離法により，$\eta(t, x) = X(x)T(t)$ とおいて，

$$-\frac{EI}{\rho A} \frac{X^{(4)}(x)}{X(x)} = \frac{T''(t)}{T(t)} = (x, t \text{に無関係な定数} \mu)$$

と仮定すると，$T''(t) = \mu T(t)$ と $X^{(4)}(x) = -k^4 X(x) \left(k^4 = -\frac{\rho A}{EI} \mu \right)$ を得る．$\mu \geq 0$，$\mu < 0$ の場合がある．$T(\infty)$ で有界のはずより，$\mu = -\omega^2 < 0$ を得，次式を得る $\left(k^4 = \frac{\rho A}{EI} \omega^2 \right)$．

$$T''(t) + \omega^2 T = 0, \qquad X^{(4)}(x) - k^4 X(x) = 0$$

前者の解は $T(t) = a \cos \omega t + b \sin \omega t$ (a, b は積分定数). 後者を,

(C) $$X(0) = X(\ell) = X'(0) = X'(\ell) = 0$$

の下で計算する.

(1) $X(x) = B_1 \cos kx + B_2 \sin kx + B_3 \cosh kx + B_4 \sinh kx$ (B_i は定数, $\cosh kx = \dfrac{e^{kx} + e^{-kx}}{2}$, $\sinh kx = \dfrac{e^{kx} - e^{-kx}}{2}$) を得る.

(2) 境界条件 (C) から, 次の連立方程式を得る.

$$\begin{pmatrix} 0 & 1 & 0 & 1 \\ 1 & 0 & 1 & 0 \\ \cos k\ell & \sin k\ell & \cosh k\ell & \sinh k\ell \\ -\sin k\ell & \cos k\ell & \sinh k\ell & \cosh k\ell \end{pmatrix} \begin{pmatrix} B_1 \\ B_2 \\ B_3 \\ B_4 \end{pmatrix} = \begin{pmatrix} 0 \\ 0 \\ 0 \\ 0 \end{pmatrix}$$

(3) (2) の左辺の 4 次正方行列 W が $\det W \neq 0$ のとき, すべての i について $B_i = 0$. よって $\det W = 0$ のはず. これより, $\cos k\ell \cosh k\ell = 1$ を得る.

(4) 式 $\cos k\ell = \dfrac{1}{\cosh k\ell}$ を満たす $k\ell$ は無数に存在する ($k_1\ell < k_2\ell < \cdots < k_n\ell < \cdots$). $k_n^4 = \dfrac{\rho A}{EI} \omega_n^2$ とおき, $\omega_n = \sqrt{\dfrac{EI}{\rho A}} k_n^2$ は振動解析に有効とされる.

12.2　振動方程式の解法

例 12.2.1 （有限長の針金）　**初期値境界値問題（混合問題ともいう）**

$$u_{tt} = u_{xx} \qquad (t > 0,\ 0 < x < \pi)$$

(PF) $\quad u(t, 0) = 0 = u(t, \pi) \qquad (t > 0,\ \text{ディリクレ境界条件})$

$\qquad u(0, x) = f(x),\ u_t(0, x) = g(x) \qquad (0 < x < \pi,\ \text{初期条件})$

の一意解を求めよ.

【解法】　変数分離法 $u(t, x) = T(t)X(x)$ と，フーリエ級数を応用する．$T''X = TX''$ から $\dfrac{X''(x)}{X(x)} = \dfrac{T''(t)}{T(t)} = \nu$（定数）のはず．したがって，$X'' = \nu X,\ T'' = \nu T$ を得る．前者につき，(a) $\nu > 0$，(b) $\nu = 0$，(c) $\nu < 0$ の場合に分ける．境界条件から，$X(0) = 0 = X(\pi)$ を得る．$X(x)$ は $0 < x < \pi$ で有界のはず．

(a) のとき $X(x) = Ae^{\sqrt{\nu}x} + Be^{-\sqrt{\nu}x}$（$A, B$ は定数）で，境界条件から $A = 0 = B$ より不適．

(b) のとき $X(x) = A + Bx$ で $A = 0 = B$ より不適．

(c) のとき $X(x) = A\cos\sqrt{-\nu}x + B\sin\sqrt{-\nu}x$ で，$A = 0 = B\sin\sqrt{-\nu}\pi$ から，$\sqrt{-\nu}\pi = n\pi\ (n = 1, 2, \cdots)$，すなわち

$$X_n(x) = B_n \sin nx,\quad \nu = -n^2$$

を得る．X_n, B_n は $n = 1, 2, \cdots$ に依存することを意味する．$T'' = -n^2 T$ から，$T_n(t) = C_n \cos nt + D_n \sin nt$．よって，

$$u(t, x) = \sum_{n=1}^{\infty} T_n(t)X_n(x) = \sum_{n=1}^{\infty}(C_n \cos nt + D_n \sin nt)\sin nx$$

を得る．B_n は C_n, D_n に含むとする．1 つ目の初期条件から，$f(x) = u(0, x) = \sum_{n=1}^{\infty} C_n \sin nx$．ここで f は連続で区分的 C^2 級，$|x| < \pi$ で奇関数と仮定し，$C_n = \dfrac{2}{\pi}\displaystyle\int_0^{\pi} f(y)\sin ny\,dy$ を得る．2 つ目の初期条件から，$g(x) = u_t(0, x) = \sum_{n=1}^{\infty} n D_n \sin nx$．ここで g は連続で区分的 C^2 級，$|x| < \pi$ で奇関数と仮定し，$nD_n = \dfrac{2}{\pi}\displaystyle\int_0^{\pi} g(y)\sin ny\,dy$ を得る．したがって，次式を得る．

$$u(t, x) = \sum_{n=1}^{\infty}(C_n \cos nt + D_n \sin nt)\sin nx$$

$$C_n = \frac{2}{\pi}\int_0^{\pi} f(y)\sin ny\,dy, \qquad D_n = \frac{2}{n\pi}\int_0^{\pi} g(y)\sin ny\,dy$$

解の一意性は，例 12.3.3 より得る．　　　　　　　　　　　　　　　　　◆

例 12.2.2　（有限長の針金に関する**ダランベールの解**）　例 12.2.1 の問題 (PF) に関し，次の条件 (i)，(ii) が成り立つ．

(i) f は $\boldsymbol{R}$ で区分的 C^1 級で，2π 周期の奇関数．

(ii) g は $\mathbf{R}$ で 2π 周期の奇関数で，フーリエ係数 $a_n = \int_0^\pi g(y) \sin ny \, dy$ が存在し，$|a_n| \leq \dfrac{1}{n^a}$ $(a > 0,\ n \geq 1)$ であるとする．

このとき，次式を得る．

$$u(t, x) = \frac{1}{2}(f(x + t) + f(x - t)) + \frac{1}{2}\int_{x-t}^{x+t} g(y)dy$$

考察 例 12.2.1 の解の式から，

$$u(t, x) = \sum_{n=1}^\infty \left\{ \frac{2}{\pi} \int_0^\pi f(y) \sin ny \, dy \cos nt \right.$$
$$\left. + \frac{2}{n\pi} \int_0^\pi g(y) \sin ny \, dy \sin nt \right\} \sin nx$$

ここで，無限級数は $|x| \leq \pi$ で絶対一様収束するから，和の順序の入れ替え可能で，項別積分可能より，

$$u(t, x) = \left(\sum_{n=1}^\infty \frac{2}{\pi} \int_0^\pi f(y) \sin ny \, dy \right) \cos nt \sin nx$$
$$+ \sum_{n=1}^\infty \left(\frac{2}{n\pi} \int_0^\pi g(y) \sin ny \, dy \right) \sin nt \sin nx.$$

（第 1 項）

$$= \frac{1}{\pi} \sum_{n=1}^\infty \left[\int_{-\pi}^\pi f(y) \frac{\sin n(y + t) + \sin n(y - t)}{2} dy \right] \sin nx$$

$$= \frac{1}{2} \sum_{n=1}^\infty \frac{1}{\pi} \left[\int_{-\pi+t}^{\pi+t} f(y - t) \sin ny \, dy + \int_{-\pi-t}^{\pi-t} f(y + t) \sin ny \, dy \right] \sin nx$$

$$= \frac{1}{2} [f(x - t) + f(x + t)].$$

また，

$$\int_0^{x+t} g(s)ds = \int_0^{x+t} \frac{2}{n\pi} \sum_{n=1}^\infty \left(\int_0^\pi g(y) \sin ny \, dy \right) \sin ns \, ds$$

$$= \frac{2}{n\pi} \sum_{n=1}^\infty \int_0^\pi g(y) \sin ny \frac{1 - \cos n(x + t)}{n} dy$$

より，

$$\frac{1}{2}\Big(\int_0^{x+t} + \int_{x-t}^0\Big)g(s)ds$$

$$= \frac{1}{n\pi}\sum_{n=1}^\infty \int_0^\pi g(y)\sin ny \frac{\cos n(x-t) - \cos n(x+t)}{n}dy$$

$$= \frac{2}{n\pi}\sum_{n=1}^\infty \int_0^\pi g(y)\sin ny \sin nx \sin nt\, dy = (\text{第 2 項})$$

から，結論を得る．

なお f が C^2 級でない，または g が C^1 でないとき微分 u_{tt}, u_{xx} の意味を広げるとよい．　　　　　　　　　　　　　　　　　　　　　　◇

問題 12.2.3 （有限長の針金）　ノイマン条件の初期値境界値問題（混合問題）を解け．

$$u_{tt} = u_{xx} \qquad (t > 0,\ 0 < x < \pi)$$
$$u_x(t, 0) = 0 = u_x(t, \pi) \qquad (t > 0,\ \text{ノイマン境界条件})$$
$$u(0, x) = f(x),\ u_t(0, x) = g(x) \qquad (0 < x < \pi,\ \text{初期条件})$$

【解法】　変数分離法 $u(t, x) = T(t)X(x)$ により，$\dfrac{X''}{X} = \dfrac{T''}{T} = \nu$（定数）とおけるから，$X'' = \nu X,\ T'' = \nu T$ を得る．境界条件より $X'(0) = 0 = X'(\pi)$ で，これより $X(x) = A_n \cos nx,\ \nu = n\ (n = 0, 1, 2, \cdots)$ を得る．また $T_n(t) = B_n \cos nt + C_n \sin nt$ より，

$$u(t, x) = \sum_{n=0}^\infty T_n X_n = \sum_{n=0}^\infty (B_n \cos nt + C_n \sin nt)\cos nx$$

とおける．A_n は B_n, C_n に含まれる．初期条件から，$f(x) = \sum_{n=0}^\infty B_n \cos nx$（フーリエ余弦級数），$g(x) = \sum_{n=0}^\infty n C_n \cos nx$．ここで，$f, g$ はそれぞれ，偶関数で連続で区分的 C^2, C^1 級と仮定すると，次式を得る．

$$B_n = \frac{2}{\pi}\int_0^\pi f(y)\cos ny\, dy \quad (= b_n \text{ とおく})$$

$$nC_n = \frac{2}{\pi}\int_0^\pi g(y)\cos ny\, dy \quad (= c_n \text{ とおく})$$

よって解は次の通り．

$$u(t, x) = \frac{b_0}{2} + \sum_{n=1}^\infty \Big(b_n \cos nt + \frac{c_n}{n}\sin nt\Big)\cos nx \qquad ◆$$

例 12.2.4　無限長の針金の初期値問題 $(a > 0)$ を解け.

$$u_{tt} = a^2 u_{xx} \qquad (t > 0, \ x \in \mathbf{R})$$

$$u(0, x) = f(x), \ u_t(0, x) = g(x) \qquad (初期条件)$$

【解法】　フーリエ変換を応用する. 例 11.3.6 を参照し, 方程式と条件をフーリエ変換すると, $U''(t) = a^2(i\xi)^2 U(t)$, $U(t) = \dfrac{1}{\sqrt{2\pi}} \displaystyle\int_{-\infty}^{\infty} u(t, x) e^{-ix\xi} dx$, $U(0) = F(\xi) = \mathcal{F}[f]$, $U'(0) = G(\xi) = \mathcal{F}[g]$. ここでは, $\xi \in \mathbf{R}$ を固定し, $t > 0$ が変数とみる. $U(t) = F(\xi) \cos a\xi t + \dfrac{G(\xi)}{a\xi} \sin a\xi t$ を得, **フーリエの反転公式**を用いると,

$$u(t, x) = \frac{1}{\sqrt{2\pi}} \lim_{L \to \infty} \int_{-L}^{L} U(t) e^{i\xi x} d\xi$$

$$= \frac{1}{\sqrt{2\pi}} \lim_{L \to \infty} \int_{-L}^{L} \left\{ F(\xi) \cos a\xi t + \frac{G(\xi)}{a\xi} \sin a\xi t \right\} d\xi$$

から次式を得る.

$$u(t, x) = \frac{1}{2}(f(x + at) + f(x - at)) + \frac{1}{2a} \int_{x-at}^{x+at} g(y) dy \qquad \blacklozenge$$

！注意 12.2.5　関数 $u(x)$ は $\mathbf{R}$ で絶対可積分, $\mathbf{R}$ で区分的 C^1 級のとき, フーリエ変換 $U(\xi) = F[u](\xi)$ に関し次式 (1), (2) が成り立つ.

(1) フーリエの反転公式

$$\lim_{L \to \infty} \frac{1}{\sqrt{2\pi}} \int_{-L}^{L} U(\xi) e^{i\xi x} d\xi = \frac{u(x + 0) + u(x - 0)}{2}$$

(2) $u(x)$ は $\mathbf{R}$ 上で C^1 級ならば, 次式 (a), (b) を得る. $c \in \mathbf{R}$ とする.

(a) $\displaystyle \lim_{L \to \infty} \frac{1}{\sqrt{2\pi}} \int_{-L}^{L} U(\xi)(\cos c\xi) e^{i\xi x} d\xi = \frac{u(x + c) + u(x - c)}{2}$

(b) $\displaystyle \lim_{L \to \infty} \frac{1}{\sqrt{2\pi}} \int_{-L}^{L} U(\xi) \frac{\sin c\xi}{\xi} e^{i\xi x} d\xi = \frac{1}{2} \int_{x-c}^{x+c} u(y) dy$

例 12.2.6　無限長の針金の初期値境界値問題 (混合問題) を解け.

$$u_{tt} = a^2 u_{xx} \qquad (t > 0, \ x \in \mathbf{R})$$
$$u(t, 0) = 0 \qquad (t > 0, \ 境界条件)$$
$$u(0, x) = f(x), \ u_t(0, x) = g(x) \qquad (x \in \mathbf{R}, \ 初期条件)$$

【解法】　f, g はともに連続で奇関数とし, 解は例 12.2.4 と等しい関数であ

る．解は一意的である［ST］（p.185）． ◆

例 **12.2.7**　（**ダランベールの解**）　無限長の針金の双曲型問題を解け．

$$u_{tt} = c^2 u_{xx} \quad (c > 0 \text{ を固定し，} t > 0, \ x \in \boldsymbol{R})$$

$$u(0, x) = f(x), \ u_t(0, x) = g(x) \quad (x \in \boldsymbol{R}, \ 初期条件)$$

【解法】　変換 $\xi(t, x) = x - ct, \ \eta(t, x) = x + ct$ より，$t = \dfrac{\eta - \xi}{2c}$, $x = \dfrac{\eta + \xi}{2}$. $u(t, x) = U(\xi, \eta)$ を偏微分して，$U_t = U_\xi \dfrac{\partial \xi}{\partial t} + U_\eta \dfrac{\partial \eta}{\partial t} = -cU_\xi + cU_\eta$. さらに $U_{tt} = c^2(U_{\xi\xi} - 2U_{\xi\eta} + U_{\eta\eta})$, $U_x = U_\xi + U_\eta$, $U_{xx} = U_{\xi\xi} + 2U_{\xi\eta} + U_{\eta\eta}$ を得る．これらを $U_{tt} = c^2 U_{xx}$ に代入し，$U_{\xi\eta} \equiv 0$ （恒等的ゼロ）を得る．これを積分すれば，$U(\xi, \eta) = u_1(\xi) + u_2(\eta)$ なる関数 $u_1(\xi) = u_1(x - ct)$, $u_2(\eta) = u_2(x + ct)$ が存在し，$u(t, x) = u_1(x - ct) + u_2(x + ct)$ となる．初期条件から，$f(x) = u_1(x) + u_2(x)$, $g(x) = -cu_1{}'(x) + cu_2{}'(x)$ を得る．$f(\xi) = u_1(\xi) + u_2(\xi)$, $f(\eta) = u_1(\eta) + u_2(\eta)$, g を積分して

$$\int_0^\xi g(y)dy = -cu_1(\xi) + cu_2(\xi) + cu_1(0) - cu_2(0),$$

$$\int_0^\eta g(y)dy = -cu_1(\eta) + cu_2(\eta) + cu_1(0) - cu_2(0)$$

から，次式の解を得る．

$$u(t, x) = \frac{1}{2}(f(x - ct) + f(x + ct)) + \frac{1}{2c}\int_{x-ct}^{x+ct} g(y)dy$$ ◆

例 **12.2.8**　（非斉次式の双曲型初期値問題（**コーシー問題**））　$f(x)$ は C^2 級，$g(x)$ は C^1 級，$h(t, x)$ は (t, x) に関し C^1 級とするとき，問題

$$u_{tt} = u_{xx} + h(t, x) \quad (t > 0, \ x \in \boldsymbol{R})$$

$$u(0, x) = f(x), \ u_t(0, x) = g(x) \quad (x \in \boldsymbol{R})$$

の一意解は，次式で与えられる．

$$u(t, x) = \frac{1}{2}(f(x - t) + f(x + t)) + \frac{1}{2}\int_{x-t}^{x+t} g(y)dy$$
$$+ \frac{1}{2}\int_0^t ds \int_{x-(t-s)}^{x+(t+s)} h(r, s)dr$$

考察 u_t, u_{tt}, u_{xx} を求めるとよい.

一意性：$u \in C^2(\mathbf{R}^2)$, $u_t(t, \infty) = 0$ とする．2 つの解 u_1, u_2 に対し，$w = u_1 - u_2$ に関する $E(t) = \int_0^\infty ((w_t)^2 + (w_x)^2) dx$ とおく．$E'(t) = 0$, $w_t(0, x) = w_x(0, x)$ を示せばよい．例 12.3.3 を参照．　　　　　　　◇

例 12.2.9 次の円形膜の振動の方程式を解け（$\rho > 0$）.

$$u_{tt}(t, r) = \Delta u(t, r) \qquad \left(t > 0, \ S = \{r = \sqrt{x^2 + y^2} < \rho\}\right)$$

$$u(0, r) = f(r), \ \frac{\partial}{\partial t} u(0, r) = g(r) \qquad (r < \rho, \ 初期条件)$$

$$u(t, \rho) = 0 \qquad (t > 0, \ 境界条件)$$

【解法】 変数分離法 $u(t, r) = T(t)R(r)$ と，J_0 を 0 次ベッセル関数として，次の一意解を得る [LS]（p.185）.

$$u(t, r) = \sum_{n=1}^\infty J_0\left(\frac{z_n r}{\rho}\right)\left(a_n \cos\frac{z_n ct}{\rho} + b_n \sin\frac{z_n ct}{\rho}\right),$$

ただし，$0 < z_1 < z_2 < \cdots < z_n$ は，$J_0(z) = 0$ を満たす点で，a_n, b_n は次式を満たす.

$$f(r) = \sum_{n=1}^\infty J_0\left(\frac{z_n r}{\rho}\right) a_n, \qquad g(r) = \sum_{n=1}^\infty J_0\left(\frac{z_n r}{\rho}\right)\frac{z_n c}{\rho} b_n \qquad ◆$$

例 12.2.10 次の有界な矩形膜の振動の方程式を解け（$a > 0$, $b > 0$, $c > 0$）.

$$u_{tt}(t, x, y) = c^2 \Delta u(t, x, y) \qquad (t > 0, \ (x, y) \in S = (0, a) \times (0, b))$$

$$u(t, x, y) = 0 \qquad ((x, y) \in \partial S, \ 境界条件)$$

$$u(0, x, y) = f(x, y) \qquad ((x, y) \in S, \ 初期条件)$$

$$u_t(0, x, y) = g(x, y) \qquad ((x, y) \in S, \ 初期条件)$$

【解法】 変数分離法 $u(t, x, y) = T(t)X(x)Y(y)$ により，

$$\frac{T''(t)}{T(t)} = \frac{X''(x)}{X(x)} + \frac{Y''(y)}{Y(y)}$$

を得, 定数 λ, μ が存在し, (a) $X'' = \lambda X$, (b) $Y'' = \mu Y$, (c) $T'' = c^2(\lambda + \mu)T$ のはず. 境界条件から, $X(0) = 0 = X(a)$, $Y(0) = 0 = Y(b)$. $X(x)$, $Y(y)$ の S 上での有界性の下, (a) を解くと,

$$X_n(x) = A_n \sin \frac{n\pi x}{a}, \quad \sqrt{-\lambda}\, a = n\pi \qquad (n = 1, 2, \cdots).$$

(b) より,

$$Y_n(y) = B_n \sin \frac{n\pi y}{b}, \quad \sqrt{-\mu}\, b = m\pi \qquad (m = 1, 2, \cdots).$$

(c) から $T_n(t) = C_n \cos \omega_{nm} ct + D_n \sin \omega_{nm} ct$ を得るから, 次式の解を得る. $\omega_{nm} = \pi \sqrt{\left(\dfrac{n}{a}\right)^2 + \left(\dfrac{m}{b}\right)^2}$ である.

$$u(t, x, y) = \sum_{n=1}^{\infty} \sum_{m=1}^{\infty} \sin\frac{n\pi x}{a} \sin\frac{n\pi y}{b} (C_{nm} \cos \omega_{nm} ct + D_{nm} \sin \omega_{nm} ct)$$

ここで, $0 \le y \le b$ では $f(x, y)$ は $|x| \le 2a$ で周期 $2a$ の奇関数

$$f(x, y) = -f(-x, y)$$

に, $|x| \le a$ では $f(x, y)$ は $|y| \le 2b$ で周期 $2b$ の奇関数

$$f(x, -y) = -f(x, y)$$

に拡張する. g も $|x| < a$, $|y| < b$ で同様に, 周期 $2a$ の奇関数に拡張する. このとき, 次式を得る.

$$C_{nm} = \frac{4}{ab} \int_0^a \int_0^b f(x, y) \sin\frac{n\pi x}{a} \sin\frac{n\pi y}{b} dxdy,$$

$$D_{nm} = \frac{4}{abc\omega_{nm}} \int_0^a \int_0^b g(x, y) \sin\frac{n\pi x}{a} \sin\frac{n\pi y}{b} dxdy$$

この解は一意的である [LS] (p.185).　　　　　　　　　　　　　　　◆

問題 12.2.11 式 $u_{tt} = u_{xx} + \sin(\omega t - ax)$, $u(0, x) = 0$, $u_t(0, x) = 0$ を $c = \dfrac{\omega}{a}$ とおくことで解け.

12.3 解の一意性

線密度 ρ の針金 $u(t, x)$（時間 $t > 0$，座標 x は $0 \leq x \leq L$）の微小部分 dx の運動エネルギーは $\dfrac{1}{2}\rho dx\left(\dfrac{\partial u}{\partial t}\right)^2$ で，$0 \leq x \leq L$ の全運動エネルギー $K(t)$ は

$$K(t) = \int_0^L \frac{1}{2}\rho\left(\frac{\partial u}{\partial t}\right)^2 dx.$$ 特に $\rho = 1$ として，次式を**エネルギー積分**という．

$$E(t) = \frac{1}{2}\int_0^L \left\{\left(\frac{\partial u}{\partial x}\right)^2 + \left(\frac{\partial u}{\partial t}\right)^2\right\}dx \tag{12.2}$$

問題 12.3.1 次式を導け．また $u_{tt} = u_{xx}$ とする．

(E) $$\frac{\partial E}{\partial t}(t) = [u_t(t, x)u_x(t, x)]_{x=0}^{x=L}$$

考察

$$\begin{aligned}
\frac{\partial K(t)}{\partial t} &= \frac{\partial}{\partial t}\int_0^L \frac{1}{2}\left(\frac{\partial u}{\partial t}\right)^2 dx = \int_0^L \frac{1}{2}\frac{\partial}{\partial t}\left\{\left(\frac{\partial u}{\partial t}\right)^2\right\}dx \\
&= \int_0^L \frac{\partial^2 u}{\partial t^2}\frac{\partial u}{\partial t}dx = \int_0^L \frac{\partial^2 u}{\partial x^2}\frac{\partial u}{\partial t}dx \\
&= [u_x u_t]_{x=0}^{x=L} - \int_0^L \frac{\partial u}{\partial x}u_{tx}dx = [u_x u_t]_{x=0}^{x=L} - \frac{\partial}{\partial t}\frac{1}{2}\int_0^L u_x^2 dx
\end{aligned}$$

よって，$\dfrac{\partial}{\partial t}\dfrac{1}{2}\displaystyle\int_0^L \left\{\left(\dfrac{\partial u}{\partial x}\right)^2 + \left(\dfrac{\partial u}{\partial t}\right)^2\right\}dx = [u_t(t, x)u_x(t, x)]_{x=0}^{x=L}$ を得る． ◇

例 12.3.2 関数 $u_1(t, x), u_2(t, x)$ は，双曲型問題

(PP) $$\begin{aligned} u_{tt} &= u_{xx} \quad (t > 0, \ 0 < x < L) \\ u_t(t, 0) &= f(t), \ u_t(t, L) = g(t) \quad (t > 0, \ \text{ディリクレ境界条件}) \end{aligned}$$

の解とし，$w = u_1 - u_2$ とすると，$w_{tt} = w_{xx}$，$w_t(t, 0) = 0 = w_t(t, L)$ を得る．このとき，

$$\frac{\partial E}{\partial t} = \frac{1}{2}\frac{\partial}{\partial t}\left\{\int_0^L (w_x^2 + w_t^2)dx\right\} = [w_t(t, x)w_x(t, x)]_{x=0}^{x=L}$$

は，$w_t(t, 0) = 0 = w_t(t, L)$ より，$\dfrac{\partial E}{\partial t} = 0$．よって，問題 (PP) に関し，**エ**

ネルギー保存則 $E'(t) = 0$ が成り立つ. また $E(0) = 0$.

例 12.3.3 初期値境界値問題（混合問題）

$$u_{tt} = u_{xx} \quad (t > 0, \ 0 < x < L)$$

(P) $\quad u(0, x) = f(x), \ u_t(0, L) = g(x) \quad (0 \le x \le L)$

$$u(t, 0) = u(t, L) = 0 \quad (t > 0, \ ディリクレ境界条件)$$

の解は，一意的である．

考察 関数 $u_1(t, x), u_2(t, x)$ は（P）の解とし，$w(t, x) = u_1 - u_2$ とおく．$w(t, x)$ に対し式（E）の成立から，問題（P）に関しエネルギー保存則 $E(t) = \frac{1}{2} \left\{ \int_0^L (w_x^2 + w_t^2) \right\}$（一定）を得る．また，$w_t(0, x) = 0$, $w(t, x)$ は C^2 級とし，$t = 0$ とし $x = a$ で展開する．a は $0 < a < L$ で任意とする．

$$w(0, a + h) = w(0, a) + \frac{\partial w}{\partial x}(0, a)h + \frac{1}{2} \frac{\partial^2 w}{\partial x^2}(0, a + ch)h^2 \quad (0 < c < 1)$$

$$w(0, x) = 0 \quad (x \ は任意)$$

$$\implies \frac{w(0, a + h) - w(0, a)}{h} = \frac{\partial w}{\partial x}(0, a) + \frac{1}{2} \frac{\partial^2 w}{\partial x^2}(0, a + ch)h$$

$$\implies w(0, a + h) = 0 \ と \ h \to 0 \ のとき \ 0 = w_x(0, a) + 0$$

上記より，$E(0) = \frac{1}{2} \left\{ \int_0^L (w_x(0, x)^2 + w_t(0, x)^2) \right\} dx = 0 = E(t)$. ゆえに $w_x(t, x) = 0 = w_t(t, x)$ から，$w(t, x) = u - v = 0 \ (t > 0, \ 0 < x < L)$ より，（P）の解は一意的である． ◇

例 12.3.4 次の初期値境界値問題（混合問題）の解の一意性を示せ．

$$u_{tt} = u_{xx} \quad (t > 0, \ 0 < x < L),$$

(PN) $\quad u(0, x) = f(x), \ u_t(0, L) = g(x) \quad (0 < x < L)$

$$u_x(t, 0) = u_x(t, L) = 0 \quad (t > 0, \ ノイマン境界条件)$$

考察 前例を参考すればよい． ◇

第 **13** 章

定常状態現象

13.1 楕円型方程式

未知関数 $u = u(t, x, y)$ に関し，熱方程式（11.1），振動方程式（12.1）においてそれぞれ定常状態，$\dfrac{\partial u}{\partial t} = 0, \ \dfrac{\partial^2 u}{\partial t^2} = 0$ のとき，次の方程式が得られる.

$$\mathrm{div}(p \, \mathrm{grad} \, u) - qu + F(t, \boldsymbol{x}) = 0$$

特に伝導係数 p は定数で，吸収係数 $q = 0$，外部影響 $F = 0$ のとき，楕円型方程式

$$\Delta u = u_{xx} + u_{yy} = 0$$

を**ラプラスの方程式**（Laplace's Equation，**ポテンシャル方程式**）といい，熱などの定常状態を示している．ラプラスの方程式を満たす関数を**調和関数**という．

調和関数の例 (1) $u = \log(x^2 + y^2) \ (x^2 + y^2 > 0)$

(2) $u = \dfrac{1}{r^{m-2}} \ \left(r = \sqrt{\displaystyle\sum_{k=1}^{m} x_k^2} > 0, \ \ m = 3, 4, \cdots \right)$

特に $m = 3$ のとき，$u = \dfrac{1}{r}$.

(3) $u(x, y) = \left\{ \mathrm{Tan}^{-1}\left(\dfrac{y}{x}\right) \right\}^a \ (x \neq 0, \ a = 0, 1)$

問題 13.1.1 上記の調和関数の例 (1)〜(3) は，$\Delta u = 0$ を満たすか調べよ．

● ポテンシャルの定義

ポテンシャルとは力学的概念である．集合 $A \subset \mathbf{R}^3$ 上の**ベクトル場 F** とは，ベクトル値関数 $F : A \to \mathbf{R}^3$ をいう．例えば，物体に作用する重力や，電荷に作用するクーロン力などは，ベクトル場で表される．**スカラー場**とは，スカラー値関数 $\varphi : A \to \mathbf{R}$（または $\mathbf{C}$）をいい，位置エネルギー，圧力，密度などが例．ベクトル場 F が**ポテンシャル**をもつとは，ある C^1 級のスカラー場 φ が存在し，$F = \mathrm{grad}(\varphi)$ のときをいう．

（＊＊）集合 $A \subset \mathbf{R}^3$（または $\mathbf{R}^2$）が単連結領域とする．このとき次の条件 (I)〜(III) は同値．

(I) C^1 級のベクトル場 F が C^2 級のポテンシャル φ をもつ．

(II) 回転 $\mathrm{rot}\, F\, (= \nabla \times F = \mathrm{curl}\, F) = 0$．

(III) A 内において任意の連続区分的 C^1 級の閉曲線 C に関し線積分
$$\int_C F \cdot d\boldsymbol{x} = 0.$$

次の定理は，ベクトル場 F を与えるベクトル値関数を与える．

条件（＊＊）の下，$A\,(\subset \mathbf{R}^3)$ 内の C^1 級のベクトル場 F に関し，条件 (A)，(B) は同値である．

(A) $\mathrm{div}\, F = 0$ $\iff$ (B) C^2 級のベクトル場 G は，$F = \mathrm{rot}\, G$．G を F の**ベクトル・ポテンシャル**という．

条件 (B) より，G が F のベクトル・ポテンシャルであれば，C^2 級のスカラー場 f に関して，$G + \mathrm{grad}(f)$ も F のベクトル・ポテンシャルとなる．

● 体積分布ポテンシャル u と $\Delta u = 0$

空間 $\mathbf{R}^3$ 内の点 $\boldsymbol{y}$ での質量 $m(\boldsymbol{y})$ の作る重力場 $F(\boldsymbol{x}) = -\dfrac{Gm}{r^3}(\boldsymbol{x} - \boldsymbol{y})$（距離 $r = \sum_{i=1}^{3}\sqrt{(x_i - y_i)^2}$，$\boldsymbol{x} \neq \boldsymbol{y}$）を与えるポテンシャルは，$\varphi(\boldsymbol{x}) = \dfrac{Gm}{r}$ であ

る. 実際, $\boldsymbol{F} = \mathrm{grad}(\varphi)$, $\mathrm{div}\,\boldsymbol{F} = 0$ が成り立つ. クーロン力も, 重力と同様に扱える.

問題 13.1.2 距離 r に関し確かめよ.

(1) $\mathrm{grad}\left(\dfrac{1}{r}\right) = \dfrac{-(\boldsymbol{x} - \boldsymbol{y})}{r^3}$ (2) $\Delta \dfrac{1}{r} = 0$

密度 $m(\boldsymbol{x})$ $(\boldsymbol{x} \in \boldsymbol{R}^3)$ が一定でないとき, 重力場のポテンシャル $\varphi(\boldsymbol{x})$ を次に定義し, 次の**体積分布ポテンシャル**を与える. 領域 $D \subset \boldsymbol{R}^3$ とする.

$$u(\boldsymbol{x}) = \iiint_D \frac{m(\boldsymbol{y})}{r} d\boldsymbol{y}$$

! 注意 13.1.3 上記の体積分布ポテンシャル $u(\boldsymbol{x})$ に関し, 次の結論が成り立つ.

(1) $\boldsymbol{R}^3 - D$ において, $\Delta u = 0$ を満たす. また, $\boldsymbol{F} = \mathrm{grad}\,(u)$ は, $\mathrm{div}\,\boldsymbol{F} = 0$ を満たす. よって u はラプラスの方程式の解である.

(2) $\mathrm{grad}\,(u) = \iiint_D m(\boldsymbol{y}) \dfrac{\boldsymbol{y} - \boldsymbol{x}}{r} d\boldsymbol{y}$.

(3) D 上で, $\Delta u(\boldsymbol{x}) = -4\pi m(\boldsymbol{x})$. よって u はポアソン方程式を満たす.

詳しくは [SM] (p.185) を参照されたい.

13.2 楕円型方程式の解法

例 13.2.1 有界矩形領域 $S = \{0 < x < a,\ 0 < y < b\}$ での次の式の定常解を求めよ.

$$u_{xx}(x, y) + u_{yy}(x, y) = 0 \qquad ((x, y) \in S)$$

ただし, 以下の境界条件を課す.

(B1) $u(x, 0) = f(x)$ $(I = \{0 < x < a\})$

(B2) I 以外の境界 ∂S 上で $u(x, y) = 0$

【解法】 (1) 変数分離法 $u(x, y) = X(x)Y(y)$ により, $\dfrac{X''(x)}{X(x)} + \dfrac{Y''(y)}{Y(y)} = 0$.

このとき，$X'' = \alpha X,\ Y'' = \beta Y,\ \alpha + \beta = 0$ を解く．（B1），（B2）から $X(0) = 0 = X(a),\ Y(0) = 0$ を得る．前者から

（＊）$\qquad X_n(x) = A_n \sin \dfrac{n\pi x}{a}, \qquad \sqrt{-\alpha} = \dfrac{n\pi}{a} \qquad (n = 1, 2, \cdots)$

を，後者から

$$Y_n(y) = B_n \frac{e^{\frac{n\pi}{a}(y-b)} - e^{\frac{-n\pi}{a}(y-b)}}{2} = B_n \sinh \frac{n\pi}{a}(y-b)$$

を得る．よって解を $u(x, y) = \sum\limits_{n=1}^{\infty} C_n \sin \dfrac{n\pi x}{a} \sinh\left\{\dfrac{n\pi}{a}(y-b)\right\}$ とおく．

（2）解 $u(x, y)$ は（＊）を満たすので，関数 $f(x)$ は，$|x| < a$ で周期関数，連続で区分的 C^1 級，奇関数とすると，

$$f(x) = -\sum_{n=1}^{\infty} C_n \sin \frac{n\pi x}{a} \sinh \frac{n\pi b}{a}$$

である．

（3）$f(x)$ のフーリエ正弦級数展開より，

$$-C_n \sinh \frac{n\pi b}{a} = \frac{2}{a} \int_0^a f(y) \sin \frac{n\pi y}{a} dy$$

で，次の解を得る．

$$u(x, y) = \frac{2}{a} \sum_{n=1}^{\infty} \left\{\int_0^a f(y) \sin \frac{n\pi y}{a} dy\right\}\left(\sin \frac{n\pi x}{a}\right) \frac{\sinh \dfrac{n\pi(b-y)}{a}}{\sinh \dfrac{n\pi y}{a}} \qquad ◆$$

例 13.2.2 無限矩形領域 $0 < x < a,\ y > 0$ 上で，次の方程式を解け．
$$u_{xx}(x, y) + u_{yy}(x, y) = 0 \qquad (0 < x < a,\ y > 0)$$
境界条件（DC1）：$u(0, y) = 0,\ u(a, y) = 0\ (y > 0)$，
境界条件（DC2）：$u(x, 0) = f(x)\ (0 < x < a)$，
有界条件：ある $M > 0, Y_0 > 0$ につき，$|u(x, y)| \leq M\ (0 < x < a,\ y > Y_0)$

【解法】（1）変数分離法 $u(x, y) = X(x)Y(y)$ を用いると，$X'' = \alpha X,\ Y'' = \beta Y,\ \alpha + \beta = 0$ を得る．（DC1）から $X(0) = 0 = X(a)$，

$$\sqrt{-\alpha} = \frac{n\pi}{a}, \quad X_n(x) = A_n \sin\frac{n\pi x}{a} \quad (n = 1, 2, \cdots)$$

と，（DC2）と有界条件から $Y_n(y) = B_n e^{-\frac{n\pi}{a}y}$ を得る．よって次式とおく．

$$u(x, y) = \sum_{n=1}^{\infty} C_n e^{-\frac{n\pi}{a}y} \sin\frac{n\pi x}{a}$$

(2) $u(x, y)$ は x に関し奇関数的だから，$f(x)$ を $|x| < a$ で奇関数，連続で区分的 C^1 級と仮定すると，$\sum_{n=1}^{\infty} \sin\frac{n\pi x}{a} = f(x)$ を得る．よって

$$C_n = \frac{2}{a}\int_0^a f(y) \sin\frac{n\pi y}{a} dy$$

であるから，次式の解を得る．

$$u(x, y) = \frac{2}{a}\sum_{n=1}^{\infty}\left\{\int_0^a f(y) \sin\frac{n\pi y}{a} dy\right\}\left(\sin\frac{n\pi y}{a}\right)e^{-\frac{n\pi}{a}y} \qquad \blacklozenge$$

例 13.2.3 （円領域 $S = \{r < 1, \ 0 \le \theta < 2\pi\}$）　式 $\Delta u = 0$ をディリクレ条件

(DC) $\qquad\qquad u(1, \theta) = f(\theta) \qquad (0 \le \theta < 2\pi)$

の下で解け．

【解法】 （1）極形式

$$x = r\cos\theta, \ y = r\sin\theta \ \left(\Longleftrightarrow r = \sqrt{x^2 + y^2}, \ \theta = \mathrm{Tan}^{-1}\frac{y}{x}\right)$$

に関し，微分の連鎖定理より次式を得る．

$$u_{xx}(\boldsymbol{x}) + u_{yy}(\boldsymbol{x}) = u_{rr}(r, \theta) + \frac{u_r(r, \theta)}{r} + \frac{u_{\theta\theta}(t, \theta)}{r^2} = 0$$

(2) 変数分離法 $u(r, \theta) = R(r)H(\theta)$ より，$\dfrac{rR''}{R} + \dfrac{rR'}{R} = -\dfrac{H''}{H} = （定数 \lambda）$ と考え，次式を得る．

(a) $\qquad\qquad r^2R'' + rR' - \lambda R = 0,$

(b) $\qquad\qquad H'' + \lambda H = 0$

(3) 条件（DC）から，H は t に関し周期 2π であるとし，$H(0) = H(2\pi)$，$H'(0) = H'(2\pi)$ を得る．この条件下，$\lambda > 0, \ \lambda = 0, \ \lambda < 0$ の場合，$\lambda = n^2$

$(n = 0, 1, 2, \cdots)$, $H_n(\theta) = A_n \cos n\theta + B_n \sin n\theta$ を得る. $r^2 R'' + rR' - n^2 R$ $= 0$ を解く. これはオイラーの方程式（2.2.7節）で, 次式を得る. $n = 0$ のとき$R = A + B \log r$, $n \geq 1$ のとき $R = Ar^n + Br^{-n}$ から, $r < 1$ で解の連続性を考慮して, 次式を得る.

$$u(r, \theta) = \sum_{n=0}^{\infty} r^n (\alpha_n \cos n\theta + \beta_n \sin n\theta)$$

　(4) 関数 $f(\theta)$ は連続で区分的 C^1 級として, 条件（DC）から,

$$f(\theta) = \frac{a_0}{2} + \sum_{n=1}^{\infty} (a_n \cos n\theta + b_n \sin n\theta)$$

とできる. ただし, a_n, b_n はフーリエ係数で,

(c) $$a_n = \frac{1}{\pi} \int_0^{2\pi} f(y) \cos ny \, dy,$$

(d) $$b_n = \frac{1}{\pi} \int_0^{2\pi} f(y) \sin ny \, dy.$$

解は次式の通り.

(e) $$u(r, \theta) = \frac{a_0}{2} + \sum_{n=1}^{\infty} r^n (a_n \cos n\theta + b_n \sin n\theta)$$

　(5)（4）から次の**ポアソン**（Poisson）**積分**を得る.

$$u(r, \theta) = \frac{1}{2\pi} \int_0^{2\pi} \frac{f(y)(1 - r^2) dy}{1 + r^2 - 2r \cos (\theta - y)}$$

実際, 係数（c）,（d）を解（e）に代入し, 加法定理から

$$u(r, \theta) = \frac{1}{2\pi} \int_0^{2\pi} f(y) \left(1 + 2 \sum_{n=1}^{\infty} r^n \cos n(\theta - y) \right)$$

を得る. ここで, $e^{int} = \cos nt + i \sin nt$ より, $\sum_{n=0}^{\infty} (re^{int})^n = S$ を計算し, 実部をみる. $S = \lim_{m \to \infty} \sum_{n=0}^{m} (re^{it})^n = \dfrac{1}{1 - re^{it}}$ より,

$$\mathrm{Re}(S) = \frac{1 - r \cos t}{1 + r^2 - 2r \cos t}$$

で,

$$1 + 2 \sum_{n=0}^{\infty} r^n \cos n(\theta - y) = -1 + 2 \sum_{n=0}^{\infty} r^n \cos n(\theta - y)$$

$$= \frac{1 - r^2}{1 + r^2 - 2r \cos (\theta - y)}$$

より，結論を得る．なお，f は連続でよい． ◆

例 13.2.4 （**球対称解**） 点 $y \in \boldsymbol{R}^m$ に対し，C^2 級の $u : \boldsymbol{R}^m - \{y\} \to \boldsymbol{R}$ は $r = \|x - y\|$ とし $u(x) = f(r)$ であると仮定する．$\Delta u = 0$ のとき，次式を得る．境界条件は課さない．

$$f(r) = \begin{cases} A \log r + B & (m = 2) \\ A \dfrac{1}{r^{m-2}} + B & (m \geq 3) \end{cases} \qquad (A, B \text{ は定数})$$

【解法】 $x = (x_i)$ $(1 \leq i \leq m)$ に関し，$\dfrac{\partial f}{\partial x_i} = f'(r) \dfrac{\partial r}{\partial x_i} = \dfrac{x_i - y_i}{r}$．また，

$$\frac{\partial^2 f}{\partial x_i^2} = f''(r) \left\{ \frac{x_i - y_i}{r} \right\}^2 + f'(r) \left\{ \frac{1}{r} - \frac{(x_i - y_i)^2}{r^3} \right\}$$

より，$\Delta f = f''(r) + \dfrac{m-1}{r} f'(r) = 0$．したがって，$\dfrac{f''}{f} = -\dfrac{m-1}{r}$ より，結論を得る． ◆

！注意 13.2.5 ポアソン方程式のディリクレ問題 $(m = 2)$
$$\Delta u = f(x, y) \quad (x = (x, y) \in D), \quad u = \varphi \quad (\partial D \text{ 上})$$
に関し，ある領域 D とその境界 ∂D と関数 f, φ の下，解は式 $u = u_0 + u_1$ で与えられる．ただし，$r = \sqrt{(x - \xi)^2 + (y - \eta)^2}$ に対して

$$u_0(x, y) = \frac{1}{2\pi} \iint_D f(\xi, \eta) \log r \, d\xi d\eta.$$

なお u_1 は D 上で $\Delta u_1 = 0$，∂D 上で $u_1 = \varphi - u_0$ を満たす関数である．

13.3 解の一意性

定理 13.3.1 （**最大値原理**） 連結な有界領域 D 上で調和関数 $u(x, y)$ （1 次元では $u''(x) = 0$，すなわち凸かつ凹を意味する）は，定数でないとする．このとき，D の内部には $\max u(x)$ も，$\min u(x)$ もない．

例 13.3.2 （最大値原理の応用） (1) 関数 $u(x, y)$ は D で $\Delta u = 0$ で，境

界 ∂D で $u(x, y) = f(x, y)$ とし，f は閉包 $[D]$（$= D \cup \partial D$ とする）で連続とする．このとき，次の不等式が成り立つ．

$$|u(\boldsymbol{x})| \leq \max \{|f(\boldsymbol{y})| : \boldsymbol{y} \in \partial D\} \qquad (\boldsymbol{x} \in [D])$$

（2）（1）から，例 13.2.3 のディリクレ問題の解は一意的に存在する．

（3）有界長方形（$(x, y) \in (0, a) \times (0, b)$）上のディリクレ問題（例 13.2.1）の解は一意的である．実際，2 つの解 u_1, u_2 につき，$u = u_1 - u_2$ とする．平面上のグリーンの定理から

$$\iint_D (u \Delta u + \operatorname{grad} u \cdot \operatorname{grad} u) dx dy = \int_{\partial D} u \frac{\partial u}{\partial n} ds$$

$$\left(ds \text{ は線要素，} \frac{\partial u}{\partial n} ds = \operatorname{grad} u \cdot \boldsymbol{n} \, ds = u_x \, dy - u_y \, dx \right)$$

において，$\Delta u = 0$, $u = 0$（∂D 上）より $u_x^2 = 0 = u_y^2$ を得て，一意性が示される．

（4）楕円型ノイマン問題：長方形（$0 < x < a$, $0 < y < b$）上で $\Delta u = 0$, $0 < x < a$ のとき $\dfrac{\partial u}{\partial n}(x, 0) = f(x)$, 他の境界では $\dfrac{\partial u}{\partial n} = f$ の解は一意的．（3）と同様に示される．なお，解の存在には $f(0) = 0 = f(a)$, $f \in C^1$ は有限個の x で極値をもつなどが必要となる．

！注意 13.3.3（非有界長方形 $D = \{x > 0, \ 0 < y < b\}$ のディリクレ問題）D で $\Delta u = 0$, $x > 0$ のとき $u(x, 0) = f(x, y)$, 他の境界

$$\{(x, b) : x > 0\} \cup \{(0, y) : 0 < y < b\}$$

上で $u = 0$ のとき，解は一意的でない [SS].

索　引

アルファベット

[A]　69,136
[AS]　69
[B]　71,136
CI　76
CIP　76
DLPG モデル　179
[ExpAS]　71,135
eventually negative　156
eventually positive　156
[GExpAS]　135
[GUA]　73,134
[GUAS]　73,135
infinity ノルム　48
Jury 判定法　144
ℓ_1 ノルム　48
LPA モデル　177
Massera 関数　76
max ノルム　48
May モデル　176
NB モデル　167
Routh-Hurwitz の定理　145
[S]　69,136
SGSM　179
Shur-Cohn 判定法　144
SI モデル　99
SIR モデル　97
sup ノルム　48
[UA]　68,134
[UAB]　82
[UAS]　69,134
[UB]　71,135
[UltB]　72,136
[UnS]　73
[US]　67,134
[UUltB]　72,136

ア行

安定　69,136
安定多項式　144
一次独立（線形独立）　23,61
一様安定　67,134,174
一様吸引　68,134,174
一様終局有界　72,136
一様漸近安定　69,134,174
一様漸近有界　82
一様ノルム　48
一様有界　71,135
一般解　9,21,34,104
移動作用素　115
エネルギー積分　205
オイラーの微分方程式　35

カ行

階数低下法　44,130
拡散方程式　188
隔離率　97
カゾラティアン　120
カニバリズム係数　178
完全微分形　10
感染率　97

216 ◆ 索　引

記号解法	21,37,114
基本解	22,61
基本行列	61
基本再生産数	97
吸引的	69,136
境界条件	85
境界値問題	84
行列のノルム	48
局所解	63
距離（関数）	47
距離空間	48
グロンウォールの不等式	51
勾配ベクトル	188
コーシー問題	202
固有方程式	21
混合問題	193,197

サ行

最終的正値	156
最終的負値	156
最大値原理	213
差分方程式	101
指数行列	52
指数漸近安定	135
シャウダーの不動点定理	88
周期解	26,87,174
終局有界	72,136
修正ニコルソン・ベイリーモデル	169
初期値境界値問題	193,197
初期値問題	2
自励系	64,151
振動	156
スカラー場	208
斉次式	21
正定値	77
積分因子	12
赤血球密度モデル	154

摂動系	81
漸近安定	69
線形差分方程式	102
線形独立（一次独立）	23,61
線形微分方程式	21
全導関数	76
双曲型	183

タ行

大域的一様吸引的	73,134
大域的一様漸近安定	73,135
大域的指数漸近安定	135
体積分布ポテンシャル	209
楕円型	183
ダランベールの解	198,202
調和関数	207
定数変化法	8,41,61,103,119
ディリクレ条件	187
同次形	6
特（殊）解	9,21,34,104

ナ行

ニコルソン・ベイリーモデル	167
熱方程式	186
ノイマン条件	187
ノルム	47
ノルム空間	47

ハ行

ピカールの定理	51
非斉次項	21
非斉次式	21
不安定	73
ファン・デル・ポール方程式	89
負の2項分布	177
ブラウワーの不動定理	176
平衡点	67,134

ベクトル場　208
ベクトル・ポテンシャル　208
ヘッセ行列　65
ベルヌーイ型　9
変数分離形　1
変数分離法　36,188
ポアソン積分　212
放物型　183
ポテンシャル　208

マ行

マルサスの法則　1
無限大ノルム　48
メイモデル　176

ヤ行

ヤコビ行列　65
有界　71,136

ユークリッド・ノルム　48

ラ行

ラプラシアン　188
ラプラスの方程式　207
リアプノフ関数　76,147
リエナール方程式　89
リカッチ型　10
リプシッツ条件　3,49
リプシッツ連続　50
領域　63
ロジスティック方程式　4
ロトカ・ヴォルテラ方程式　93
ロンスキアン　23,41

ワ行

ワイエルシュトラスの M 判定法　52

著者略歴

さいとうせいじ
齋藤誠慈

1989年3月　大阪大学大学院工学研究科博士後期課程
　　　　　　（応用物理学専攻，数理工学コース）修了
　　　現在　同志社大学理工学部数理システム学科教授　工学博士

数理モデル入門 — モデリングから解法・定性解析まで

2020年10月25日　　第1版1刷発行

著作者　　　齋　藤　誠　慈

発行者　　　吉　野　和　浩

検印省略

定価はカバーに表示してあります.

発行所　　〒102-0081
　　　　　東京都千代田区四番町8-1
　　　　　電話 03 - 3262 - 9166 ～ 9
　　　　　株式会社　裳　華　房

印刷所　　株式会社　真　興　社

製本所　　牧製本印刷株式会社

ISBN 978-4-7853-1588-7